LA DECIMA PIAGA

Pietro Cunsolo

bollarossa

UNA SELEZIONE DI
LULÙ CHE FA
STORIE

WWW.LULUCHEFASTORIE.COM

Cover Art: Umberto Di Finizio / IG: @umbyangel

Typesetting: Cristiana Formetta

DICHIARAZIONE DELL'AUTORE

Questo è un romanzo di finzione. I personaggi, gli eventi e le situazioni descritti sono frutto dell'immaginazione dell'autore. Qualsiasi somiglianza con persone reali, vive o defunte, o con fatti realmente accaduti è da considerarsi puramente casuale. Le opinioni, i pensieri e le emozioni espresse dai personaggi non riflettono necessariamente le idee, i valori o le convinzioni personali dell'autore, se non laddove espressamente indicato.

Il collettivo *Lulù che fa storie* ha supportato la pubblicazione dell'opera, ma non è responsabile dei contenuti, delle opinioni espresse o delle tematiche trattate nel presente romanzo, che restano esclusiva espressione dell'autore.

Al di là delle favole e dei sogni,
oltre le paure e le prigioni della mente,
l'inimmaginabile può diventare realtà,
impossibile da spiegare e per questo da raccontare.
Perché il vero rischio non è vivere
ma dimenticare.

VALERIA

Avevamo organizzato tutto. La chiesa, il mio abito, il locale del ricevimento. Nell'ultimo mese era rincasato a notte fonda già diverse volte senza neanche un perché. "Vado a bere qualcosa coi ragazzi della band" aveva detto al telefono con una strana voce, ma dentro di me sapevo che non era vero. Così non chiusi occhio nemmeno quella notte. Alle quattro e quaranta circa, stanca di rigirarmi sotto il piumone, decisi di accendere la luce sul comodino. Non fu semplice trovare l'interruttore, era nascosto dal tablet, fermo all'ultimo numero di *Rolling Stones.* Fra un'imprecazione e un'altra, rovesciai tutto per terra: il palmare, il nostro anello di fidanzamento e l'*e-book* su cui il giorno prima, in ufficio, avevo scaricato il manuale di Cristalloterapia. Ero riuscita a leggere solo la prefazione ma una frase mi era rimasta in testa tutto il giorno: "l'energia rende reale tutto ciò che esiste".

A tenermi sveglia, stavolta, non erano stati i crampi allo stomaco per via dell'ennesima dieta. Era una vita che pativo la fame. Le avevo provate tutte e, come al solito, i risultati erano stati pressoché inesistenti. Come ultima spiaggia mi ero decisa a provare con i cristalli: con l'asma, del resto, aveva funzionato. Era passato tanto tempo da quando nonna Livia mi aveva regalato quella piccola pietra, un'acquamarina a forma di cuore. Così, adesso, avevo deciso di fare un tentativo anche con il mio stomaco. Mi ero documentata: secondo diversi articoli online, l'agata muschiata sarebbe stata efficace nel ridurre l'appetito. Era già una settimana che non riuscivo a riposare. Ogni notte mi svegliavo di soprassalto. Nell'ultimo periodo i miei sogni erano diventati davvero strani. Da qualche tempo, infatti, avevano assunto una nuova forma. Le ambientazioni apocalittiche – che mi avevano accompagnato per tutta la vita – improvvisamente erano state sostituite da paesaggi lunari, giardini fioriti a strapiombo sul mare, colline dorate e nuvole d'argento di una bellezza disarmante. I miei sogni non sembravano più miei. Non avevo mai avuto una fervida immaginazione, né tantomeno inclinazioni artistiche di alcun genere. Eppure quei sogni sembravano avere un direttore della fotografia da Premio Oscar. Da qualche giorno, poi, erano diventati ancora più scenografici; *skyline* mozzafiato e albe in spiagge tropicali si alternavano a deserti sconfinati e tramonti su Marte.

Forse il mio cervello cercava di concedermi una tregua dalle mie paranoie, regalandomi qualche attimo d'illusoria felicità. I sogni apocalittici mi accompagnavano da che ero bambina, quando si potevano comprare le fragole al supermercato e il mio peso non aveva ancora preso il controllo della mia vita. Di certo, ciò a cui avevamo assistito durante l'adolescenza non era stato d'aiuto.

Noi della generazione *Green* non eravamo stati particolarmente fortunati: prima la pandemia, poi la guerra nucleare in Europa e infine la guerra mondiale in Medio Oriente. Non c'eravamo fatti mancare proprio nulla! Erano passati quindici anni dalla guerra e, alla fine, la rivoluzione ecologica, volente o nolente, era avvenuta per davvero. Non era come l'avevamo immaginata, con le città del futuro immerse nel verde a respirare aria pulita. Già, perché alla fine del conflitto nell'ambiente erano state riversate tonnellate di scorie radioattive. Per rimediare agli errori del passato, il mondo intero si era impegnato al massimo per salvare ciò che rimaneva del pianeta. Ma fu troppo tardi. Il 20% delle specie animali si erano già estinte così come il 40% di quelle vegetali di tutto il pianeta. Fu così che iniziammo a spostarci in auto elettriche, a viaggiare in aerei alimentati con biocarburante e a vivere in case sempre più tecnologiche.

Se da una parte avevamo distrutto qualsiasi ecosistema presente sulla terra, dall'altra avevamo elettrodomestici intelligenti, capaci di rendere i nostri spazi domestici più confortevoli facendo la spesa al nostro posto senza che nemmeno glielo chiedessimo; telefoni palmari super tecnologici con il riconoscimento corneale e depuratori d'acqua che consentivano di fare la doccia senza rischiare un'intossicazione acuta. Nessuno avrebbe mai creduto che sul pianeta si sarebbe abbattuta un'altra sciagura.

La Terza guerra mondiale non era stata come le precedenti. Le ripercussioni economiche avevano interessato tutti e, a parte il crollo finanziario, il peggio era iniziato e finito in Medio Oriente. A ogni modo la vera tragedia del secolo non fu la guerra ma qualcosa di più inquietante: La *Decima Piaga*, era stato il vero colpo di grazia. Fu Papa Felice a ribattezzarla così, dopo i terribili eventi, prendendo spunto dalla decima piaga d'Egitto che aveva provocato la morte dei primogeniti maschi. Questa volta, però, non era stato risparmiato nessuno: la *Decima Piaga* aveva colpito maschi e femmine indistintamente. Alcuni la consideravano come la fine del mondo, altri invece come un fatto inevitabile, di cui farsene una ragione.

Quando tutto ebbe inizio, qualche anno prima con il *water poisoning*, la svolta *green* dell'intero pianeta era già avvenuta da tempo. La morte degli organismi acquatici aveva determinato l'avvelenamento delle acque del pianeta, ma i governi di tutta Europa ci rassicurarono che le politiche ecologiche avrebbero dato i loro frutti in poco tempo. Non fu così. Dopo toccò a quelli di terra. Iniziò con i piccoli mammiferi, poi coinvolse anche quelli di grossa taglia. Le prime immagini degli aborti dei bovini turbarono tutti ma, dopo un po', ci si abituò anche a questo. Non immaginavamo ancora che i prossimi saremmo stati noi. Gli scienziati lo avevano annunciato ma allora nessuno aveva voluto crederci. Quando iniziarono i primi casi, io e Mauro avevamo appena deciso di sposarci e all'idea che non saremmo mai riusciti ad avere un figlio tutto sembrò perdere di significato, anche la nostra storia. Eppure Mauro era l'altra metà della mela. Per la nostra storia avevamo lottato con le unghie e con i denti. Prima di tutto con me stessa per la mia insicurezza, la mia "amica" fedele sin da quando ero bambina. Nonna diceva che era tutta colpa dell'assenza di un padre. I miei zii, invece, sostenevano che ero troppo grassa per la mia età e che mamma avrebbe dovuto cucirmi la bocca. «*Er culone ormai va de moda*!» diceva nonna per rincuorarmi e io avrei tanto voluto crederle.

Adesso dormi, continuai a ripetermi e per rilassarmi, fantasticai sul giorno del nostro matrimonio. Immaginai Mauro in *smoking* avanzare lungo la navata della chiesa. Il mio abito da sposa sarebbe stato color avorio, con le spalle scoperte e ampio sui fianchi per nasconderli quanto più possibile. Quella scena l'avevo già immaginata cento volte, come un sogno a occhi aperti. Ogni volta sentivo il cuore esplodere di felicità finché nella mia mente non prendeva forma l'immagine di Elena, mia suocera, mentre accompagna il figlio all'altare. A quel punto l'immaginazione terminava all'istante. "La regina madre", come la chiamavo io, era una donna estremamente sincera e trasparente, non aveva mai fatto nulla per nascondere la sua disapprovazione nei confronti del nostro matrimonio.

Eppure avevo fatto qualsiasi cosa per farle cambiare idea. Il pollice verde di Elena era noto a tutti, così agli inizi avevo tentato la via floreale: rose, orchidee, tulipani tutti esemplari ormai rari, quasi introvabili. Con l'esaurimento delle coltivazioni floreali, però, avevo dovuto ripiegare su altro puntando così sull'adulazione. Dopo averla implorata che mi svelasse i segreti della sua cucina per anni, un giorno conobbi Abegail, la cuoca filippina di cui neanche Mauro conosceva l'esistenza. Ripensandoci i pranzi della domenica avevano sempre uno strano retrogusto esotico e, in effetti, la sua lasagna allo zenzero aveva insinuato qualche sospetto. A ogni modo non avrei mai svelato il suo segreto, nemmeno sotto tortura. Come ultima carta, avevo giocato quella dell'intelligenza, mostrandomi sempre aggiornata sui temi d'attualità. Nonostante gli sforzi, però, non conquistai mai la sua approvazione. Per quanto istruita e affabile, agli occhi di sua madre restavo una ragazza mediocre con un imbarazzante problema alimentare. Una come tante altre, mica come il suo Mauro che invece eccelleva praticamente in tutto: bello, atletico e con la strada tutta in discesa. Ad attenderlo una brillante carriera da avvocato nello studio del padre e una vita a cinque stelle in uno degli appartamenti di famiglia. Per il suo "capolavoro" – così lo chiamava nei suoi slanci d'affetto – aveva immaginato qualcosa di più di una ragazza di borgata, laureata in Scienze della Comunicazione e con un lato b decisamente ingombrante. Col tempo compresi che a Elena non importava che mi dimostrassi all'altezza del figlio quanto alla sua. Così alla fine mi arresi, non avevo nessuna speranza di piacerle. Elena era una donna colta e raffinata, ancora molto bella nonostante l'età e due chemioterapie. I capelli di platino, perennemente raccolti in uno chignon, le davano quell'aria da donna di alta classe, un po' snob. La detestavo. La pelle chiara, qua e là segnata dal tempo, e il suo fisico snello e asciutto facevano di lei la classica bellezza nordica dagli occhi di ghiaccio. Non avrei mai potuto competere con la regina delle nevi! A trentasei anni vedevo la mia faccia crollare già a pezzi. Quelle orribili zampe di gallina ai lati degli occhi erano apparse tutte a un tratto e ogni anno diventavano sempre più evidenti. La detestavo con tutta me stessa, tanto che da qualche anno avevo già iniziato a sottopormi a dei trattamenti di medicina estetica. Le mie colleghe lo facevano già da anni! Avevano detto che bastava qualche "punturina" per farle sparire ma ogni volta all'idea di farmi infilzare la faccia iniziavo a strillare come una matta. La regina delle nevi non aveva mai ceduto a questo genere di tentazioni ovviamente: lei era una donna tutta d'un pezzo e, nonostante lo sfiorire della propria bellezza, la sua superiorità intellettiva la esimeva dalla paura di invecchiare. Professoressa di Diritto Costituzionale alla Sapienza, mi era toccata una suocera di fama nazionale, un tantino ingombrante nonostante la sua magrezza. Apprezzata come donna e come professionista, forgiata di un ego smisurato e di un'autostima inscalfibile, era sicuramente tra le poche capaci di guardarsi allo specchio senza nessuna nostalgica rimembranza dei tempi che furono. Per tutta la vita avevo creduto che i cosiddetti *"radical chic"* fossero entità astratte, leggende metropolitane, come Babbo Natale, il principe azzurro o le streghe che volano sulle scope. Ma quando Mauro entrò nella mia vita, portandosi dietro anche l'ombra di sua madre, le cose cambiarono. Che mi considerasse una culona non era la cosa di lei che più mi dava ai nervi; per lei ero una nullità sotto ogni punto di vista. In realtà, ero io la prima ad avere una bassa stima di me stessa e il fatto che tutti continuassero a puntualizzare quanto fossi fortunata ad avere al mio fianco un tipo come Mauro, non mi era granché d'aiuto. Per me era stato un colpo di fulmine mentre per Mauro era stato un colpo e basta, anzi, una botta in testa!

Ci eravamo conosciuti alla festa di compleanno di Gabry.

Quella sera Gabry aveva invitato i suoi amici storici, tra cui Mauro. L'avevo capito subito che arrivavano da un'altra galassia, lui e gli altri due spilungoni con l'aria da figli di papà, il maglioncino legato sulle spalle e lo sguardo di chi è lì giusto perché non è riuscito a trovare una scusa per non venire. Gabry era già ubriaco, come la maggior parte dei presenti. Non appena li vide, corse subito da loro, presentandoli a tutti come i suoi ex compagni delle medie, quando abitava ancora a Roma nord, prima che il padre chiudesse bottega dopo la pandemia. I tre, in palese imbarazzo, si presentarono sistemandosi i capelli tra una stretta di mano e l'altra per poi dileguarsi svelti in balcone con la scusa di una sigaretta.

Una volta fuori continuarono a guardarsi senza dire nulla, come topi in gabbia che cercano una via d'uscita. Mi erano stati antipatici da subito, troppo silenziosi, troppo altezzosi e troppo "firmati" per i miei gusti. Ai tempi nutrivo un'avversione innata verso quelli di Roma nord. Non avevo ancora conosciuto Clelia che, pur essendo nata e cresciuta al quartiere Coppedè, a due passi dalla Fontana delle Rane, qualche anno dopo sarebbe diventata per me una sorella. Quel fontanone al centro della piazza ha avuto sempre qualcosa di inquietante, sin dalla prima volta in cui andai a trovarla a casa. Dal balcone della sua cameretta si vedeva benissimo, al punto che riuscivo a contare le rane a una a una. Erano otto, schierate in cerchio sul bordo della vasca centrale e dai loro sguardi sembrava che stessero lì ferme e immobili a complottare un piano per conquistare il mondo. Anche Mauro e i suoi amici quella sera continuarono a complottare parlando sottovoce, solo che il loro era un piano di fuga! Mi erano così antipatici che decisi di non rivolgergli la parola per nessun motivo. Quella sera, però, destino volle non solo che fosse Mauro a rivolgermi la parola ma che lo facesse anche malamente.

Sì, perché a due minuti dalla mezzanotte nessuno aveva pensato alla torta e così, visto il tasso alcolico collettivo, alle candeline avevo dovuto provvedere io. Quando si spensero le luci, con la torta in mano, iniziai a vagare per casa alla ricerca del festeggiato. Qualcuno mi informò che stava fuori in balcone. Presi atto che avrei dovuto raggiungerlo tra quei musi lunghi dei suoi amici, così mi feci coraggio. Riuscii a percorrere il corridoio e, nonostante l'ansia di inciampare su qualcuno svenuto a terra qua e là, lo trovai. Parlava animatamente con i tre simpaticoni, reggendosi su uno di loro mentre gli stropicciava la camicia. Fu uscendo in balcone che lo notai: i suoi occhi erano azzurri come il mare. Arrivata vicino al festeggiato, pronta a intonare un originalissimo "tanti auguri", Gabry, sganciandosi dall'amico, si voltò di scatto. Sorrise e, senza darmi neanche il tempo di aprire bocca, buttandomi le braccia al collo esclamò: «*Viè* qua, dammi un bacetto!». Fu così che Gabry precipitò dal suo metro e ottantadue, piombandomi addosso. Il bilanciamento tra i nostri corpi durò poco. Il braccio, deputato a reggere la torta con le candeline, puntò il ciuffo di Mauro che divampò all'istante sotto gli occhi dei presenti. Fu quella la prima volta che Mauro mi guardò. «Che fai, deficiente!» esclamò inferocito e nel tentativo di spegnere l'incendio divampatogli in testa, diede una capocciata contro la portafinestra del balcone. Fu il panico: il ciuffo andò in fumo in una frazione di secondo, la puzza di bruciato infestò casa di Gabry e io a quel punto pregai Dio affinché mi prendesse con sé all'istante. La festa terminò con la torta intatta e il festeggiato collassato a terra. Prima di uscire dal bagno, Mauro si accertò che tutti fossero andati via. I suoi amici lo attesero in cucina come un ferito di guerra, precipitandosi su di lui non appena si decise a ricomparire. Continuavano a guardarlo come se avessero visto la morte in faccia, tentando invano di tranquillizzarlo.

«Dai, alla fine la situazione non è così grave!» diceva uno. L'altro, il più intelligente, preferì avanzare soluzioni concrete: «Ci vorrà qualche mese, al massimo un anno» profetizzò, «basterà mettere un cappello…». Anziché scusarmi, scoppiai in lacrime senza riuscire a dire una sola parola. Fu a quel punto che gli occhi di Mauro cambiarono espressione e, alla fine, fu lui a chiedere scusa asciugandomi le lacrime. Disse che in fondo non era successo niente di grave. Qualche giorno dopo chiesi a Gabry di recapitargli un pacco, con tanto di confezione regalo e dentro un cappellino nero e un bigliettino: "così puoi abbinarlo con tutto." Il bigliettino tornò indietro con il suo numero di telefono. Prima di scrivergli, feci passare un paio di giorni. Nel frattempo ebbi tutto il tempo di sbirciare il suo profilo Instagram. Studiai tutto, passando al vaglio i post degli ultimi due anni, le foto e i profili di tutte le ragazze che avevano lasciato un commento ai suoi contenuti. Scoprii che, al di sotto di quell'aria da snob, si nascondeva un ragazzo con la passione per la musica e un amore incondizionato per la chitarra.

Quella mattina le mani non smettevano di tremare. Me ne accorsi sciacquandomi il viso. Non succedeva dal tempo in cui nonna Livia finì in ospedale per la prima volta. Quando il suo addome iniziò a gonfiarsi per lei non ci fu più nulla da fare. Se ne andò in una settimana, in ospedale, senza nessuno al suo fianco che le stringesse la mano. Perderla fu uno *tsunami*, di quelli che si vedevano al telegiornale: mise tutto sottosopra. La morte di nonna turbò quell'equilibrio che negli anni ero riuscita a crearmi, anche grazie a lei. Mi aveva cresciuta come una seconda mamma. Sì, perché una l'avevo già, per fortuna, ed era la migliore che potessi desiderare, sempre pronta ad aiutarmi e sostenermi in ogni difficoltà. Il lavoro, però, le occupava molto tempo. Quando di notte era di turno in ospedale, io dormivo a casa di nonna. A lei dovevo tutto. Nelle ultime settimane non facevo che sognarla; tentava di dirmi qualcosa senza riuscirci. Quando nonna andò via dovetti ricominciare tutto da capo, con una mamma in meno e ancora una volta senza papà. Sì, perché nonostante i numerosi tentativi, mio padre non aveva mai avuto interesse nel costruire un rapporto. Lo avevo cercato per anni, con l'aiuto di nonna ero riuscita a trovarlo in un paese vicino la capitale. Non avevo alcun ricordo di lui. Sapevo soltanto che era un infermiere, come mamma. Quando lo chiamai al telefono per la prima volta, e ascoltai la sua voce, mi tremarono le mani, proprio come quella mattina.

Guardandomi allo specchio poggiai le mani sul lavandino per farle smettere di tremare. Non mi ero mai vista in quello stato. Dovevo fare qualcosa e in fretta. Non ero pronta a ricominciare tutto da capo. Mauro, dal giorno in cui nonna era morta, non mi aveva lasciata sola nemmeno per un istante.

Ma a un certo punto, qualcosa era andato storto, all'improvviso avevo di nuovo paura, paura di rimanere sola. Prima o poi avrei perso anche lui e il solo pensiero mi toglieva il respiro. Non sapevo quando, ma ero certa che un'altra lo avrebbe portato via; una più in gamba e più magra, magari. Così che il dieci giugno non ci sarebbe stato nessun bouquet di nebbiolina. Sin da bambina, era il mio fiore preferito, una delle poche specie ancora capaci di resistere più di ventiquattro ore. I fiorai in città si contavano ormai sulle dita di una mano. I pochi che erano sopravvissuti, per conservare i fiori più a lungo, utilizzavano delle vere e proprie celle frigorifere. La prima a brevettare i sistemi di refrigerazione floreale fu una ditta bergamasca, la *ICE – Group*. Non erano altro che piccole celle frigorifere in vetro, della grandezza di una bottiglia ma permettevano ancora di regalare un fiore a qualcuno senza che gli marcisse tra le mani.

Un giorno, passando davanti il fioraio sotto casa, mi ero fermata ad annusarne un rametto.

«*Gypsophila paniculata*!» aveva detto una voce alle mie spalle.

Era il signor Gino, il fioraio.

«Io la chiamo nebbiolina» avevo confessato ingenuamente. Lui mi aveva rassicurato prontamente. «La chiamano tutti così, signorina, però lei mi sembra una donna sofisticata!»

Era la prima volta che me lo sentivo dire. Da piccola mi prendevano in giro per i miei modi goffi, così, crescendo, avevo tentato di migliorare, impegnandomi moltissimo. Nonno mi diceva sempre: «Vedi di non diventare come tua madre, tu devi essere *na donna de classe!*». Spesso Mauro, per prendermi in giro, diceva di stare con me solo per fare un dispetto alla madre, e io ho sempre pensato che sotto sotto ci fosse qualcosa di vero. Così il complimento del signor Gino mi scaldò il cuore.

Avevo sognato quel fiore di recente. Mentre correvo in un labirinto con l'abito da sposa macchiato di fango, la nebbiolina mi circondava. Quando mi svegliai nel cuore della notte, ero distrutta. Io e Mauro avremmo dovuto disdire tutto: la chiesa, il vestito, il locale; persino i lavori di ristrutturazione della casa in cui ci saremmo trasferiti a breve.

Fino ad allora avevamo convissuto a casa mia. Era piccola ma accogliente e stava a due passi dalla redazione del giornale. Ma, cosa ancor più importante, prendendo il tram sotto casa ci volevano quindici minuti per raggiungere il conservatorio di musica. Sua madre lo aveva invitato più volte a trasferirsi nell'attico di Torre Argentina, vicinissimo allo studio del padre ma Mauro aveva sempre rifiutato: lo studio legale era l'ultimo dei suoi pensieri. Aveva accettato di iscriversi alla facoltà di Giurisprudenza per non sentire i rimproveri di sua madre ma il suo unico interesse era sempre stato un altro. Tutto girava intorno alla sua passione, come io intorno a lui. Il rapporto tra me e Mauro aveva qualcosa di simile a quello tra la Luna e la Terra. Ma a me andava benissimo così. Eravamo un sistema perfetto. Avremmo potuto continuare a perpetrare i nostri moti in eterno, mostrando sempre le nostre facce migliori. Sapevo perfettamente di doverlo dividere con *lei*, con la sua musica ma ciò che per me contava realmente era sapere che subito dopo, nella *top ten* delle priorità, il secondo posto fosse il mio.

Da qualche tempo, però, il nostro sistema non era più in equilibrio. All'improvviso mi ero ritrovata a girare attorno al nulla, alla sua assenza. Da giorni lo sentivo distante anni luce. Non sapevo se ci fosse un'altra o più di una. Non avevamo ancora affrontato l'argomento. Mauro continuava a comportarsi come se nulla fosse e io ero andata avanti fingendo di non sospettare nulla. Quella sera, non sentendolo rincasare, buttai un occhio in cucina. Per la prima volta, anziché spalancare voragini incolmabili, l'ansia mi aveva chiuso lo stomaco. Al solo pensiero di mettere qualcosa sotto i denti, percepii un senso di nausea. Dopo aver saltato la cena, quella mattina decisi di saltare anche la colazione. Un attimo prima d'uscire di casa mi guardai allo specchio: mi sembrò di vedere un fantasma. Così mi voltai dall'altra parte e, infilandomi nel *trench* color senape che mi aveva regalato Mauro per il mio ultimo compleanno, afferrai gli occhiali da sole trincerandomi dietro le lenti. L'aria fuori era ancora fredda. A darmi il buongiorno in giardino, un trionfo di magnolie bianche. I primi alberi a fiorire, qualche giorno prima, erano stati quelli al centro della corte, di cui ormai non rimaneva più nulla se non qualche pistillo secco. Al mio ritorno di quello spettacolo non avrei trovato più nulla. Attendevo quel momento tutto l'anno, ma per la prima volta quella mattina non sentii alcun entusiasmo, nessuno stupore. A breve sarebbe arrivato il caldo e, come ogni anno, saremmo passati dall'inverno all'estate senza neanche accorgercene. Chiusi il portone e, una volta superato il cancello, fui assalita dal fragore del tram numero 3 che arrivò scaraventandomi addosso l'aria fredda sopra i binari. Sarei dovuta tornare indietro e mettere qualcosa di più pesante ma il tram non avrebbe aspettato. Nemmeno Mauro l'avrebbe fatto, così accelerai e, prima che le porte si chiudessero, salii a bordo certa che la donna dai capelli di fuoco, avrebbe saputo cosa fare.

LA DONNA DAI CAPELLI DI FUOCO

Per la fretta avevo dimenticato di prendere i miei integratori giornalieri. Odiavo quelle maledette pasticche, alcune erano grosse come dadi e la mattina mandarle giù era davvero un'impresa. Dopo quello che mi aveva raccontato sul pianerottolo la mia vicina, la signora Cesira, ero terrorizzata. Il nipote si era riempito di macchie dalla testa ai piedi, gli era pure caduto un dente e, come se non bastasse, alla fine era finito in ospedale per due settimane. In TV avevano detto che con lo scorbuto si poteva persino diventare pazzi. Doveva essere per quello che il comune aveva iniziato a distribuire, una volta al mese, scorte di vitamina C ai senza tetto. Affollavano le metro e i sottopassaggi: li chiamavano le "scorie". Su di loro avevo scritto un articolo dal titolo "le vere scorie della guerra nucleare." Tante famiglie si erano impoverite durante la Terza guerra. I tassi di interesse erano saliti alle stelle e i blocchi navali avevano causato l'aumento dei prezzi come non si era mai visto prima nella storia.

Mentre pagavo il biglietto, avvicinando il palmare alla macchinetta elettronica, qualcosa andò storto. Tentai di sbloccare lo schermo, puntando la fotocamera sull'occhio destro. Non ci riuscii e, a quel punto, iniziai a sudare. Al quarto tentativo, spalancai bene le palpebre e completai l'operazione: ero così devastata che nemmeno il riconoscimento corneale era più in grado di capire chi fossi! Clelia mi aveva scritto il solito messaggino di buon giorno ma per evitare di dire dove fossi diretta lo ignorai. Il tram impiegò dieci minuti ad arrivare al Circo Massimo e una volta lì stranamente si arrestò di colpo. «Ancora questi?» commentò il signore col baffo seduto dietro di me.

«Pure oggi? No, eh!» aggiunse la signora in piedi vicino l'uscita in attesa della prossima fermata. «*Ao! Se ne dovemo annà a lavorà*!». Con la fame di lavoro che c'era, toccava tenerselo stretto il proprio. I licenziamenti erano all'ordine del giorno. Dalla guerra nulla era tornato più come prima, per i datori di lavoro le leggi marziali sembravano non essere mai terminate. Gli sproloqui del signore erano rivolti a un furgoncino fermo davanti a me. Vidi i cartelloni muoversi in maniera caotica: "Assassini", diceva il più vicino. "È iniziata l'estinzione", proclamava un altro.

Su uno di questi erano stati affissi due fiocchi, uno rosa e l'altro blu, imbrattati con della vernice rossa. Un ragazzo sui vent'anni portava in alto il cartonato di un *biberon* su cui era impresso un teschio e il simbolo dei rifiuti radioattivi. In lontananza una decina di persone in abiti verdi agitavano uno striscione con su scritto "state uccidendo il futuro" insieme all'immagine di un neonato morto dentro un utero disegnato con una bomboletta spray.

Dopo qualche minuto di clacson e schiamazzi, un gruppo di manifestanti impazziti si lanciò in mezzo al traffico, salendo sui cofani delle auto. Uno di questi avanzò dritto verso di me schiantandosi sul vetro. Sobbalzai di paura. A quel punto il tram riprese la sua marcia. Tutto quello scompiglio mi scatenò la fame, così decisi che, una volta scesa, avrei fatto una piccola pausa al bar, giusto per un cornetto integrale vuoto o al massimo al miele. Un attimo dopo avevo già cambiato idea. *No! Resisti,* mi dissi facendo un bel respiro. Non toccavo dolci da una settimana, dovevo farcela! Da lontano vidi finalmente la Piramide di piazzale Ostiense. Fui assalita dal panico: c'ero quasi. Fu allora che mi tornarono in mente le parole di nonna: "riposano in pace all'ombra di una piramide."

Nonna mi raccontava una storiella, quando ero piccola. Col cucchiaino in mano tentava di distrarmi per farmi aprire bocca. Il mio rapporto con il cibo era sempre stato complicato; fino a tre anni pare che fossi in grado di masticare per ore prima di mandare giù un boccone. Doveva essere un modo per urlare al mondo quanto fossi incazzata. Era andata così fino all'età di nove anni quando, diventata signorina, cambiò tutto. La pubertà non stimolò semplicemente l'appetito ma aprì in me voragini incolmabili, il vaso di Pandora da cui uscirono fuori tutti i miei mali. Fu allora che cominciai a ingurgitare la qualsiasi per la gioia non solo di mamma ma anche di nonna che, vedendomi mangiare di gusto, finalmente si dilettò cucinando torte di ogni genere con il risultato che, all'età di quattordici anni, ero già una ragazzina sovrappeso, con i baffi e le sopracciglia alla Frida Kahlo.

Il ricordo di nonna fu interrotto dalle immagini del notiziario sul monitor del tram: un uomo sulla sessantina veniva aiutato a salire a bordo di una volante della polizia: "Pensionato sorpreso a tagliare un albero in giardino", diceva il titolo in sovrimpressione. Mi sembrò incredibile che ci fosse ancora gente capace di fare cose del genere e, intanto, le immagini dell'albero abbattuto continuavano a susseguirsi come le scene di un delitto efferato. Si trattava di un grosso albero di limoni. L'uomo aveva tentato di giustificarsi dicendo che l'albero non faceva più frutti da anni. Ripensai al limone del mio sogno ricorrente, mi perseguitava da settimane. Era sempre lo stesso: la visione di un limone infilzato da tanti spilli colorati, l'ultimo di colore nero che ogni volta mi riempiva di angoscia facendomi svegliare in un bagno di sudore. Tra una notizia sull'innalzamento del livello dell'acqua in piazza San Marco e le immagini del lago di Castel Gandolfo ormai ridotto a un acquitrino, sul monitor continuava a ripetersi la pubblicità della nuova Oasi Blu in allestimento nel quartiere di Tor Vergata, nei pressi del parco solare caduto in abbandono. Il boom delle Oasi Blu era iniziato subito dopo la guerra, piscine e centri termali erano spuntati come funghi, da nord a sud. Negli ultimi anni in città si stava assistendo alla nascita di veri e propri parchi balneari, fatte di sabbia, scogli e onde artificiali che tanto piacevano ai nostalgici delle spiagge. Non si trattava di oasi di pace: da maggio a dicembre ci si riversava dentro tutta la città in cerca di sollievo dal caldo infernale. Non avevo mai amato quelle bolge infernali. Detestavo mettermi in costume! L'ultima volta c'ero stata con Mauro. Non volevo andarci, ma alla fine mi ero lasciata convincere. Fu uno dei giorni più brutti della mia vita. Avevo cominciato a sentire gli occhi di tutti su di me, sin dal nostro arrivo. Ma, facendomi forza, avevo continuato a dirmi di stare calma, che prima o poi non ci avrei più fatto caso. Fu così finché non sentii i commenti del gruppo di ragazzini accanto. «Ma non si erano estinti gli ippopotami?» aveva commentato una di loro senza preoccuparsi di non farsi sentire dalla diretta interessata. Rimasi sdraiata sul mio lettino per il resto della giornata.

Quando il tram si fermò, ero già pronta a scendere. Mi sentivo emozionata e terrorizzata allo stesso tempo. Prima che le porte si aprissero sentii gli occhi di qualcuno addosso. Lanciando un'occhiata al volo, vidi tutti i presenti chini e imbambolati sui loro palmari. Fu quando le porte si aprirono che lo scovai: un bambino, con gli occhietti vispi, mi fissava dal basso. Sorrisi vedendolo così imbronciato nel suo bomber giallo, mentre la mamma, dandomi le spalle, era intenta a imbacuccarlo. Gli aveva tirato su il cappuccio attorcigliandogli poi una sciarpa viola attorno al collo. Pronto per essere spedito in Alaska, si preparava a scendere. Al posto degli occhi aveva due fari da centomila watt. Mi ricordarono quelli di Mauro. Scesi dal tram. Mi chiesi se un giorno anche noi avremmo avuto la fortuna di diventare genitori. In più occasioni Mauro aveva espresso le sue titubanze circa l'idea di diventare padre e io ogni volta mi ero arrabbiata moltissimo appellandomi al senso di responsabilità collettiva. Sì, perché la *Decima Piaga* aveva cambiato tutto, anche il desiderio di maternità. La procreazione non era più una scelta individuale, ma un dovere sociale.

«I bambini nati da coppie giovani hanno più possibilità di superare il terzo giorno, lo dicono le statistiche!» gli avevo urlato struccandomi allo specchio, «decidere di non averne solo perché non ci si sente pronti è un gesto di puro egoismo nei confronti dell'umanità!»

«Che vuoi, che ti dica una cazzata solo per fare contenta te e quelli che fanno le statistiche?» rispose prima che gli chiudessi la porta in faccia.

Puntualmente finivo per rivedere le mie posizioni: in fondo non si dovrebbe diventare genitori per innalzare la curva demografia, ammettevo a me stessa una volta che la rabbia andava via. Ricordo ancora la prima notizia al telegiornale, ci mise poco ad arrivare in prima pagina su tutti i giornali internazionali. Erano anni che in TV non si parlava d'altro. Neonatologi, pediatri, ginecologi di fama internazionale, ognuno aveva dato il proprio punto di vista sull'argomento, contraddicendosi il mese successivo, eppure ancora nessuno c'aveva capito niente! Già dai tempi del *water poisoning* non s'era fatto altro che parlare e parlare, avanzando ipotesi su ipotesi mai confermate. Il mondo stava andando a rotoli e nessuno sapeva perché. C'era chi dava ancora la colpa alle emissioni di CO_2, chi all'inquinamento radioattivo; altri alle onde elettromagnetiche del 20 G. Ma nessun paese, nonostante gli investimenti nel campo della ricerca, era ancora riuscito a trovare la vera causa, dando modo a chiunque di aprire bocca. Anche la Chiesa, dopo anni di declino, ebbe finalmente qualcosa a cui appigliarsi, ricordando al mondo il castigo divino e l'arrivo dell'Apocalisse.

Superato l'incrocio, aumentai il passo e con esso aumentò anche la mia agitazione. Costeggiando la Piramide di Caio Cestio, imboccai via Marmorata per svoltare subito dopo in una stradina secondaria. Quando finalmente vidi il cancello da lontano, sentii il battito cardiaco accelerare di colpo. *È impossibile*, mi dissi. Eppure mi sembrava di avere già visto quel cancello. Ero certa di non essere mai stata lì e i racconti di nonna non c'entravano nulla. L'arco scavato nelle mura perimetrali attorno la piramide, le croci in alto nascoste dall'edera, gli oleandri ai lati dell'ingresso e quel cancello nero placcato in oro, mi erano incredibilmente familiari. Non potevo crederci eppure avevo come l'impressione di averli già visti.

Per placare l'ansia mi convinsi di aver visto qualcosa di simile navigando su Internet. Probabilmente durante le mie ricerche online per uno dei miei primi servizi, quello sui tombaroli per il giornale regionale. L'ansia dell'ultimo periodo aveva fatto il resto riproponendomelo in sogno. Il cancello del sogno era spalancato, mentre quello, invece, aveva tutta l'aria di essere sbarrato.

Avrei dovuto chiamare, lo sapevo! mi maledissi a voce alta. Eppure avevo controllato gli orari di apertura sul sito del comune. Non sapendo cosa fare, iniziai a guardarmi attorno. Nei paraggi non c'erano che edifici disabitati. Mi arresi ancor prima di cominciare e, facendo dietro front, m'incamminai per tornare indietro. Delusa da me stessa per aver creduto a quelle storielle infantili, avanzai a testa bassa. *Quando la smetterai di credere alle favole?* mi domandai accelerando il passo. Per fortuna, nessuno avrebbe saputo ciò che quella mattina mi era passato per la testa, né tanto meno dei problemi tra me e Mauro: ero brava a fingere che andasse tutto a gonfie vele.

«*Signorì*!» fece una voce sconosciuta. Mi arrestai di colpo e, quando mi voltai, non vidi niente e nessuno, finché non notai le foglie d'edera muoversi al di là del cancello. «Sto qua, *signorì*! Avete preso appuntamento?» chiese la voce senza volto. Non compresi il senso di quella domanda, sul sito era chiaramente specificato che non servisse alcuna prenotazione.

«Scusi, ma è chiuso?» domandai prima di scaraventargli addosso tutta la mia frustrazione.

«Sì, il cimitero apre nel pomeriggio...» rispose venendo allo scoperto. «La mattina siamo aperti solo il fine settimana». Era un uomo anziano dal ventre tondo tondo di chi sa fare bene l'amatriciana.

«Sul sito c'è scritto dalle nove alle tredici!» protestai già sul piede di guerra.

«*Signorì, che je devo di*?» fece l'uomo allargando le braccia. «Ho chiamato cinque volte questo mese per far correggere gli orari, *più de questo che devo fa*?» aggiunse desolato. «Ormai qua *me sbroccano* in tutte le lingue, pure i cinesi m'hanno sbroccato, *signorì*!». Sarei stata l'ennesima stronza a prendermela con lui, quindi decisi di arrendermi ancor prima di cominciare. Ma prima di andar via gli feci un'ultima domanda: «Lei è il custode?»

«E chi sennò, *signorì*?» rispose l'uomo agitando le braccia

«Senta...» dissi a quel punto abbassando il tono della voce, «per caso...»

«Che dice?» urlò l'uomo avvicinandosi al cancello. «Mica sento se parla così piano!»

«Dicevo...» ricominciai, aumentando il volume. «Sto cercando una donna straniera dai capelli rossi...»

«Una straniera?» domandò cadendo dalle nuvole.

«Eh, sì»

«*Signorì*, sa quante straniere vedo da 'ste parti?»

«Va bene, la ringrazio» esclamai pronta a tornare indietro.

«A meno che...» aggiunse il vecchio inaspettatamente, «non state cercando...» La sua voce fu un sussurro, come se stesse per rivelarmi qualcosa di estremamente confidenziale. Lo esortai a continuare.

«Che intendete dire?».

«Questo me lo deve dire lei...» rispose come se stesse recitando un copione. «Se cerca una straniera dai capelli rossi...» riprese l'uomo parlando piano.

«Sì, esatto, dovrebbe abitare qui in zona» feci io, ancora piena di speranza. «La conosce?».

Fu a quel punto che il vecchio guardiano fece qualcosa di assolutamente inaspettato: aprì il cancello. «Io vado a innaffiare le siepi, laggiù in fondo» disse facendo il vago. «Ci metterò una mezz'ora buona». Poi mi guardò con la coda dell'occhio. Rimasi immobile senza dir nulla. Incredula continuai a fissare il cancello mentre il guardiano andò via lentamente, sollevando una scarpa alla volta a passi lenti e polverosi.

Quando il vecchio fu abbastanza lontano, io me ne stavo ancora immobile. Dovevo aver capito male. Eppure era stato così chiaro. *Ora o mai più*, pensai e in un attimo diedi una spinta al cancello che si aprì il giusto per permettermi di entrare. Evidentemente però ero stata troppo ottimista nei confronti del mio giro vita, così per intrufolarmi dovetti spingere ancora una volta. Alla fine mi trovai all'interno del cimitero e come una fuori legge mi guardai attorno per capire se mi avesse visto qualcuno. Il cuore era sul punto di esplodere ma ce l'avevo fatta: ero dentro! Ad attendermi vi era un viale alberato: sarebbe stato quello a condurmi da lei. Il viale non era altro che una striscia di terra in mezzo a una distesa di lapidi. Decine, centinaia di tombe. Mi sentivo circondata. *Che sto facendo?* mi dissi, avanzando incerta. Si trattava chiaramente di una follia, un delirio lucido instillato, goccia dopo goccia, ancor prima che ne avessi memoria. Dovevo aver immaginato tutto. La stanchezza aveva avuto il sopravvento e adesso stavo sognando. Era impossibile che il custode mi avesse permesso di entrare in quel modo! Perché l'aveva fatto? Le risposte tardarono ad arrivare, ma nel frattempo l'agitazione iniziò a diminuire. Con stupore mi accorsi di provare una strana sensazione di pace e di calma, a tratti inquietante; il tempo sembrava aver tirato improvvisamente il freno a mano. Anche se mi trovavo in pieno centro, ebbi l'impressione di essere lontanissima dalla città, altrove. La luce veniva giù densa tra le lapidi che, arroccate l'una sull'altra, si stagliavano su una nebbia secca fatta di luce e pulviscolo. All'improvviso, qualcosa mi fece venire i brividi. Non fu il gatto grigio che sbucò dal nulla, né la lapide su cui erano scritte le date 1922 -1923, né tanto meno l'angelo bianco in marmo. Fu il peso dei secoli nell'aria a farmi gelare il sangue nelle vene. Il perdurare indisturbato di qualcosa inaccessibile alla mente umana. Ogni cosa lo confermava: gli alberi secolari posti lì a riparare le tombe, i fiori di plastica lasciati sulle lapidi dei poeti. I versi di Shakespeare impressi sulla pietra, le iscrizioni in lingue straniere sulle lapidi, i simboli della massoneria sparsi qua e là in maniera quasi innocente. Nonostante le storielle di nonna, non ero mai stata al cimitero acattolico, ma in realtà era come se l'avessi fatto, più e più volte tramite i racconti che mi faceva mentre preparava l'impasto per la torta di mele. Le mele, quanto mi mancavano! Ormai, era impossibile trovarne una. L'ultima l'avevo mangiata quattro anni prima dal fruttivendolo dietro casa. Il signor Franco, quel giorno, ne aveva messe da parte due per me. Le mangiai una dopo l'altra per paura che marcissero. Se solo avessi saputo che sarebbero state le ultime, le avrei assaporate con più calma. Un mese dopo il signor Franco morì per un tumore scoperto troppo tardi.

"Sono tutte grandi menti venute da lontano" diceva nonna spargendo la farina sul tavolo da cucina. Era un'oratrice nata anche se a parte le ricette del suo libro di cucina non aveva mai letto nulla in vita sua. "Una ha scelto di restare lì per sempre" terminava il racconto. Non c'era giorno che la mente non mi portasse a lei, a quei pomeriggi, alla torta di mele e ai racconti sulla donna dai capelli di fuoco, di colei che veniva da lontano. "Occhi caramello" diceva "bella come una matrioska!". Era già da un po' di tempo che appariva nei miei sogni. Era bella e giovane con una lucente chioma rossa proprio come nei racconti di nonna. Continuavo a sognarla ogni notte eppure non riuscivo mai a vederla in viso. Agitava i capelli, senza mai voltarsi. Ogni volta che mi avvicinavo a lei, arrivavo quasi al punto di sfiorarla per poi svegliarmi un attimo dopo, con il cuore a mille. Le sue apparizioni erano sempre accompagnate da una musica di sottofondo. Mi sembrava di conoscerla. Ma, al risveglio, puntualmente la rimuovevo del tutto.

Arrivai alla fine del viale inseguita da una colonia di gatti curiosi. Sentii lo scrosciare dell'acqua far ribollire il terriccio: se non volevo imbattermi di nuovo nel custode, sarebbe stato meglio prendere un'altra direzione. Ma quale? Da lontano, oltre le siepi che delimitavano il viale, scorsi un portone in legno. Era posto al di sotto di un arco in marmo, sormontato da un rosone. Doveva essere una chiesa, forse la cappella del cimitero. Nei paraggi non vidi nessuno. Non erano molti i vialetti da percorrere ma in nessuno di questi sembrava esserci anima viva. Forse era il momento di smetterla davvero con le favole. Avevo oltrepassato il limite della ragione, lasciato che il passato sconfinasse sul presente. *Il passato è passato,* mi dissi, percorrendo nuovamente il vialetto. Feci un sospiro, di quelli lunghi che ti consentono di sperare ancora un po', che ti fanno ancora credere nell'impossibile, che l'irreale diventi realtà. A due passi dall'uscita, lo sguardo andò oltre il cancello attraverso cui mi ero intrufolata: la strada, le case, l'erbaccia sui marciapiedi sembravano diversi; qualcosa lì fuori era profondamente cambiato. Di certo – compresi – non era la stessa strada che avevo percorso qualche minuto prima. Diedi la colpa alla luce, al modo in cui i raggi del sole giungevano al suolo. Sembrava di stare in piena estate, quando nelle ore più calde l'asfalto, in lontananza, sembra ondeggiare. Quella mattina la temperatura era ancora piuttosto bassa però, e io avevo anche messo la giacca sbagliata. Qualcosa mi scosse dai miei pensieri. L'erba sul marciapiede si agitò in uno strano modo, come fosse stata appena investita da un'onda, muovendosi dal basso verso l'alto. Improvvisamente il mondo dietro il cancello si era trasformato in un acquario gigante in cui tutto era come immerso in un fluido pulsante. Anche le foglie degli alberi si mossero più volte, all'unisono come le branchie di un pesce che fluttua in una boccia di vetro. Fu lì che iniziai ad avere paura. Stava per succedermi qualcosa, da lì a poco sarei stramazzata al suolo con la bava alla bocca. Mi toccai la fronte, ma non mi sembrò che scottasse. Forse la notte in bianco stava iniziando a farsi sentire. Non avevo nemmeno fatto colazione quella mattina e, senza zuccheri, il cervello non andava da nessuna parte, figuriamoci fino a piazzale Ostiense! Strizzai gli occhi e nel riaprirli tutto sembrava essere tornato come prima. L'erba faceva di nuovo su e giù scossa dal vento e le fronde degli alberi erano tornati ad agitarsi come avevano sempre fatto. Impaurita, decisi di andare via. Così tornai indietro e giunta al cancello tentai di tirarlo verso di me scoprendo che era chiuso. Eppure ero certa di averlo lasciato accostato. Non poteva essere stato il vento, solo poco prima avevo impiegato tutta la mia forza per spostarlo di appena qualche centimetro. Il che significava solo una cosa: dopo di me doveva essere entrato qualcuno! Una speranza si accese all'improvviso. Mi guardai attorno ma non vidi nessuno così delusa afferrai il chiavistello, decisa a dare un taglio a quella follia. Cosa avevo creduto di fare lì? Non ero più una bambina, dovevo smetterla di credere a quelle sciocchezze!

Ma a un tratto, con la coda dell'occhio, notai qualcosa muoversi alla mia sinistra: in fondo, nascosto dietro il tronco di un cipresso, mi sembrò di vedere qualcosa muoversi. Così mi incamminai a passo lento. Fu allora che sotto il cipresso scorsi un sacco nero adagiato al suolo. Poi a un passo dall'albero, sentii un rumore, simile a quello di una zappa. Continuava a ripetersi a un ritmo costante. Mi domandai cosa stesse accadendo e l'unica risposta che riuscii a darmi non prometteva nulla di buono. Qualcuno doveva essersi intrufolato di nascosto, proprio come avevo fatto io. Improvvisamente fu tutto chiaro: chiunque fosse stava tentando di dissotterrare qualcosa. Qualcuno era entrato per profanare una tomba. Dopo quell'articolo sui tombaroli del parco archeologico di Ostia antica, sapevo tutto sull'argomento. Il sacco serviva per trasportare ciò che rimaneva degli oggetti di valore. *Che stupida*, pensai rallentando. *Ecco a cosa servono gli orari di apertura dei luoghi pubblici! Si evita che succedano cose del genere!* dissi tra me e me tremendamente in colpa per aver fatto entrare un saccheggiatore.

A quel punto non potevo rimanere inerme, il senso di colpa me lo proibiva, così col cuore a mille, m'avvicinai al cipresso fino a che non riuscii a percepirne l'odore. Profumava di umido e legno macerato dal tempo. Fu allora che la vidi: indossava un *foulard* rosso legato con un fiocco sotto al mento. La luce, infilandosi tra i rami degli alberi, le cadeva addosso. Era intenta ad accanirsi su qualcosa ancorato al suolo, una radice o forse un piccolo arbusto attorno al quale aveva scavato una piccola buca. Portava un vestitino *beige* con tante piccole rose rosse disegnate sopra. Il suo esile corpo si muoveva oscillando avanti e indietro sotto la spinta delle spalle che, forti e determinate, strattonavano il misero virgulto. Gli stivaletti di pelle erano ormai completamente sprofondati nel terriccio umido.

Non poteva essere vero, mi dissi. Non poteva essere lei. In effetti non ero ancora certa che fosse lei: il *foulard* mi oscurava la vista dei suoi capelli. E poi sembrava così giovane! Erano passati tanti anni da quando nonna mi aveva parlato di lei per l'ultima volta. Nonostante mi tremassero le gambe per la paura non sarei mai andata via senza guardarla in faccia e vedere i suoi occhi color caramello! Mi feci coraggio, superai il cipresso che ci separava e, finalmente, mi trovai a un passo da lei. Il piccolo arbusto sembrava ancorato al suolo così, quando la radice si spezzò, la donna balzò indietro finendo per terra. Non ebbe nemmeno il tempo di gioire della sua conquista che improvvisamente scoprì di non essere sola. Era bellissima. La prima reazione fu la più classica e prevedibile: sbarrò gli occhi e cacciò fuori un urlo in perfetto stile *horror*. Era esattamente come me l'ero sempre immaginata: la tipica donna dell'est, dal viso squadrato e la carnagione chiara. Il *foulard* in testa le dava l'aria di una matrioska formato gigante. Era arrivato il momento di mettere in pratica quel poco di russo studiato al liceo linguistico. Innanzi tutto tentai di tranquillizzarla: «*Ya govoryu po-russki*» era tutto ciò che ricordavo dei miei cinque anni di grammatica russa ma la donna continuò a guardarmi terrorizzata come un gatto beccato a frugare nella spazzatura. «*Ne boytes!*» aggiunsi nella speranza di ricordare correttamente ma lei non batté ciglio. Forse la donna venuta da lontano non era russa, forse su questo nonna si sbagliava.

«Ma *icché tu dici?!*» esclamò all'improvviso facendosi scivolare la C sul palato e, a quel punto, tirò giù il *foulard*. Sentii come una cannonata al centro dello stomaco. I suoi capelli erano davvero di fuoco. Non erano lunghi e fluenti come in sogno, ma cortissimi, rasati, e una volta tolto il *foulard* la luce li colpì accendendoli come lava incandescente, la stessa che doveva arderle dentro. Imbronciata come un ragazzino caduto dal suo *skate*, continuava a sbattere le ciglia attonita. Il suo aspetto androgino faceva di lei una bellezza fuori dal normale. *Allora è lei*, mi dissi senza riuscire ad aprire bocca. Parlava italiano, anche se con un marcato accento toscano e i suoi occhi erano davvero color caramello. I capelli rasati e la matita sbavata attorno agli occhi le davano l'aria di una appena tornata da una *rave party!* Col cuore a galoppo, continuai a pensare che non potesse essere vero. Spaventata, strinse il suo bottino tra le mani. Una volta in piedi, senza togliermi gli occhi di dosso, raccolse tutto il suo armamentario e lo infilò all'interno del sacco nero. Fu allora che notai la pietra che portava al collo: diaspro rosso. Nonna diceva che era la pietra del coraggio e della forza. Sospettosa, continuò a osservarmi in silenzio finché, a un certo punto, mi guardò in modo diverso. La vidi ispezionare il mio volto centimetro per centimetro. Dopo di che rimase incollata ai miei occhi: dovevano comunicarle qualcosa. «Ci conosciamo per caso?», domandò all'improvviso portando il naso all'insù.

Era bellissima, proprio come me l'aveva descritta sempre nonna: i suoi occhi, i capelli e i lineamenti spigolosi. Combaciava tutto, tutto eccetto una cosa: l'età. Non mi aspettavo di trovare una donna così giovane. Da quel che ne sapevo, lei e nonna dovevano avere la stessa età. Ma allora perché mi trovavo di fronte a una splendida quarantenne? Non potevo restare lì impalata. Così chiusi la faccenda, e ipotizzai che anche lei, come le mie colleghe, facesse ricorso a qualche punturina miracolosa.

«Mi chiamo Valeria…» sussurrai trovando la forza di tirare fuori un po' di fiato.

«Ti sei persa qualcosa?» disse raccogliendo il giacchetto da terra. Come facevo a spiegarle che ero io a essermi persa, in realtà? Così decisi di giocarmi il tutto per tutto.

«Sì, te!»

«Mi sembra parecchio strano visto che non ci

conosciamo…»

«Ti conosco da quando avevo tre anni!»

Rise e a quel punto iniziò a guardarmi in modo sospettoso.

«Mi sa che hai sbagliato persona!» aggiunse dandomi le spalle così non mi restò che scoprire le carte pronunciando quel nome che aveva accompagnato la mia infanzia. «Vania…» sussurrai, «ho bisogno del tuo aiuto!»

«Oh!» spalancò gli occhi. «Mi vuoi dire che accidenti vuoi da me?»

«Mia nonna Livia…» dissi facendomi coraggio, «mi ha mandato lei a cercarti…»

«Non conosco nessuna Livia!» rispose, indispettita ma un attimo dopo mi guardò fisso negli occhi e finalmente si arrese. «Oh mamma, le somigli un monte!»

«Lo so, me lo dicono tutti!

«Come hai detto che ti chiami?» mi domandò aspirando tutte le C presenti nel raggio di un chilometro. Poi mi prese sotto braccio. «Ti va una tisana, Valeria?» aggiunse, portandomi via da lì. «*Ovvia! Ci si fa una camomilluccia io e te*!». Una camomilla, dopo tutto era proprio quello che mi ci voleva.

VANIA

Nel nascondersi sotto il suo *foulard* rosso, non fece altro che guardarsi attorno per tutto il tragitto: sbirciò ovunque, dentro le auto, in fondo alle viuzze, persino nelle officine e le carrozzerie lungo la strada che costeggiava il cimitero. Guardinga, come se qualcuno potesse sbucare fuori da un momento all'altro, mi tenne tutto il tempo stretta stretta, sotto braccio, accelerando via via il passo. Non compresi cosa la preoccupasse ma sconvolta dall'idea di averla trovata lì per lì non me ne curai affatto. Continuavo a chiedermi come avesse fatto ad aprire il cancello, eppure ero certa che fosse chiuso un attimo prima di scovarla dietro quel cipresso.

«Qualcuno ci segue?» le domandai dopo un po' ma lei finse di non sentire. «Ci siamo quasi!» rispose accelerando il passo. Giunte in prossimità dell'incrocio, la nostra corsa si arrestò improvvisamente senza alcun motivo apparente. Mi guardai attorno e al di là di una piccola chiesa in mattoncini rossi, con il campanile più piccolo che avessi mai visto e l'insegna di un bar in lontananza, non scorsi nient'altro. Le domandai perché ci fossimo fermate.

«Perché siamo arrivate!» rispose come se fosse la cosa più ovvia. Fu lì che ebbi i primi dubbi sulla sua integrità mentale. Nascosto dietro un rampicante convoluto, un cancelletto alle nostre spalle dava accesso al giardino della chiesetta.

«Non è così piccina come sembra!» mi rassicurò avvicinandosi al cancelletto.

«Sei sicura che si entri da qui?».

«Vedrai!» esclamò spalancando gli occhi. «Vuoi che non sappia da dove si entra a casa mia?». Chiusi la bocca e la seguii. A un tratto ebbi l'impressione di trovarmi di nuovo all'interno del cimitero. Gli alberi, la luce che passava tra i rami, gli oleandri: fu allora che scoprii che si trattava della cappella del cimitero. Riconobbi subito il vialetto polveroso tra le tombe: per qualche strano motivo, avevamo fatto il giro dall'esterno per poi rientrare nuovamente. Quando le chiesi spiegazioni mi fissò per qualche istante. «Avevo bisogno di tempo!» dichiarò aggrottando la fronte.

«Tempo per cosa?»

«Per fidarmi di te!» rispose facendo strada. «Dovevo assicurarmi che non volessi uccidermi!»

A quel punto ebbi la certezza che fosse totalmente fuori di testa. «Da questa parte!» disse una volta entrata nel giardino e, raggiunta la facciata posteriore della cappella, la vidi avanzare in direzione di una piccola porticina in legno.

La cappella, al suo interno, nascondeva più spazio di quello che si poteva immaginare. Dal rosone in alto un fascio di luce veniva giù come quello di un gigantesco occhio di bue puntato al centro dell'ampia sala ovalare. A prima vista fu come trovarsi in un gigantesco *loft* anche se a giudicare dal disordine somigliava più al monolocale di un'universitaria. Le pareti erano completamente rivestite in marmo, così come il pavimento, ricoperto in ogni dove da tappeti persiani sovrapposti. Nel salire i tre gradini in fondo, lì dove un tempo doveva trovarsi l'altare, vi era la zona notte provvista di un letto matrimoniale a baldacchino con le lenzuola adagiate alla rinfusa. L'altare, un ovale di marmo chiarissimo dalle venature grigie, era stato posizionato al centro di quella che sembrava una sorta di sala da pranzo con tanto di sedie e sgabelli diversi tra loro e posizionati tutt'attorno in maniera caotica. Una volta raggiunto l'altare sollevai lo sguardo verso la volta: dalle vetrate colorate, in alto, la luce straripava inondando ogni cosa mentre decine di candele e lumini sparsi per tutto il pavimento erano pronti a sopperire la mancanza di un impianto elettrico nelle ore buie. Giacche, maglioni e vestiti per ogni stagione erano sparsi ovunque. Per non parlare poi delle scarpe: alcune, spaiate, erano state abbandonate lungo il perimetro del pavimento, chissà da quanto tempo. Guardandomi attorno notai mucchietti di sale sparsi qua e là, ai lati del letto e accanto alla porta da cui eravamo appena entrate. In fine i miei occhi si posarono su un enorme cristallo viola posizionato sopra un comò pieno di cassetti. Era ametista, anche nonna ne aveva uno più piccolo sul comodino.

«Fai come se fossi a casa tua!» esclamò sparendo al di là di una tenda in velluto rosso. Dall'altra parte – mi dissi – doveva trovarsi la sagrestia. «Acqua o succo?» chiese un attimo prima che un bicchiere andasse in frantumi. «Tutt'ok!» mi tranquillizzò facendo ritorno tutta accaldata.

«E così abiti in una chiesa?» sussurrai, guardandomi attorno.

«Una cappella per l'esattezza! L'architetto che l'ha costruita era un mio caro amico...» aggiunse allentando il nodo al *foulard*. «Dunque sei la nipote di Livia!» esclamò eccitata. «Così t'ha parlato di me?». Le risposi che sapevo molte cose di lei e fingendosi stupita volle che le raccontassi tutto nei minimi particolari. Le raccontai ciò di cui avevo memoria, dagli anni in cui aveva preso parte alla resistenza a quelli da spia russa capace dei travestimenti più disparati.

All'improvviso le balenò in testa qualcosa: «Dov'è Romeo?» e a quel punto iniziò a cercare ovunque, dentro l'armadio, sul letto e perfino sotto la pila di roba accatastata su una sedia. «Me l'ha fatta di nuovo!» esclamò. «Non riesce proprio a tenerselo tra le zampe quello lì!».

«E già!» riprese. «Sono sempre stata portata per i travestimenti; da piccina volevo fare la modella, mi garbava un monte sfilare, farmi bella...Il mio babbo mi diceva sempre che se fossi stata graziosa sarebbe stato tutto più semplice...La mi' nonna, invece, mi diceva di lavarmi i denti con la varichina, così che gli uomini li avrei conquistati con un sorriso! Povera stella, non le funzionava più la testa, però gli uomini le garbavano ancora parecchio... è rimasta vedova troppo presto...» concluse abbassando lo sguardo. «Hai fame per caso?» mi domandò poi spalancando le palpebre. Risposi di no. Non mangiavo mai in pubblico, mi creava un grande imbarazzo, forse perché da piccola, vedendomi mangiare facevano tutti delle strane facce.

«Allora ti faccio una bella tisana! Non accetto rifiuti. È la mia specialità!». Accettai e un attimo dopo era di nuovo sparita. Non le avevo ancora chiesto l'età e non sapevo come fare a introdurre il discorso senza risultare indiscreta. Riapparì un attimo dopo con due tazze fumanti in mano. Non riuscivo a spiegarmi come fosse riuscita a scaldare l'acqua in così poco tempo.

«E dimmi, come sta la Livia? È una vita che non ci si vede!»

«È morta cinque anni fa…» risposi abbassando lo sguardo e a giudicare dal suo silenzio non dissi nulla che non sapesse già.

«M'è venuta in mente proprio qualche giorno fa… E ora eccoti qua!». Le raccontai gli ultimi giorni di nonna in ospedale e nel frattempo, dal comò pieno di cassetti, la vidi tirar fuori qualcosa: una scatola in legno intagliata a mano, una zuccheriera dai ricami in argento e due cucchiaini d'oro dal manico in madreperla. Quando a uno a uno poggiò tutto sul marmo accanto alle tazze ancora fumanti, ebbi l'impressione che non mi stesse ascoltando già da un pezzo. «So che vi siete riviste!» affermai richiamando la sua attenzione. «Quella volta in cui nonno stette male…». La spiazzai. Quel giorno avevo intuito che tramasse qualcosa: l'avevo vista uscire tutta sola, zitta zitta, lasciando nonno a letto. Se lo sentiva che quella volta non era come le altre. Non era la prima volta che il suo cuore faceva i capricci ma non era mai accaduto che non riuscisse più ad alzarsi dal letto. In famiglia erano tutti convinti che fosse giunta la sua ora. E invece, due giorni dopo la misteriosa scomparsa della nonna, tornò più arzillo di prima.

«Limone, cannella o frutti rossi?» domandò e sollevò il coperchio della scatola che si rivelò essere un cofanetto, diviso in scomparti ripieni di polveri colorate di diversi colori: gialla, marrone, rossa e nera. Erano anni che me lo chiedevo ma finalmente avevo la possibilità di conoscere la verità. «È venuta da te, vero?» dissi coprendo la tazza con una mano. Si arrestò e prima di rispondere si concesse qualche istante «Sì, è venuta a cercarmi!».

«Lo sapevo!». L'avevo sempre saputo, nonno non poteva essere guarito così, da un giorno all'altro. Feci un respiro profondo e assaporai il gusto della verità. Quante domande mi ero fatta in quegli anni! «Frutti rossi!» dissi a quel punto ritirando la mano e dopo aver versato un cucchiaino di polvere rossa, iniziò a mescolare lentamente. Il profumo di fragole e lamponi esplose in pochi istanti.

«E già…» fece scoperchiando la zuccheriera e a quel punto la montagnetta di cristalli bianchi iniziò a franare verso il basso.

Fu allora che si voltò di scatto e come se si fosse appena accorta che mancasse qualcosa pronunciò la parola magica «Musica!» dopo di che attese. Qualche istante dopo nell'aria cominciò a diffondersi una melodia. Stupita mi guardai attorno alla ricerca di una spiegazione ma nei dintorni non vidi né uno stereo né tanto meno una cassa di amplificazione che potesse spiegare da dove provenisse quella melodia. Eppure l'acustica era a dir poco eccezionale. Riconobbi subito le prime note: La vie en rose, la versione di Grace Jones del 1977, senz'altro una delle mie preferite. Nel frattempo la donna dai capelli di fuoco riempì un cucchiaino di polvere nera versandolo nell'altra tazza.

«Che gusto è quello?»

Il profumo di frutti di bosco non accennava a diminuire. Improvvisamente uno strano formicolio mi stuzzicò le narici fino a starnutire.

«Questo è per i casi gravi!» rispose abbassando lo sguardo.

«Perché non ha voluto dirmelo?» le domandai avvicinando la tazza alle labbra e a quel punto sospirò inarcando le sopracciglia. Poi rispose: «Aspetta!»

«No grazie, per me niente zucchero!».

«Non è zucchero!» ribatté e fu subito panico.

«Che roba è?»

«Oh bellina, non sono mica venuta io a cercarti!» rispose guardandomi negli occhi. La sua reazione mi spense le parole in bocca. Non riuscii a contraddirla. C'avevo pensato tutta la notte e ora mi trovavo esattamente dove desideravo. Eravamo lì, una di fronte all'altra, oramai in ballo alla verità, nient'altro che la verità e il mio primo sorso avrebbe aperto le danze. Dovevo fidarmi, non avevo altra scelta. «Adesso vuoi dirmi il perché o mi tocca fare tutto da sola?» aggiunse spolverando una cucchiaiata di cristalli su entrambe le tazze.

«Te l'ho detto: è stata nonna a mandarmi qui!». La donna dai capelli di fuoco non fiatò ma aggrottò la fronte in attesa di sentire il resto.

«Poche ore prima che morisse, andai a trovarla in ospedale. Anche se con difficoltà riusciva ancora a parlare» aggiunsi lasciandomi andare al mio primo sorso. Era la cosa più dolce che avessi mai assaggiato. Aveva un retrogusto piccante, di zenzero diluito in una tisana ai frutti di bosco. Una volta bevuto, il palato fu pervaso da un sapore fresco, di limone e menta piperita. «Poco prima che finisse l'orario di visita, mi disse qualcosa che mi turbò profondamente...» aggiunsi prendendo un altro sorso. Questa volta il sapore fu decisamente migliore, così ne diedi subito un terzo.

«Insomma? Che ha detto di così strano?»

«Che quelle che mi aveva raccontato da bambina non erano soltanto delle favole...» proseguii bevendone ancora. Nel frattempo, al retrogusto di menta e limone, si era aggiunto anche un pizzico di vaniglia. Non riuscii a fare a meno di berlo tutto d'un sorso: scottava ma a me sembrò di bere una limonata ghiacciata.

«Andando via dall'ospedale mi domandai cosa volesse dirmi con quelle parole, così mi ripromisi di chiederglielo l'indomani». All'improvviso il dolore di quei giorni tornò di nuovo a galla. «Morì quella notte». Era da quel giorno che mi chiedevo cosa volesse dirmi ma tutto un tratto i ricordi si fecero lievi. Seduta a un altare con quella che sostanzialmente era una perfetta sconosciuta improvvisamente sentii di potermi fidare di lei. Colpiti dai raggi del sole, intanto, i suoi capelli continuavano a luccicare come magma incandescente. Una volta superate le finestre colorate, la luce vibrava lassù in alto per poi cadere giù come pioggia dorata. Giunse al suolo, su di noi. Potevo toccarla. Incantata da quello spettacolo, iniziai a percepire il mio battito cardiaco, il sangue che, lento, scorreva nelle vene. Le mie mani sembravano così diverse. Potevo sentire il mio corpo, in maniera nuova. Era vivo, ero viva! Non avevo mai provato niente di simile, una sensazione così intima e piena, di pace, con me stessa e con il mondo. Grace Jones intanto continuava a volare in alto, lì nell'Olimpo della musica con i suoi virtuosismi e la sensualità che le note tiravano fuori dalla sua voce stregata. La paura – che quella notte non mi aveva fatto chiudere occhio – ora era improvvisamente sparita. Il pensiero che Mauro potesse abbandonarmi non era più una morsa allo stomaco, niente di più che una possibilità tra le tante. La pioggia di luce continuava a cadere su di me fino ad attraversare la mia pelle e per un istante mi sentii come una spugna asciutta sotto un acquazzone, un savoiardo in mezzo al mascarpone. *La vie en rose, La vie en rose, La vie en rose,* continuava a dire la sua voce, risuonandomi dentro. Era tutto così strano. Ero venuta a cercarla e ora mi trovavo nella cappella di un cimitero, a sorseggiare la tisana più strepitosa della mia vita su un altare. Era tutto così strano. Eppure la cosa sembrava coinvolgermi a metà: per un attimo mi sembrò di essere stata catapultata in un'altra dimensione, diversa da quella che conoscevo. Tentai di riconnettermi con il presente, chiusi gli occhi. La voce della donna dai capelli di fuoco adesso sembrava provenire da dietro. Mi voltai di scatto e sentii qualcosa sfiorarmi la pelle; come se all'improvviso mi fossi tolta di dosso una muta da *sub.* Mi sembrò di galleggiare per aria completamente nuda, fluttuando leggera, come se il peso del mio corpo fosse diventato uguale a quello dell'aria. Quando riaprii gli occhi mi ritrovai faccia a faccia con me stessa. Fu così che mi vidi davvero, per la prima volta. Mi riconobbi dai miei occhi impauriti. La mia voce nel frattempo continuava a venir fuori in maniera affannosa, stavo buttando fuori tutto, tutto ciò che avevo tenuto dentro fino ad allora. Rimasi ad ascoltarmi, in un maremoto di emozioni: tenerezza, compassione, pietà per me stessa. Parlai di Mauro e di come l'idea di perderlo per sempre riuscisse a togliermi il fiato. Sentì una gran voglia di abbracciarmi e dirmi che mi sbagliavo. Quando la luce finì di vibrare mi ritrovai a stringere la tazza vuota tra le mani con gli occhi ancora umidi. Prima di alzare lo sguardo per un attimo ebbi il timore di non trovarla più. Ma poi la vidi ancora lì, davanti a me. Ubriaca di quel turbinio di emozioni, le domandai cosa mi fosse successo.

«Ora so perché sei venuta a cercarmi» mi rispose.

«Cosa mi hai fatto?» le chiesi ancora, ricomponendomi. «Ho avuto un'allucinazione…Cosa mi hai dato da bere?»

«Il canto delle sirene!» rispose «serve a rompere le catene, quelle che abbiamo dentro…»

«Che roba è?» urlai alzandomi in piedi. «Droga?» Incalzai sconvolta, «un siero della verità? Cosa sei una dell'FBI? Una specie di strega?»

«Né meno né più di ciò che stavi cercando!» mi disse senza scomporsi minimamente. «E di cui hai un disperato bisogno, fidati!» decretò chiudendo il cofanetto.

«Cosa ne sai tu di cosa ho bisogno?»

«Cercano tutti la stessa cosa!» rispose invitandomi a sedere. «Certezze… che sia per sempre…»

Quella sensazione era ancora là, potevo sentirla; diceva che nonostante tutto dovevo fidarmi di lei. Quando mi calmai sedendomi nuovamente, mi accorsi che fuori era già buio. «Che ora è?» le domandai confusa. Erano ore che non controllavo il mio palmare.

«Che t'importa del tempo?» rispose portando via le tazze. In un attimo afferrai la borsa. «Dove diavolo sta il palmare?».

Lo trovai. Erano le sei del pomeriggio. «Ma è impossibile!»

«Non l'hai ancora capito?» rispose dalla stanza oltre la tenda. «Niente è impossibile!». «Ti spiegherò tutto per benino!» disse sbucando dal nulla. «So io cosa ti serve!» aggiunse subito dopo liberando uno sgabello dai panni. «Un incantesimo!» sussurrò sedendo al mio fianco. «Bada bene, però: non uno qualunque, qui ci vuole un sortilegio come si deve, l'incantesimo per eccellenza!». La cosa sembrò entusiasmarla. «*S'ha da fare un filtro d'amore*!» Le parole "filtro" e "amore" mi rimbombarono in testa come palline da *ping–pong*. Se fino a quel momento avevo sospettato che fosse una mezza matta a quel punto ne ebbi la prova: nonna mi aveva affidato a una squilibrata!

«Un incantesimo…»

«Chiaro!» affermò alzandosi di scatto. «È esattamente ciò che mi hai chiesto!».

«Io?»

«Proprio tu bellina, un attimo fa!» ribatté correndo verso il comò. «Quello che ci serve si riassume in alcuni punti imprescindibili…» iniziò a spiegare mentre io, del tutto incredula, continuai a osservarla in silenzio.

«Dove accidenti l'ho messa?» imprecò rovistando nell'ultimo cassetto. «Eccola!». Un taccuino, non ne vedevo uno dalle scuole elementari: la donna dai capelli di fuoco sembrava uscita da un'altra era. Quando iniziò a sfogliarlo mi accorsi di come le pagine stropicciate fossero completamente ingiallite. Lasciò il cassetto aperto e tornò a sedersi in fretta.

«Dunque» esordì tornando indietro alle prime pagine. «Eccolo qua! Tutto ciò che ci occorre è...» disse a quel punto tenendo il conto con le dita, «un oggetto personale, intimo...» dopo di che si arrestò.

«Che succede?» le domandai preoccupata.

«La cosa non è per nulla semplice...» affermò scuotendo la testa. A quanto pare si trattava di qualcosa di complesso. «E quindi?».

«Troppi effetti collaterali» sentenziò continuando a scuotere la testa.

«Che vuol dire?»

«Vuol dire che non se ne fa un bel nulla!» Fu il verdetto finale. «Mi spiace ma non posso aiutarti!»

La soluzione a tutte le mie paure aveva bussato alla mia porta per poi andar via nuovamente.

«Non vuoi più aiutarmi?».

«Non se ne parla! Troppo pericoloso!».

Sentii il fuoco ardermi dentro. «E chi se ne frega!» esclamai con le poche forze che mi erano rimaste. Ero esausta. Tutto ciò di cui avevo bisogno era dormire e mettere qualcosa nello stomaco per riempire il vuoto che avevo dentro. La donna con i capelli di fuoco rimase di ghiaccio. Il gelo scese tra di noi come la notte che, nel frattempo, era calata sulla cappella senza che nemmeno me ne accorgessi.

«Ok» disse pensierosa e, alzandosi in piedi, cominciò a camminare attorno l'altare. «L'elisir d'amore è un incantesimo molto potente...Magia d'alto livello, mica roba da principianti!» aggiunse, «un incantesimo a quattro mani!».

In poche parole non avrebbe potuto farlo da sola. «Qui c'è bisogno d'un aiutante!».

Poi, improvvisamente, si arrestò. «Questo comunque è il problema minore...» ricominciò tornando indietro. «Tralasciando il fatto che avrei bisogno di vederlo prima, almeno una volta, questo Mauro...»

«Ok, allora qual è il problema?»

«Che tocca prendere una ciocca di capelli, metterla dentro il budello di una capra assieme a una piuma appena raccolta con sale, pepe e un fiore di mandragora». La cosa non era affatto semplice, più che altro per il fiore di mandragora. «È proprio necessario?» le domandai sommessamente.

«Fondamentale!» esclamò. «La leggenda dice che quando un fiore di mandragora viene reciso emette un urlo simile a quello di un neonato...» aggiunse con gli occhi sbarrati. «È quello che promette notti di passione!»

«Ah...» fu tutto ciò che riuscii a dire vedendo il progetto "elisir d'amore" andare in fumo ancor prima di iniziare. Poi, però, per un attimo sembrò ripensarci. «In realtà...» non fece in tempo a finire la frase che un fragore assordante esplose sopra le nostre teste. Fu così che dalla vetrata alle sue spalle venne giù una cascata di vetro. Una volta raggiunto il pavimento, andò in frantumi spargendosi ovunque. L'istinto ci disse di lanciarci per terra trovando riparo proprio sotto l'altare. Accovacciate faccia a faccia, l'una cercò risposta negli occhi dell'altra. «Cos'è, un altro dei tuoi scherzi?» le chiesero i miei occhi, ma nei suoi vidi il terrore. Un attimo dopo sgattaiolò verso la parete della vetrata andata in frantumi. Al buio continuava a guardare verso l'alto, sembrava stesse prendendo le misure. «Dobbiamo andare!» sussurrò.

«Andare? Dove?»

«Via, prima che ci trovi!» rispose camminando carponi sui cocci di vetro sparsi ovunque.

«Ci trovi chi?».

«Sss!» fece poggiando la schiena alla parete. Non era il momento delle spiegazioni. Nel silenzio che seguì ebbi modo di udire dei passi, provenivano da fuori. C'era qualcuno in giardino. Fu allora che la vidi raccogliere qualcosa da terra: una bottiglia di Coca–Cola vuota. Non capii a cosa potesse servirle, ma avevo ben altro a cui pensare: iniziavo ad avvertire il fiato corto e a breve avrei avuto un attacco d'asma. Camminando a quattro zampe provai a raggiungere la porticina da cui eravamo entrate. «Da questa parte! Corri!» sussurrò alle mie spalle. Quando la raggiunsi compresi che non era a me che parlava ma alla bottiglia. Sussurrò la stessa frase per tre volte, dopo di che ci soffiò dentro tappandola poi con il palmo della mano. Pensai che, per lo spavento, le fosse dato di volta il cervello. Non avevamo alcuna speranza. Ci avrebbero trovate in una pozza di sangue o magari, dopo averci ucciso, avrebbero dato fuoco alla cappella così che di noi non sarebbe rimasto nulla. Per un attimo il mio pensiero andò a Mauro, mi domandai come avrebbe reagito ma a quel punto la donna dai capelli di fuoco si alzò di scatto e, impugnando il collo della bottiglia, la lanciò in alto in direzione della vetrata.

«Questo li terrà occupati per un po'!» disse non appena la bottiglia oltrepassò la breccia sul vetro. Dopo qualche secondo sentii una voce ripetersi in lontananza come una eco. «Da questa parte! Corri!… Da questa parte! Corri!».

«Senti!» disse qualcuno al di là del portone in legno dell'ingresso principale. «Stanno scappando!»

«Abbiamo solo qualche minuto!» mi disse prendendomi per mano e un attimo dopo fummo di nuovo fuori dalla cappella. Camminammo lentamente per non fare rumore, finché non arrivammo al vialetto del cimitero. A quel punto iniziammo a correre. Corsi come non avevo mai fatto in vita mia. Non avevo mai visto una tomba al chiaro di luna. Nell'oscurità, tra una lapide e l'altra, gli occhi gialli della colonia felina luccicavano a intermittenza come luci di natale. Giunti in prossimità dell'entrata, mi ritrovai di fronte al cancello da cui ero entrata quella mattina: era chiuso. Eravamo spacciate. Non sarei mai riuscita a scavalcarlo in nessun modo, il mio peso non consentiva cose del genere!

«E ora?» le chiesi aggrappandomi al cancello. «Non ce la farò mai!» aggiunsi con l'ultimo filo di voce che mi rimaneva. Non disse nulla, ma nell'istante in cui smisi di respirare, il cancello si aprì con una semplice spinta come se fosse stato aperto da sempre. La seguii e a quel punto, voltandomi, li vidi per la prima volta. Erano grossi e cattivi e i loro sguardi mi fecero tremare le gambe. Una volta uscita feci in tempo a richiudere il cancello e questa volta mi assicurai che fosse davvero sbarrato: era chiuso proprio come prima che lei lo aprisse! Ma quello non era il momento di farsi domande, dovevo solo pensare a fuggire.

La strada principale da cui ero arrivata quella mattina non era poi così lontana, da lì in poi il caos della città ci avrebbe aiutate a far perdere le nostre tracce. Una volta raggiunto l'incrocio vidi finalmente la luce, quella del 130 venire verso di noi. Quell'autobus era la nostra unica salvezza! L'avrei fermato a tutti i costi, anche a costo della vita! Fu così che feci l'unica cosa che andava fatta: chiusi gli occhi e mi lanciai nel traffico. Dopo un gran stridore di ferraglie e i clacson delle auto costrette a frenare di colpo, riaprendo gli occhi scoprii che l'autobus si era arrestato a pochi centimetri dal mio fondoschiena. A quel punto la donna dai capelli di fuoco dovette soltanto muovere le sue manine. Il gioco era ormai chiaro: le serrature per lei non rappresentavano un ostacolo. Quando il portellone dell'autobus si aprì prima di salire a bordo ci guardammo negli occhi, senza dire nulla. Conoscevo quella donna solo da qualche ora eppure eravamo in fuga senza nemmeno sapere il perché.

MIRACOLI

Chiusi la porta di casa con le gambe sul punto di cedere. Non avevo mai corso così tanto, nemmeno mettendo insieme le ore di *tapis roulant* accumulate in tutta la mia vita. Eppure, su quell'aggeggio infernale, ne avevo fatti di chilometri! Ancora col fiatone mi buttai sul divano e a occhi chiusi cercai di riprendere fiato. Ciò che era accaduto era qualcosa di inimmaginabile. Quando ripresi il controllo del mio corpo li riaprii: lei era ancora lì. Non era stato un sogno, era avvenuto realmente. Spalle a muro accanto al portoncino d'ingresso era tenuta in piedi semplicemente dall'attrito che il giubbottino in pelle esercitava contro l'intonaco della parete. Boccheggiava e, nel frattempo, continuava a fissare il soffitto. Durante il tragitto non eravamo riuscite a dirci una parola. Mi resi conto di non sapere nulla sulla donna che avevo appena fatto entrare in casa. Che razza di diavolerie aveva fatto alle serrature? E perché quegli uomini volevano ucciderla? Avevamo appena rischiato la vita eppure mi accorsi di non avere il minimo timore di lei. Proprio quando iniziava a riaffiorare un po' di lucidità, sentii una voragine bucarmi lo stomaco. Non mangiavo da ventiquattro ore così usai le poche energie che mi rimanevano per raggiungere il frigorifero. Petto di pollo sintetico e cetrioli sott'aceto. Nulla in grado di soddisfare il senso di vuoto che solo qualcosa al sapore di cioccolato sarebbe stato in grado di colmare. Ma poi, in un angolo al secondo ripiano, proprio dietro le due barbabietole ammuffite, qualcosa luccicò attirando la mia attenzione: una piccola teglia in alluminio. Aveva tutta l'aria di contenere qualcosa di peccaminoso: l'avanzo del tiramisù che qualche giorno prima Mauro aveva messo da parte a mia insaputa. Finita la cena con la sorella di Mauro, onde evitare qualsiasi tipo di tentazione, gli avevo assolutamente vietato di conservare gli avanzi e, per non farmelo trovare, aveva deciso di nasconderlo in fondo al frigorifero.

Affondai il cucchiaino lasciandomi andare nuovamente sul divano, sfinita ma questa volta in pace con l'universo. Non era molto, ma sarebbe bastato a dare un senso a quella giornata assurda. Nulla a che vedere con il tiramisù di nonna. Da quando c'era stato il bando delle uova, i dolci non avevano più la stessa poesia. Anche se tutti ormai, grazie ai preparati proteici di laboratorio fingevano di farne perfettamente a meno, il vero tiramisù era solo un nostalgico ricordo. Ogni giorno, tonnellate di uova andate a male, venivano convertite in mangime per gli animali di allevamento. Mi ricordo perfettamente la mattina in cui l'odore di uovo marcio intasò la cucina. Una settimana dopo gli ospedali del Lazio erano stati invasi da centinaia di casi di intossicazione alimentare. Avevo deciso di scriverci un articolo che il "Signor no", il mio direttore, come al solito bocciò all'istante, dicendo che il nostro non era un giornale di inchiesta e che avrei fatto bene a tornare al mio articolo sulla prossima edizione del Festival di Sanremo.

«Scusami, non te ne ho offerto neanche un po'!».

«Figurati!» rispose schifata sedendosi al mio fianco. «Come se avessi accettato!»

Sprofondando sul divano, percepii qualcosa sotto i cuscini e a quel punto il televisore si accese.

«Oh, mamma!» esclamò non appena i decibel del televisore ci sfondarono i timpani. Totalmente assorbita dalla mia esperienza gustativa rimasi del tutto indifferente. «Come diavolo si placa *st'aggeggio*?» imprecò rovistando tra i cuscini alla ricerca del telecomando.

«Mi spieghi chi erano quelli?» le domandai una volta ripreso contatto con la realtà. Il suo viso si oscurò all'istante e, tentando di celare il suo imbarazzo, evitò di voltarsi. In attea di una risposta, mi soffermai a osservare il suo profilo e, a giudicare dal modo in cui continuava a sbattere le ciglia, compresi che ne stava elaborando una.

«Non ne ho la minima idea!»

«Stai scherzando!» risposi tirandomi su.

«La concorrenza forse!» dichiarò a quel punto.

«La concorrenza?»

«In un certo senso...» rispose alzandosi in piedi così le chiesi di essere più precisa.

«Diciamo che tra me e loro esiste un conflitto d'interessi!» aggiunse camminando nervosamente avanti e indietro. «Prodotti farmaceutici, ecco!» esclamò esausta e a quel punto il palmare iniziò a vibrare. Certa che fosse finalmente lui, risposi all'istante senza guardare lo schermo. «Sì?» dissi e per un'interminabile manciata di secondi dall'altra parte non giunse alcuna risposta.

«Che fine hai fatto?» strillò una voce familiare.

«Mamma, perché urli?». Quel giorno non c'eravamo ancora sentite. Ero io a chiamarla ogni mattina prima di andare al lavoro e quando, per qualche motivo ciò non accadeva, mi chiamava in preda all'ansia. Improvvisai dicendole che non ero ancora riuscita a fermarmi un attimo e per fortuna se lo fece bastare. «A chi lo dici! Qui va di male in peggio!».

I decessi continuavano ad aumentare. Mi raccontò della dottoressa aggredita nel reparto di ginecologia, il marito di una paziente le aveva messo le mani al collo. «Ormai ne vediamo di continuo... due giorni fa una paziente ha dato di matto subito dopo il parto». Le aggressioni al personale sanitario erano diventate un grave problema: gli ospedali erano in carenza di personale ormai da mesi e la cosa aveva comportato anche l'intervento dell'esercito. Al telegiornale, intanto, in collegamento da Napoli, andavano in onda le immagini del miracolo di San Gennaro che come ogni anno si ripeteva sotto gli occhi dei credenti. Anche San Gennaro aveva risentito del cambiamento climatico: da quando le mezze stagioni non esistevano più il miracolo della liquefazione si era autonomamente posticipato al mese di marzo. Le temperature erano in costante aumento e anche il Natale ormai non era più quello di un tempo. I maglioni con le renne erano stati sostituiti dalle t–shirt natalizie e da qualche anno anche Babbo Natale aveva rivisto il suo look andando in giro in pantaloncini rossi e occhiali da sole. Courmayeur, Cortina e le località sciistiche erano ormai un lontano ricordo. Era passata una vita da quel Natale a Cortina con la famiglia di Mauro. Sua madre amava la neve, vera o finta che fosse! Già, perché non venendo giù dal cielo, ormai ci pensavano i cannoni sparaneve a imbiancare le piste. Tutti nella sua famiglia amavano la montagna e non c'era inverno che non si riunisse per andare in settimana bianca. Erano tutti esperti sciatori e fu per questo che decisi di rifiutare l'invito di sua sorella. Ma all'idea di avermi tra i piedi, avevo visto gli occhi di mia suocera ardere di rabbia e a quel punto non riuscii proprio a dire di no. Era stato così che alla fine avevo accettato. Destino volle che quell'anno di neve a Cortina non ve ne fosse di nessun tipo, né vera né artificiale. Al nostro arrivo infatti iniziò a diffondersi la notizia di un guasto elettrico ai generatori di corrente. Fu allora che dopo anni di indifferenza i nostri sguardi si incrociarono. Ecco, dicevano i suoi, se fossi rimasta a casa questo non sarebbe mai accaduto!

«Vale, mi senti sì o no?» strillò a quel punto dall'altra parte della cornetta.

«Hai preso le medicine?» le domandai per fingermi partecipe alla conversazione. Mamma era già al suo terzo tumore. La sua borsa era una sorta di farmacia ambulante. Dopo quello al seno e al pancreas, era toccato al colon. Nello stesso anno era stato diagnosticato a Mauro il suo primo melanoma. Quanto a me, ero una dei pochi a cui non era ancora stata fatta alcuna diagnosi di tumore, nemmeno un banale tumore della pelle.

«Con Mauro tutto bene?» mi domandò. Continuai a fingere. Nel frattempo in TV iniziarono a scorrere le immagini di una scena del crimine. «Mamma ti richiamo più tardi…» le dissi incuriosita dall'ultimo servizio. Non fu il cadavere coperto dal lenzuolo bianco a farmi saltare dal divano, né il luogo del delitto che conoscevo benissimo, quanto l'inviata dalla chioma fluente: la riconobbi subito. Era Barbara, collega di redazione nei miei primissimi anni di lavoro. Ad accomunarci il sogno di diventare giornaliste d'assalto. A dividerci tutto il resto, tanto per cominciare la famiglia di Barbara lavorava nel mondo dell'editoria. Era sempre stata una ragazza estremamente determinata, per rincorrere il suo sogno avrebbe fatto qualunque cosa, anche lasciare il fidanzato di una vita, con cui avevano progettato di sposarsi. Barbara era una che sapeva esattamente cosa voleva, lei non aveva paura di affrontare il mondo. Come se non bastasse era anche una bellissima ragazza, l'aria da gattamorta a lavoro funzionava un sacco. Il suo più che un potere era un dono, quello di sapere esattamente a chi darla nel momento giusto. E non perché dovesse sopperire alle sue capacità, anzi. Per lei si trattava semplicemente di una merce di scambio: la scrivania più luminosa, un'informazione sottobanco per il suo articolo, l'intervista al personaggio giusto, il "do ut des della patata" lo chiamavo io. Una volta lasciata la redazione avevo perso completamente le sue tracce e adesso era lì al TG della sera, bella e magra come sempre.

"Il corpo esamine della donna, trovato nel giardino della chiesa di S Bernardo di Chiaravalle, nei prossimi giorni sarà sottoposto ad autopsia…"

«Hanno trovato un cadavere vicino una chiesa…» commentò la donna dai capelli di fuoco. Quella chiesa la conoscevo bene. "Centocelle: prostituta mutilata e uccisa nei pressi di una chiesa" diceva la scritta in sovrimpressione.

«È la chiesa che frequentava nonna!». Era tutta bianca, moderna e con delle grandi vetrate colorate. Sembrava un disco volante, o almeno così nonna mi faceva credere per portarmi con lei a messa la domenica.

«Stai buona, diamine!» disse a quel punto alzando il volume.

"Alla vittima, probabilmente una delle prostitute che la notte frequentano la via, è stata asportata la mammella destra" spiegò uno degli agenti presenti sul luogo. "Si esclude dunque la pista del delitto passionale e sembra probabile che dietro questo delitto efferato ci sia un soggetto affetto da un grave disturbo psichico."

Con lo sguardo fisso sullo schermo, restammo in silenzio fino a che il conduttore del telegiornale non lanciò il servizio successivo sulla *Decima piaga*. Al di là della notizia ciò che mi sconvolse maggiormente fu rivedere Barbara nelle vesti di inviata per il TG della sera. Ne aveva fatta di strada! E io invece? mi domandai incredula. Dov'ero arrivata? Cos'avevo fatto nel frattempo? Perché ero rimasta esattamente lì dove avevamo iniziato insieme, scrivendo all'ultima pagina di un giornale sfigato, per la pagina Arte e Spettacolo?

«La gente è matta!» esclamò alzandosi in piedi e a quel punto il suo sguardo andò alla foto sulla mensola sopra il televisore. «La Livia!» disse con voce commossa. «I suoi occhi… sono rimasti gli stessi fino alla fine!». Già, gli occhi di nonna erano gli occhi più dolci del mondo. Non li avevo mai visti arrabbiati. Era una donna gioiosa, positiva, piena di energia e capace di trasmetterla agli altri. Tutti stravedevano per lei, bastava pronunciare il suo nome e chiunque l'avesse conosciuta si illuminava all'istante; i vicini di casa, gli anziani del circolo di burraco, i parrocchiani della chiesa di S. Bartolomeo. Proprio lì dove era avvenuto quell'omicidio. Chissà come avrebbe reagito a una notizia del genere, di sicuro si sarebbe messa subito in moto per organizzare una fiaccolata contro la violenza sulle donne. Così come aveva fatto qualche anno prima per le prostitute sulla Togliatti: passavano le notti al gelo, sfruttate, sotto gli occhi di tutti senza che nessuno facesse nulla. Ero stata io a consigliarle di mettersi in contatto con il comitato di quartiere, e così era riuscita a coinvolgere molta più gente di quanto avesse mai potuto credere. La fiaccolata era stata ripresa da tutti i telegiornali così la sua foto al corteo era finita in prima pagina e io ovviamente ne fui orgogliosa. Sì, gli occhi di nonna sorridevano sempre, anche nei momenti difficili. Anche quando nonno morì riuscì a sorridere. Mi asciugò le lacrime e poi, abbracciandomi, mi confidò cosa si fossero detti prima di lasciarsi per sempre: "*Vedi d'aspettamme!*" gli aveva sussurrato in punto di morte al che nonno aveva ribattuto come solo lui era in grado di fare: *"e n'do vado io senza de te?"*.

Aveva atteso tanto che arrivasse anche la sua ora. "*Mica posso campà cent'anni*!" diceva sempre. "*C'ho n'appuntamento importante!*". Così gli anni erano passati e il suo viso si era riempito di solchi e macchie color caffè. A nonna non era mai passato in mente di cancellarle, erano la prova che il momento in cui si sarebbero rivisti era vicino. Non si poteva dire lo stesso della donna che era appena entrata nella mia vita. Più che entrare, in realtà, c'era caduta dentro. Il suo viso non era solcato come quello di nonna e ciò continuava a insospettirmi sempre di più.

«Si può sapere quanti anni hai?» le dissi dal nulla alzandomi in piedi. Aveva detto che conosceva nonna da una vita: com'era possibile che fosse ancora così giovane? Rise, evidentemente tentava di prendere tempo, così le girai attorno per guardarla dritta in faccia. «Dimmi la verità!».

«Saprai pure cinque lingue…» rispose divertita, «ma non mi sembri poi così sveglia!». Qualcosa continuava a sfuggirmi. Cosa sapevo di lei? Nulla se non che lei e nonna si conoscevano da molto tempo, che occupava abusivamente la cappella di un cimitero e che aveva qualche conto in sospeso con dei malavitosi. Cos'altro? Ah sì, effettivamente in quelle ore trascorse insieme, aveva anche dimostrato una grande abilità con le serrature. Insomma, non proprio un soggetto raccomandabile. Eppure, nonostante l'identikit di una svaligiatrice di appartamenti, non riuscivo ad averne alcun timore. Come potevo d'altronde? Era stata nonna a portarmi da lei. Non ci avevo messo molto a metabolizzare l'idea che avesse un qualche potere soprannaturale: tutto merito di nonna che era stata lungimirante come sempre. Non ero cresciuta solo a storielle fantasiose e torte di mele. Nel soprannaturale ci avevo sguazzato sin dai primi anni di vita. Forse, prevedendo il giorno in cui avrei avuto bisogno di un aiuto speciale, nonna aveva fatto sì che la magia entrasse nella mia vita per una porticina secondaria. Uno dei nostri giochi preferiti era quello dei tarocchi. Era bravissima a leggere le carte, il suo era un talento naturale. Amore, salute o successo: ben presto capii cos'è che attanaglia di più l'animo umano. Dopo anni di apprendimento, anch'io avevo cominciato a leggerle. Mi divertiva ma, soprattutto, mi faceva pensare a nonna. Insomma, sì, ero quel tipo di persona che crede nell'oroscopo, nelle mappe astrali e in tutto ciò che ha a che fare con l'altra parte, quella dell'invisibile ma non per questo meno tangibile. Nonna diceva che avevo preso da lei. Negli anni avevo collezionato libri di spiritualità, energia vitale, teorie dei chakra, meditazione tantrica e quant'altro fosse consultabile online nella sezione "psicologia e benessere".

«Sei proprio *grulla*!» aggiunse e io le domandai cosa significasse. «Che sei una citrulla!» rispose e a quel punto sospettai che avesse ragione. «Conosco tua nonna da quando portava i calzoncini corti, e io le gonnelle sopra le ginocchia… allora avevo l'aspetto di una sedicenne…» aggiunse confondendomi ancora di più le idee. «Ho sete! Hai qualcosa da bere in frigo?». Le risposi di servirsi da sola e continuai a elaborare quanto avesse appena detto.

«Sai per quanto tempo sono stata una sedicenne?» disse dirigendosi in cucina. «Per trent'anni! Riesci a immaginare cosa voglia dire sembrare una ragazzina per tutto questo tempo?»

«No…» feci confusa.

«Che quelli che ci provano con te hanno ancora i brufoli!» rispose dopo di che aprì il frigo «ma qui c'è solo acqua!» esclamò delusa dall'offerta alcolica della casa. Le spiegai che la mia dieta non prevedeva alcolici di nessun genere. La cosa la turbò profondamente.

«Santo cielo!» esclamò e a quel punto afferrò una bottiglia d'acqua. «Vivi con un uomo… Vorrà farsi un cicchetto ogni tanto anche lui! No?» aggiunse in cerca dei bicchieri e quando li trovò prese posto a capotavola. «Poi ti stupisci che vada con le altre!»

«Sono venuta a cercarti per chiederti aiuto» le ricordai. «Non per farmi insultare!». Strabuzzò gli occhi e iniziò a riempire i bicchieri fino all'orlo.

«Ammetterai per lo meno che conducete una vita piuttosto noiosa!»

Le sue parole mi toccarono più di quanto potesse immaginare. Forse aveva ragione: Mauro si era stancato della nostra vita di coppia, forse aveva ancora voglia di vivere in maniera spensierata. Erano anni che non facevamo una vacanza, che non lo vedevo ridere a crepapelle. Ma erano cambiate tante cose in quegli ultimi anni: il lavoro, il mutuo, l'avvento della *Decima Piaga,* la paura di non riuscire a realizzare i nostri sogni. E nel frattempo eravamo cambiati anche noi, o forse ero cambiata soltanto io? «Io e Mauro stiamo insieme da sedici anni!» mi difesi. «Puoi dire lo stesso anche tu?»

Non rispose e dai suoi occhi compresi di aver parlato troppo.

«Scusami…non so nulla della tua vita» dissi prendendo posto anch'io. Ero esausta. Passandomi una mano sul viso, compresi che avevo un disperato bisogno di dormire o di bere, un mojito magari.

«Tranquilla!» rispose sfiorando i bicchieri con le mani. «Come si dice? Uno a uno, palla al centro! Vediamo se riuscirò a farmi perdonare...» aggiunse con lo sguardo fisso nel vuoto. «Cin!» fece a quel punto portandone uno in alto, in attesa che facessi lo stesso anch'io. Incredula continuai a fissare il bicchiere per qualche secondo finché non aprì di nuovo bocca: «Mica solo San Gennaro...» esclamò soddisfatta. Era tutto così assurdo eppure sembrava che stesse accadendo davvero. Forse la donna dai capelli di fuoco aveva plagiato la mia mente facendomi credere ciò che voleva. Tendevo sempre a fidarmi degli altri. Era una vita che mi davano della credulona, dell'ingenua, dicevano tutti che fossi una indomita sognatrice, anche quando avevo deciso di fare la giornalista. Volevo scovare le ingiustizie del mondo, i cattivi, il male che danneggia la società e far vincere il bene sul male. Diventare una giornalista di guerra, andare sul campo di battaglia, in diretta al telegiornale della sera. Certo, non avrei mai bucato lo schermo come Barbara ma avrei voluto fare anch'io qualcosa d'importante. E invece ero finita dietro una scrivania condividendo l'ufficio con altri tre casi altrettanto disperati: Alessio per la pagina sportiva, Marcella per la cronaca locale, mentre a Vittoria, la raccomandata di turno, era stata assegnata la pagina politica. Quando il sapore di lime mi bagnò le labbra, fui sul punto di commuovermi. Era il mojito più buono che avessi mai sorseggiato. «Il trucchetto delle serrature non era male...» ammisi, «ma con questo ti sei superata!»

«I soldati americani dicevano che avevo le mani fatate!» disse immergendosi nei ricordi. «Me lo ricordo ancora quel 4 giugno» aggiunse sospirando. «...fu quel giorno che conobbi la tua nonna, era una ragazzina coraggiosa, i carri armati non la spaventavano, le garbavano un monte! Erano entrati da Centocelle, lei voleva vederli da vicino, così dissi a Bob di farla salire su. Fu lì che iniziai a frequentare Bob e Tom. Non sapevo chi scegliere e loro fortunatamente non erano gelosi l'uno dell'altro. In realtà nessuno dei due mi voleva solo per sé, era più bello quando si stava tutti e tre insieme! Quando ripartirono, nel '45, mi chiesero di andare via con loro ma a me l'America sembrava troppo lontana, avevo già lasciato Campi Bisenzio, non volevo cambiare tutto un'altra volta». Per un attimo pensai di trovarmi in un sogno. Quella mattina probabilmente non mi ero ancora svegliata. Non ero mai stata al cimitero acattolico, né avevo mai incontrato la donna dai capelli di fuoco. Il siero della verità, il trucchetto delle serrature, il miracolo dell'acqua che si tramuta in mojito non erano altro che un sogno e tra poco mi sarei svegliata. Sogno o realtà che fosse, la soluzione avanzata nella cappella non era affatto male: quello sì che avrebbe risolto tutti i miei problemi. Grazie all'infuso io e Mauro saremmo invecchiati insieme, e chissà, magari con un altro aiutino, saremmo anche riusciti ad avere un bambino sano. Sarebbe stato bellissimo, un sogno. Ma era davvero questo ciò che volevo? Che il nostro "per sempre" fosse il frutto di un artifizio? Ci meritavamo davvero una fine del genere? Eppure c'eravamo amati così tanto, andando contro tutti e tutto, nemmeno la regina delle nevi era riuscita a dividerci. Ciononostante eravamo rimasti l'uno accanto all'altro per tanto tempo, prima che qualcosa andasse storto. Quella notte me l'ero chiesta tante volte: forse bastava mettere di nuovo un po' di pepe al nostro rapporto, ricominciare a farci qualche sorpresa, come quella volta che avevo comprato i biglietti per New York senza alcun preavviso. Eravamo stati bene lontano da tutti, dal Signor no, da sua madre e dai tentativi del padre di boicottare la sua iscrizione al conservatorio di musica. Forse bastava ricominciare da dove ci eravamo persi. Era una follia! Perché mai avrei dovuto giocare sporco con l'uomo che amavo? Per guardare le scintille nei suoi occhi sapendo che non erano altro che il risultato di una stregoneria? Fu lì che capii che stavo per fare una cazzata ma, forte delle mie consapevolezze, mi sentii improvvisamente sollevata. Guardai il bicchiere fiduciosa, su ciò che eravamo e su quanto avremmo ancora recuperato: avrei risolto tutto da sola, potevo farcela. Non mi restava che assaggiare un altro sorso di quella diavoleria ghiacciata che avevo tra le mani. Lo feci e quando l'alcol mi sfiorò il palato, le papille gustative esultarono per la seconda volta. Ora che tutto era chiaro, bisognava festeggiare! Improvvisamente il palmare iniziò ad agitarsi di nuovo. *È lui*, pensai precipitandomi sul divano. Era un suo messaggio e a quel punto cominciai ad agitarmi anch'io: Non aspettarmi per cena, dopo le prove vado a mangiare una cosa con i ragazzi. Sentii una mano stringere al collo. Stava succedendo di nuovo, sarebbe tornato tardi anche quella sera o magari non sarebbe rientrato affatto e, come se non bastasse, aveva deciso di comunicarmelo con un messaggino del cazzo. Non aveva avuto nemmeno il coraggio di chiamarmi! Infame maledetto!

«Oh, che ti piglia adesso?» mi urlò contro vedendomi sbiancare di colpo. Andai giù, finendo a gambe per aria. I rumori attorno iniziarono ad affievolirsi finché un fischio non lo sostituì del tutto. Fu a quel punto che mi raggiunse afferrandomi una mano. Quando riaprii gli occhi la vidi sopra di me, bella come l'avevo sempre immaginata da bambina. Adesso potevo toccarla, sentire il suono della sua voce. Poi la stanza per fortuna smise di girare. Non avevo la forza di parlare così le passai il palmare. Non sapevo perché il mio cervello reagisse in quel modo ma ogni volta era come un *black–out.* Quando finì di leggere mi guardò in modo diverso e io sentii di non voler più stare così male. Volevo essere felice e fare in modo che tutto rimanesse così come doveva essere, che tutto andasse esattamente come avevamo progettato. Non mi importava un bel niente che fosse frutto di un incantesimo o di una pistola puntata alle tempie: Mauro sarebbe dovuto restare con me per sempre! «Mettiamoci a lavoro!» mi sussurrò all'orecchio e improvvisamente mi sentii pronta come non mai.

CHIAMATE INTERCONTINENTALI

Non sarebbe stato un gioco da ragazzi, ma valeva la pena tentare. Con nonno aveva funzionato. Nonna Livia quel giorno non aveva avuto nessuna esitazione. Era andata a cercare lei, la donna dai capelli di fuoco, per chiederle del tempo in più. E così era stato. Nonno si era ripreso in pochissimo tempo e da allora non si erano più separati per più di due ore. Sapeva che si trattava solo di un posticipo ma quegli ultimi anni insieme a suo dire erano stati i migliori. Perché non provarci, allora? Cosa poteva esserci di male nel porre rimedio a quello che, in fondo, non era altro che un incidente di percorso, un momento di *défaillance,* la noia dopo tutti quegli anni insieme? Non lo stavo facendo solo per me stessa ma per entrambi.

«Questo può andar bene?» le domandai sventolando uno *slip* bianco con la scritta "uomo" e lei, con uno sguardo contrariato, mi fulminò all'istante. «Ma hai detto qualcosa di intimo!» protestai. Serviva qualcosa che avesse per lui un valore affettivo, oltre che materiale. La chitarra sarebbe stata perfetta, teneva più a quella che a me ma sfortunatamente da un po' la lasciava in accademia. La ricerca risultò più complicata del previsto ma a un certo punto, dentro l'ultimo cassetto dell'armadio, trovai qualcosa che non vedevo da molto tempo. «Questo è di una vita fa ma so per certo che non se ne libererebbe né ora e né mai!»

Era il cappellino del suo periodo *trap.*

«Consideralo una reliquia!» le dissi, certa di aver trovato ciò di cui avevamo bisogno. Avevo tentato spesso di gettarlo nella spazzatura ma ogni volta era andato a riprenderlo.

«Sempre meglio della mutanda!»

«Quindi adesso che si fa?» le domandai eccitata.

«Stai calmina!» mi seccò all'istante.

Mi lasciai cadere sul letto. «Cos'altro manca adesso?»

«Tu non ascolti!» sentenziò. «T'ho già detto che si tratta di una cosa parecchio complicata!» Quella sera avevo l'impressione che ogni secondo fosse tempo sprecato, come se lì fuori Mauro potesse essere rapito dagli alieni da un momento all'altro.

«Non la sai la storia della gatta frettolosa?» m'ammonì. «Su come li fece i gattini?» aggiunse. «Li fece cecati, li fece!» disse con quel tono da mestrina che le piaceva usare tanto. «Qui ci vuole una brava...» farfugliò voltandosi di spalle.

«Pensavo fossi tu quella brava!»

«Ma che scherzi davvero? Bada bene: ti sei rivolta a una professionista!» rispose strappandomi il cappellino dalle mani. «È un incantesimo impegnativo, per riuscirci bisogna essere almeno in due!»

«Siamo già in due...» le feci notare.

«Sì, ma con te sarebbe come togliersi *la sete col prosciutto*!».

Game Over, disse a quel punto una vocina dentro la mia testa. Riuscivo già a immaginarmela la faccia soddisfatta di mia suocera: niente più pranzi della domenica, niente più natali, niente più nebbiolina. Le sarebbero venute le lacrime agli occhi per la felicità, ma proprio in quell'istante la donna dai capelli di fuoco aprì bocca: «La Vilma!» esclamò fissando il soffitto. «Lei è l'unica che ci può aiutare!»

Improvvisamente sentii di esser di nuovo in gara, il nostro tempo non era ancora scaduto. «Fantastico!» esultai. «Andiamo a prenderla, in che zona abita?»

Non rispose nulla e continuò a fissare il soffitto, qualcosa la incupiva.

«Dista molto?» le domandai tentando di interpretare il suo silenzio.

Fu lì che ricominciò a camminare nervosamente avanti e indietro, questa volta tra la porta della camera da letto e la portafinestra del balcone. «Suvvia, per lo meno ci provo!» sussurrò cercando di convincere sé stessa. Quando le domandai cosa intendesse dire mi sfrecciò accanto come un treno in corsa. «Tocca chiamarla subito!»

«Dove vai?» le urlai seguendola nel corridoio.

«Ci serve qualcosa di capiente, una vasca, una bacinella...» ordinò tirandosi su le maniche. «Va bene anche una pentola!»

«Ma non dovevamo chiamare?» le chiesi confusa, correndole dietro fino in cucina dove la TV era rimasta accesa. Andava in onda "Molto incinta." In uno studio televisivo tutto rosa quattro donne in gravidanza dispensavano consigli preziosi su come affrontare il momento più importante della vita di una donna. Presenziavano attori e personaggi della TV, ma vi era anche il parere dell'esperto, la dottoressa Cannella, ginecologa di fama nazionale era sempre pronta a dispensare consigli per una gravidanza coi fiocchi. Il governo non sapeva più cosa inventarsi per incentivare la natalità nel paese. La donna dai capelli di fuoco, nel frattempo, aveva già messo la cucina sotto sopra. Una era troppo piccola, l'altra troppo grande. Trovò ciò che le occorreva all'interno della lavastoviglie. «Riempi questa!» disse guardandosi attorno. «Non troppo, mi raccomando!» aggiunse togliendosi il giacchetto. «Sale» aggiunse perlustrando la cucina. «Ne serve parecchio!»

«Oh, non ci s'ha mica tutta la notte!» mi sgridò vedendomi imbambolata a osservarla. Obbedii. «Acqua calda o fredda?» la interrogai, cercando di rendermi utile.

«Chi se ne frega!» rispose strappandomi la pentola dalle mani. Quando la posò sul tavolo il suo viso si oscurò e accarezzandosi il mento continuò ad aggirarsi per la stanza. «Il sale sta sopra il lavello della cucina…» le feci con un filo di voce ma nell'assoluta indifferenza continuò a ispezionare prima gli angoli della cucina, poi le mensole dietro il televisore e infine la credenza accanto al divano. Una volta di fronte al portoncino d'ingresso sollevò la testa trovandosi davanti agli occhi ciò che stava cercando.

«Ecco!» esclamò, come se non avesse mai visto un citofono in vita sua. Fu la conferma che le mancasse più di qualche rotella. La prova definitiva arrivò quando, dopo averlo afferrato con entrambe le mani, lo sradicò assestandogli un colpo secco. Poi, con un secondo colpo, staccò gli ultimi due cavi elettrici rimasti collegati all'apparecchio. L'unica cosa che riuscii a fare fu aggrapparmi al tavolo per non svenire di nuovo. Sulla parete al posto del citofono adesso c'era un buco.

«Ovvia, ora si può iniziare!» e a quel punto corse a sedersi.

Prima che le gambe cedessero presi posto anch'io.

«Oh, brava» disse afferrando la saliera. «Adesso tocca a te!»

Esausta da ciò che quel giorno continuava a succedere, mi stropicciai gli occhi nella speranza che una volta riaperti il mio citofono non fosse più tra le sue mani. «Era proprio necessario?» la interruppi fissando i cavi elettrici penzolanti.

«Come faccio a chiamare altrimenti?» rispose seccata per l'interruzione. Dopo di che immerse il citofono in acqua, preoccupandosi di lasciare fuori la cornetta e chinandosi sulla pentola iniziò a bofonchiare qualcosa in una lingua incomprensibile.

«Sss!» fece quando le domandai cosa stesse facendo. Rimasi in silenzio e all'improvviso l'intera casa piombò nella quiete più assoluta. Anche il televisore passò in modalità silenziosa mentre l'orologio del corridoio smise di fare tic toc. Non appena il mondo si spense, qualcosa si mosse all'interno della pentola, rumorosamente. La donna a occhi chiusi e con le mani sul tavolo rimase immobile. Poi accadde di nuovo, lo stesso rumore, quello di una bolla d'aria che viene a galla dagli abissi dell'oceano. Questa volta però durò di più, tanto da far spostare la cornetta. Solo allora mi accorsi di come l'acqua fosse in ebollizione, il tutto senza alcuna fonte di calore sotto, ovviamente. Mi alzai per capire cosa stesse accadendo, il citofono galleggiava su e giù spinto dal ribollire dell'acqua. Tesi una mano. Non avvertii alcuna fiamma, nemmeno un leggero tepore.

«È inutile che cerchi di capire...» disse rimanendo a occhi chiusi. «Fai prima a fidarti!»

Ero alle solite: dovevo fidarmi. Era così da sempre. "Dimenticati di avere un padre", diceva mamma, e quando domandavo spiegazioni, l'unica risposta era: "senti a me, è meglio così!"

Quando dopo tante ricerche ero riuscita finalmente a trovarlo, lui non si era sprecato con le parole. Ero convinta che finalmente avrei saputo la verità: una condizione economica precaria, una moglie gelosa o l'esistenza di un altro figlio. Niente di tutto questo. Quando un pomeriggio di settembre lo incontrai, senza girarci troppo attorno, disse che allora un figlio non lo voleva e che adesso ne aveva troppi per aggiungerne un altro e che, quindi, non era il caso di continuare a sentirsi. Poi c'era stato il Signor no, che a lavoro non faceva altro che bocciare ogni mia iniziativa dicendo che avrei dovuto fidarmi della sua esperienza perché appunto "era meglio così!". Infine, era arrivato Mauro. Con lui ci si doveva fidare e basta. Quando durante il nostro ultimo litigio gli domandai che piega stesse prendendo la nostra storia, rispose che avrei dovuto fidarmi di lui, che si sarebbe sistemato tutto, che era meglio non parlarne troppo e io, ad un certo punto, lo ascoltai e smisi di chiedere spiegazioni.

A un tratto l'acqua in pentola smise di agitarsi. Lo scroscio delle bolle lasciò il posto a un soffuso fruscio. Il primo squillo non mi parve vero. Il secondo, invece, non mi lasciò alcun dubbio. Mi guardai attorno, buttai un occhio in fondo al corridoio e su in alto, agli angoli del soffitto. Mauro a mia insaputa doveva aver installato un impianto di diffusione: non c'era altra spiegazione! Tra uno squillo e l'altro a un certo punto, la donna dai capelli di fuoco mi disse che toccava a me.

«In che senso?» le chiesi.

«Mmh» fece scocciata. «Sei tu quella che parla cinque lingue, no?»

«E allora?»

«E allora adesso serve che parli il cubano!»

«Il cubano?» dissi inebetita.

«Sì, il cubano!» rispose inviperita. «Che lingua pensi si parla a Cuba? L'italiano?!» Non ebbi né la forza né il coraggio di ribattere. «Tu chiedi di Vilma e basta!»

«Ok» le dissi, «ma a chi?» e, a quel punto, le luci si spensero: non solo quelle della cucina ma anche quelle dell'ingresso e del corridoio, tutte tranne quelle della cappa che invece restarono accese creando la giusta atmosfera.

«*Hola!*» tuonò dal soffitto della cucina, là dove fino a quel giorno, al massimo, avevo sentito il rumore della lavatrice dell'appartamento di sopra. Era la voce di un uomo.

«Vai, vai!» mi incitò arricciando il naso. Mi sembrò di toccare la follia con un dito.

«*Hola…*» pronunciai con titubanza. «*Buenos días…*»

Aprendo un occhio, la donna dai capelli di fuoco mi ordinò di aumentare il volume ma a quel punto la voce oltreoceano mi domandò chi fossi. Mi scusai per non essermi ancora presentata e improvvisai sostenendo di essere un'amica di Vilma.

«Vilma?» domandò l'uomo abbassando la voce.

«La tedesca!» mi suggerì la donna al mio fianco. Non riuscivo a credere alle mie orecchie: tramite la cornetta di un citofono stavo facendo una chiamata dall'altra parte del mondo per chiedere di una tedesca. Feci come mi ordinò e a quel punto seguì il silenzio. Restammo a guardarci immobili. «*Un momentito*!» rispose l'uomo, poi poggiò la cornetta. Un brusio di gente e una musica in lontananza interrotta dal rumore delle auto, fu tutto ciò che riuscimmo a sentire.

«Dove abbiamo chiamato esattamente?»

«Havana!» disse tutta eccitata.

Una volta tornato alla cornetta l'uomo mi domandò chi chiedesse di lei.

«Vania!» esclamò la donna dai capelli di fuoco e il tizio mise di nuovo giù. La casa intanto era precipitata nel silenzio assoluto. L'unico rumore percettibile era il vocio proveniente dalla cornetta. Poi il silenzio fu interrotto di nuovo.

«Vania?» Questa volta la voce di una donna, era calda e vellutata con un retrogusto di tabacco.

«Oh *grulla*!» urlò Vania felice come una bambina.

«Ma allora è vero… sei proprio tu?» chiese la donna con un marcato accento latino.

«E chi vuoi che ti chiami a quest'ora dall'altra parte del mondo?»

«*No me lo puedo creer*!»

«Se ti dicessi con chi mi trovo in questo momento non mi crederesti!»

«Allora dimmi!» rispose accettando la sfida.

«Ti ricordi della Livia?» le domandò a bruciapelo.

«Livia?» chiese la donna che a quanto pare non conosceva nessuno con quel nome.

«Ma sì, la Livia…la bambina sul carro armato!»

«Aspetta…è quella che rubava le sigarette a Franz?»

«Esatto, proprio lei!»

«E che ci fa con te?»

«Non è con lei che mi trovo adesso…ma con sua nipote!» le spiegò. «È per questo che ti chiamo: ha bisogno del nostro aiuto».

«Nostro?» ripeté cambiando subito tono. «Aspetta, aspetta cosa c'entro io?»

«Da sola non posso aiutarla…» disse certa che avrebbe compreso.

«Vania, tu sai come stanno le cose! Come fai a pensare che io…»

«Perché tu puoi capirla…» la interruppe giocando la carta giusta. Seguì uno strano silenzio che sapeva di tante cose.

«*Ahi, mi amor, mi amor…*» esclamò combattuta. «Sai che ormai non faccio più certe cose…»

«Lo so! Ma è stata Livia a mandarla da me…»

La donna con la voce di velluto sospirò come chi si è appena fatto fregare. «*Madre de Dios*! Che cosa hai in mente?»

«Più o meno quello che hai fatto tu con Franz…» le rispose facendomi l'occhiolino.

«*Ahi, mi amor…*» disse furiosa. «*Te odio!*». Era fatta! La donna dai capelli di fuoco aveva fatto l'ennesima magia. Fu allora che mi sembrò di vederla sotto una nuova luce: era la stessa squinternata che avevo conosciuto quella mattina, ma adesso aveva qualcosa di diverso. La donna dai capelli di fuoco aveva lasciato il posto a Vania, una vecchia amica di famiglia.

«Quando potresti raggiungerci?» le disse per non perdere altro tempo.

«Quanta urgenza ha?» domandò l'altra sbuffando sulla cornetta.

«*Un monte!*» rispose, certa che non l'avrebbe delusa.

«Dammi solo il tempo *para organizar las cosas*…okay?».

«Direi che è perfetto!»

«Lei cosa ne pensa?» aggiunse un attimo prima di chiudere.

«Già ti ama alla follia!» le rispose facendomi l'occhiolino.

«Aspetta un momento… ho una domanda per lei…»

«Eccomi» mi inserii timidamente.

«Finalmente ti sento… Che bella voce… Sincera, como

quella di tua nonna…»

«Si chiama Valeria» intervenne Vania che ormai non stava più nella pelle.

«Mmh» fece la donna pensierosa. «Valeria… Sai cosa significa il tuo nome?» Non ne avevo la minima idea.

«*Fuerte* e robusta!»

"Robusta senz'altro", avrei voluto dirle, in quanto a forte avevo una serie di perplessità. Poi, però, fece una strana domanda. «Ascoltami, Valeria, tu fumi?»

Al che, feci di no con la testa, cercando una spiegazione negli occhi di Vania che se la rideva già sotto i baffi.

«Bene!» esclamò. «Tua nonna mi rubava tutte le sigarette…»

«Tranquilla Vilma! Nessun pericolo stavolta!»

Terminò così la telefonata intercontinentale: con la speranza nel cuore e la promessa che non ci sarebbe stato alcun pericolo.

VILMA

Il giorno della partenza preparò la valigia in cinque minuti, ma riuscì a metterci dentro più del necessario. Non aveva avuto molto tempo ma aveva promesso al piccolo Josè che avrebbe preparato il suo piatto preferito. Così, prima dei bagagli, le toccò fare un salto al mercato. Di carne ne era avanzata in abbondanza la sera prima, per il compleanno di Marisol che, come da tradizione, aveva festeggiato nella terrazza di casa sua insieme alla famiglia. Non c'era compleanno o ricorrenza che non si celebrasse lì. Sette figli, quattro nuore, tre generi e dodici nipoti a cui non riusciva mai a dire di no. Neanche il giorno della partenza era riuscita a sottrarsi ai suoi doveri di *abuelita especial*. In effetti, come nonna era davvero molto, molto speciale: di lei e della sua magia non ne sapeva niente nessuno, eccetto i figli, le relative famiglie e qualche vicina di casa ottuagenaria. Quella mattina, dopo aver spento il fuoco, si complimentò con sé stessa: non le era mai venuta una *ropa vieja* così buona! Soddisfatta, prese il bagaglio e uscì di casa. In valigia non entrava più nulla per cui aveva deciso di mettere la giacca sopra il vestitino, giusto per non sentire freddo durante il viaggio. Sceso il primo scalino capì subito che non l'avrebbe sopportata a lungo, così aprì la zip. Vania le aveva detto di coprirsi, che non era ancora arrivata la bella stagione. Non era vero, ma sapeva che altrimenti si sarebbe presentata in costume. Quel giorno, per fortuna, ci pensò qualche nuvola a rendere la temperatura più sopportabile, coprendo il cielo di Plaza Vieja finché, a pochi passi da Cafè Escorial, non se la strappò di dosso. Al centro della piazza, ancora semi deserta, guardandosi attorno, capì che aveva bisogno di un po' di musica e a quel punto dalla tasca della giacca tirò fuori le sue cuffiette, le mise alle orecchie e fece *play*.

> "*Qué te importa que te ame, si tú no me quieres ya*
> *El amor que ha pasado no se debe recordar…*"

Cantava Maria Teresa Vera, l'unica che sembrava capirla davvero. Vilma ricordava bene il suo *amor pasado*, ogni volta che guardava gli occhi azzurri di Jose, Alma, Antonio e Miguel e ogni volta ringraziava il cielo per non aver alcun rimpianto: avrebbe fatto tutto di nuovo e nella stessa maniera. Passando per *calle* Muralla con gli auricolari alle orecchie, non sentì i commenti degli uomini seduti ai tavolini di Cafe Escorial, né i clacson degli scooter di *calle* Ignacio avvicinarsi urlandole "*guapa*". Giunta all'angolo di *calle* San Juan, un signore sulla cinquantina, in piedi davanti la porta della *Pelucheria de Carlos* ci tenne a salutarla da vero gentiluomo, togliendosi il panama in paglia e sorridendole, nonostante gli mancassero entrambi gli incisivi. Anche il povero Carlos, chino su un giovanotto con la faccia impomatata di schiuma da barba, quando la vide, smise di lavorare sorridendole. Nessuno riusciva a resisterle e lei ne era perfettamente consapevole ma in realtà, l'aria da femme fatale non le era mai interessata. In fretta e furia ricambiò il saluto di Carlos sollevando una mano mentre con l'altra continuò a trascinarsi dietro la valigia che, a giudicare dalle dimensioni, doveva contenere l'intero guardaroba invernale: erano quarant'anni che non metteva piede in Europa. Quando finalmente arrivò, leggendo la scritta *Moda y Punto,* non riuscì a resistere e così, prima di imbarcarsi, si concesse un giro veloce tra le corsie del negozio: era l'unico posto in città in cui era possibile trovare qualche pezzo di Zara, seppur della collezione dell'anno precedente. Peccato che in valigia non aveva più spazio e, viste le turbolenze del diretto Cuba – Roma che stava per prendere, non poteva certo viaggiare con le buste in mano. Così, dopo aver provato due giubbottini in pelle che probabilmente le sarebbero stati più utili di tutti i vestitini che aveva infilato in valigia, rimise tutto al proprio posto e, a malincuore, rientrò nel camerino in cui aveva lasciato la valigia. A quel punto diede una sbirciatina veloce e appurò che non ci fossero spettatori: l'unica commessa del negozio stava cambiando i cartellini dei prezzi ai manichini in vetrina, così decise di cogliere l'attimo. Afferrò la maniglia del *trolley*, chiuse la tenda del camerino e andò. La commessa ebbe giusto il tempo di sostituire un cartellino che una folata di vento gelido le spettinò i capelli come se qualcuno avesse improvvisamente aperto la porta antipanico di un aereo. Quando si voltò non vide nulla che potesse spiegare quella corrente d'aria improvvisa, così si limitò a legarsi i capelli con un elastico.

Dall'altra parte del mondo, nello stesso momento, io e Vania ci dirigevamo in auto in direzione di via del Corso.

«Non ho ancora capito per quale motivo dobbiamo andare in auto!» esclamai allacciandomi la cintura con la testa ancora ovattata. Non avevo chiuso occhio neanche quella notte, tranne che per quei pochi istanti in cui, prima dell'alba, ero stata risucchiata dal materasso. La sensazione era stata quella di chiudere gli occhi e riaprirli dopo un'eternità. Avevo camminato a piedi nudi su un prato in discesa e solo dopo un po', guardando in basso, mi ero accorta di come l'erba si illuminasse a ogni passo, di una luminescenza verde brillante. Ciò mi entusiasmò ancora di più e, quando mi voltai, vidi la scia fluo che mi ero lasciata alle spalle. Sarebbe stato perfetto per il giardino di casa nuova. Camminando, il terreno si fece via via sempre più scosceso, terminando senza alcun preavviso sulla riva di un fiume. Era notte e a causa del buio fitto la distesa d'acqua sembrava non avere fine. Sulla riva, l'erba mossa dall'acqua emetteva una luminescenza che, propagandosi lungo la riva, lasciava intravedere il fondale tappezzato di conchiglie e ciottoli colorati. Blu, verde smeraldo, rosso corallo. In sottofondo quella musica che conoscevo già. Nonostante l'oscurità al di sopra dell'acqua intravidi qualcosa: un riflesso, il pelo dell'acqua muoversi in alcuni punti. Avvicinandomi, fino a bagnarmi le caviglie, ero anche riuscita a vedere il filo dell'acqua sollevarsi in due bolle, grandi come quelle viste insieme a nonna in piazza Navona il giorno della Befana di tanti anni prima. Erano grandi ma fragili, da un momento all'altro sarebbero esplose perdendosi nella notte. Fu un vero spettacolo: era un peccato non sapere dove mi trovassi, ci sarei tornata volentieri con Mauro, sarebbe stato romantico. Poi qualcosa catturò la mia attenzione, qualcosa di cui non mi ero ancora accorta: sulla superficie delle bolle vidi come un riflesso e, avvicinandomi, scoprii che in realtà si trattava di immagini in movimento, i fotogrammi della pellicola di un film. Non riuscii a capire di cosa si trattasse finché non ricordai di quella volta di tanti anni fa in piazza Navona, io e nonna in prima fila allo spettacolo dei mimi. Nella bolla a fianco riconobbi gli scatoloni del giorno del trasloco. Ciò che vidi nell'ultimo riflesso, appena lievitato sotto i miei occhi, non mi sembrò per nulla familiare; le maioliche bianche e azzurre su una parete soleggiata, il ripiano per le spezie, i pensili di una cucina tutta gialla e poi lei, Vania, di spalle, con il caschetto rosso con cui l'avevo sempre immaginata. All'improvviso si voltò e mi sorrise. Era stato allora che avevo riaperto gli occhi, accaldata, come se un fuoco mi divampasse dentro. L'emozione era stata incontenibile, a tal punto che per un po' mi rimase addosso uno strano senso di agitazione. Vania era riuscita a dormire beata tutta la notte. Troppi i pensieri che mi erano passati per la testa, veloci, uno dopo l'altro in catena di montaggio: nonna che mi aveva condotta da Vania, la fuga dalla cappella, la telefonata a Cuba, Mauro che sarebbe potuto rientrare da un momento all'altro. A ogni modo avrebbe trovato la porta della camera da letto chiusa a chiave! Se fosse servito l'indomani mattina Vania sarebbe sgattaiolata via dal balcone. Quello che mi agitava maggiormente, però, era l'incognita del domani: cosa ci attendeva? Mi faceva sentire scorretta, una vera merda, ma il solo pensiero di tornare indietro mi faceva precipitare nel panico.

L'indomani mattina, Vania mi svegliò di soprassalto: era arrivato il momento di partire.

«Ma perché prendere i mezzi pubblici? Sono così scomodi!» disse chiudendo lo sportello. «È una vita che predo la metro, fai conto tu mi stia facendo un regalo!» aggiunse allacciandosi il *foulard* sotto il mento. Vania non aveva la patente. Quando le manifestai tutto il mio stupore, tentò di difendersi. «Non credere che non abbia provato a prenderla!» confessò in imbarazzo. «Almeno una decina di volte! Che ci posso fare? Tutti quei pedoni mi mettono ansia!»

«Carlotta, metti il giornale radio!» dissi per toglierla dall'imbarazzo e quella obbedì immediatamente.

"L'ultima piaga non si placa" tuonò lo speaker radiofonico,

“nell’ultima settimana i decessi avvenuti entro le prime ventiquattro ore dal parto sono aumentati del quindici per cento…”

Se il buon giorno si vede dal mattino quello stava iniziando decisamente male. Non mi ero ancora abituata alla *Decima Piaga*. Anche se per tanti ormai tutto questo era lo stato naturale delle cose, la morte di quei neonati mi era ancora inconcepibile. Non riuscivo a vederla come qualcosa di normale. Ormai nessuno credeva nella possibilità di trovare soluzioni, così da un po’ ci si stava concentrando sulla ricerca di alternative valide. Si erano espressi gli scienziati di tutto il mondo, erano venuti in Italia squadre di cervelloni da ogni nazione; delegazioni, comitati scientifici internazionali, l’Organizzazione mondiale della Sanità, pure la Nato era scesa in campo certa di venirne a capo. Eppure nessuno era ancora riuscito a individuare la vera causa.

“Si svolgerà oggi a Bruxelles la discussione parlamentare indetta con carattere di emergenza, mentre domani, a Roma, il Ministro della Sanità aprirà un tavolo di lavoro per l’identificazione di nuove strategie di controllo.”

«È così assurdo…» commentò Vania guardando fuori dal finestrino. Ormai il bollettino di guerra giornaliero era entrato a far parte della quotidianità di tutti, come le notizie meteo e l’andamento dei titoli di borsa. Benché i green block lo urlassero tutti i giorni imbrattando di verde qualsiasi cosa su cui poggiassero lo sguardo, il mondo non era pronto a vedere la direzione in cui stavamo andando. Il Mar Mediterraneo era ormai un cimitero. Nelle coste di tutta la penisola il ritrovamento di carcasse di tonni, squali e delfini era all’ordine del giorno. La vista di questi animali spiaggiati aveva avuto un effetto maggiore rispetto alla morte massiccia delle specie più piccole. Ma ormai ci si era abituati anche a questo.

“Stiamo studiando i dati – dice Massimo Cervelletti, presidente della Società italiana di Epidemiologia – e i numeri hanno messo in evidenza alcune possibili connessioni che per il momento non hanno trovato ulteriori conferme né attraverso i test di laboratorio né sui test eseguiti sugli animali.”

«Povere bestie! Alla fine, in un modo o nell’altro ci vanno

sempre loro di mezzo!»

«Mamma dice che a lavoro la situazione è diventata invivibile...»

«Che lavoro fa, la tua mamma?»

«L'ostetrica al Casilino».

«Uh, chissà quante ne vedrà, povera donna!»

Di cose strane mamma in vita sua ne aveva viste abbastanza! Ma quella della *Decima Piaga* si era imposta al primo posto da subito. In confronto la pandemia era stata una passeggiata. L'ultima volta mi aveva raccontato che ormai in ospedale si trovavano più psicologi che medici. Per l'ansia di perdere i loro bambini le donne in travaglio arrivavano in ospedale fortemente agitate. Dopo la morte del figlio, alcune madri avevano anche tentato il suicidio, come se dietro la loro disperazione si nascondesse un velato senso di colpa. Forse era anche colpa della pubblicità che ci bombardava in qualsiasi ora del giorno: in TV e alla radio non si parlava d'altro. Persino in metro ci perseguitava il decalogo della madre modello; non era altro che una serie di raccomandazioni a cui ogni donna avrebbe dovuto attenersi una volta venuta a conoscenza del proprio stato di gravidanza. *In primis* l'astensione dal lavoro, l'interruzione di qualsiasi attività sportiva e il rispetto del riposo assoluto; una sorta di reclusione legittimata. Per risultare più incisiva, la pubblicità, che si dichiarava a favore delle donne e della natalità, terminava sempre con un'ultima postilla: "qualunque trasgressione di una delle suddette raccomandazioni sarà punita con la reclusione e/o con la sottrazione del prodotto del concepimento."

L'espressione "prodotto del concepimento" aveva mosso molte critiche sin dal momento del primo disegno di legge, ma visti gli esiti incerti delle gravidanze, alla fine, alla parola "nascituro" era stata preferita un'espressione più tecnica che implicasse un minor coinvolgimento emotivo.

"Furto di un neonato al Federico II di Napoli".

«Alza, alza!».

"Secondo la ricostruzione dei fatti, il neonato – che aveva superato la settantaduesima ora dal parto – godeva di ottima salute. Il bambino, figlio di un'insegnante di trentanove anni, sarebbe stato rapito nella notte…"

«Finirà che ci s'ammazzerà l'uno con l'altro!» commentò guardando di nuovo fuori dal finestrino.

«Già…» dissi facendo lo stesso. Eppure lì fuori sembrava andare tutto come sempre, come se la Decima Piaga non esistesse. Il sole alto sul Tevere illuminava la città come negli ultimi duemila anni, e nell'aria si riusciva a sentire il profumo della primavera. Solo per qualche giorno, due o tre, visto il tempo di vitalità dei fiori. Ma, anche se per poco, quel flebile profumo di gelsomino dava un po' di speranza, come se tutto prima o poi sarebbe tornato come prima. Che prima o poi anche la primavera sarebbe tornata, con i petali dei fiori sparsi sui sanpietrini a colorare le strade di rosa per settimane. Neanche i platani del lungotevere erano più gli stessi di un tempo, i guardiani giganti delle rive del fiume erano diventati degli spaventapasseri spogli e rinsecchiti, rimasti lì a fare la guardia alla segnaletica di "divieto assoluto di balneazione." Il Tevere non era più quello di un tempo: per via delle acque paludose e i lunghi tratti ricoperti da erbe infestanti aveva ormai le sembianze di un acquitrino. Fu un miracolo trovare un posto libero.

«*Ovvia*, si fa una passeggiatina!» disse tutta ringalluzzita. Quella mattina Vania era in fibrillazione e ancora una volta mi chiesi come mai le due donne non si vedessero da così tanto tempo. Una volta scese dall'auto non ci fu tempo per perdersi nel riflesso dell'acqua stagnante del fiume, né per farsi catturare dal volo dei gabbiani nei loro girotondi a mezz'aria. Insieme alle pantegane, grazie all'abbondanza di carcasse di cui cibarsi, erano le uniche specie ad aver proliferato indisturbate sino all'introduzione della caccia al gabbiano praticata ogni anno la prima settimana di settembre.

«Come faccio a riconoscerla?» le domandai attraversando la strada.

«Tranquilla, Vilma non è una che passa inosservata!»

«Come vi siete conosciute?»

«È stato il destino a fare tutto…» rispose a passo svelto. «Un giorno me la sono trovata davanti la porta di casa. Lei e Franz, per non disturbare, hanno aspettato tutto il giorno seduti sul pianerottolo. Gli ho preparato una delle mie tisane e da quel momento siamo diventati una famiglia» aggiunse mentre le andavo dietro.

«Avevano bisogno di un nascondiglio. I tedeschi gli davano la caccia».

«I tedeschi?»

«Sì, avrebbero giustiziato Franz come traditore: era uno di loro, un pezzo grosso, un *Kommandant*!»

Sì, avevo capito bene. Franz era un disertore dell'esercito nazista, ma continuai a non capire quale ruolo avesse Vilma in tutto questo. Come faceva a trovarsi in Germania durante la Seconda guerra mondiale?

Un istante prima di mettere piede dentro il negozio mi chiesi cosa stessimo facendo. Non ne avevo idea ma avevo deciso di fidarmi di Vania. Le porte a vetro piantonate dagli uomini della sicurezza in giacca, cravatta ed occhiali da sole scuri, si aprivano e chiudevano continuamente. Al di là del vetro il caos. Una volta dentro sembrava di trovarsi a Wall Street, il via vai di donne e ragazzine in preda allo shopping selvaggio per un attimo mi fece girare la testa. Le commesse, già stanche, attendevano l'ora della pausa pranzo. Buttando lo sguardo più in là, vidi le scale mobili che, piene come piccionaie, portavano su al reparto uomo. Nel frattempo avevamo già attraversato il reparto donna del piano terra.

«Ti ha dato qualche indicazione?» le domandai spaesata. «Non la troveremo mai in mezzo a tutto questo caos!»

Mi guardò sorridendo, la mia preoccupazione la divertiva. Una volta completato il giro del reparto donna, decise di salire su. «È il reparto uomo» l'avvisai, ma mi ignorò. Le scale ci portarono su lentamente, per tutto il tempo valutai l'idea di ricontattare il dott. Martin, il mio analista. Nonostante non fosse tornato a casa quella notte, Mauro non mi aveva degnata neanche di un messaggio. Eravamo quasi giunte all'ultimo piano quando la vidi. Non eravamo più abituati a vedere una donna in quello stato. Aveva il viso tondo e gli occhi fieri di chi vuole decidere per sé stessa. Aveva tentato di nasconderlo sotto un poncio e un cappotto viola qualche taglia più grande. Non c'era riuscita un granché visto che, nonostante la borsa tenuta a tracolla, tutti nella scala mobile si accorsero del suo pancione. A occhio si trovava al settimo mese. Gli sguardi di tutti le caddero addosso come proiettili e, per un istante, mi sentii mancare l'aria per lei. Era più di un anno che non ne vedevo una dal vivo. Da quando la *Decima Piaga* si era intensificata, una volta confermato lo stato di gravidanza le donne erano obbligate a smettere di pensare, entrando di diritto in quel limbo fatto di riposo, riposo e riposo. Anche Clelia c'era passata. Tutti attorno a lei improvvisamente si erano sentiti investiti dal compito di ricordarle che non era più una donna libera. Tutti tranne io che, invece, continuavo a invitarla a cena, finché Luca, il marito, non mi disse di farmi i fatti miei. Dopo la segnalazione del medico curante al Ministero della Natalità, Clelia aveva dovuto mettersi in maternità da subito il che significava non essere riconfermata l'anno dopo e io solo sapevo quanto ci tenesse a quel lavoro. Da quel momento in poi non avrebbe dovuto pensare a nient'altro che alla sua gravidanza, nella speranza che il nascituro superasse le prime 24 ore. Per la prima volta come non era mai accaduto prima nella storia, il lavoro in nero fu punito con pene asprissime, i datori di lavoro che in qualche modo favorivano o inducevano una dipendente in stato di gravidanza a continuare a svolgere il proprio lavoro in maniera abusiva, anche da remoto, rischiavano da otto anni di reclusione fino all'ergastolo.

Clelia improvvisamente era diventata un'incubatrice da onorare e venerare. Neanche i lavori domestici le erano più consentiti. I paesi in cui la *Decima Piaga* iniziò a diffondersi successivamente, si erano già preparati all'evenienza studiando il modello Italia, che come sempre si era rivelato fallimentare sotto tutti i punti di vista. Era stata l'Austria il primo paese ad adottare le prime misure di previdenza sociale in aiuto alle famiglie; per cui lo stato si faceva carico del costo della domestica, figura professionale di fondamentale importanza e di un ginecologo reperibile 24 ore su 24. Anche in Italia avevano tentato di fare lo stesso ma con scarsi risultati. Una volta introdotta la legge sull'interruzione del lavoro e vietato sin dalle prime settimane di gestazione di svolgere attività domestiche in casa, il Parlamento era solo riuscito a litigare per mesi fino a che non fu deliberato il cosiddetto "*bonus colf*," valido soltanto per i nuclei familiari composti da più di due figli (o uno qualora fossero deceduti due nonni su quattro).

La popolazione anziana era stata colpevolizzata per gli errori del passato di cui la nostra generazione, ora, stava piangendo le conseguenze. Erano diventati il capro espiatorio di tutto: l'inquinamento, lo sfruttamento eccessivo della terra e dei mari, le immissioni di gas serra, l'aumento dei tumori e infine anche la mortalità infantile. Così essendo troppi - e gravando tutti sul groppone dello stato - erano stati chiamati ad aiutare le famiglie di figli e nipoti. Molti uomini, mariti e compagni erano stati obbligati a rimboccarsi le maniche tra lavastoviglie e lavatrici, maledicendo il giorno in cui avevano deciso di dare il loro contributo contro l'estinzione dell'umanità. Altri invece avevano fatto di tutto per mettere il grembiule da cucina, nonostante avessero già un figlio. D'altronde l'assegno familiare faceva gola a chiunque, soprattutto da quando era stato incrementato a mille euro al mese, senz'altro più di uno stipendio medio. Ma evidentemente per la donna col poncio qualcosa era andato diversamente, magari non aveva nessuno che le ricordasse di non fare sforzi o magari era riuscita a ribellarsi e quella mattina aveva semplicemente deciso di venire a fare shopping da sola. Che il regime di riposo forzato desse maggiori probabilità di partorire un bambino sano, poi, non era ancora stato dimostrato in alcun modo. Mi domandai se fossi mai riuscita ad avere il suo coraggio. Di certo, un po' per il timore, un po' per senso di colpa, non sarei mai riuscita a trasgredire alle regole in modo così spudorato. Anche mia madre le aveva definite inutili ma io non ero coraggiosa come lei. Lei sì che si sarebbe ribellata: era uno spirito libero, odiava le convenzioni soprattutto quando si traducevano in imposizioni. "Ho portato avanti la gravidanza da sola, lavorando fino all'ottavo mese!" diceva sempre. "Adesso, a noi donne, ce lo vogliono insegnare i preti come si fanno i figli!

Da quando il Vaticano era diventato l'unico ente autorizzato dal governo a svolgere la pratica dell'utero in affitto, mamma aveva cominciato a manifestare un odio profondo per tutta la categoria. Dopo anni di lotte, la maternità surrogata era stata riabilitata come opportunità concessa dal Padre Eterno per dare un futuro all'umanità. Della serie che ormai andava bene tutto e se qualcuno doveva occuparsene, quel qualcuno doveva essere il Vaticano. Erano iniziati così i pellegrinaggi per lo Stato Pontificio. Le coppie, disperate, giungevano in città nella speranza che un'altra donna, che avesse già partorito un bambino vivo, compisse il miracolo per loro. Ovviamente, tale pratica non era accessibile a tutti, ma solo a coloro che potevano permetterselo visto che il Vaticano, per mettere in moto sogni e speranze, chiedeva un'offerta per nulla simbolica. Al glorioso compito della procreazione erano stati chiamati tutti, pure le "pecorelle smarrite" che adesso in virtù dello Spirito Santo potevano partecipare al compito principale a cui ogni essere umano è chiamato: procreare. Da diversi anni, infatti, il Santo Padre aveva aperto le braccia alle famiglie omogenitoriali, dando loro la possibilità di partecipare al miracolo della procreazione, mettendo a disposizione i loro apparati riproduttori. In caso di successo, infatti, il nascituro era affidato a una giovane coppia composta da una mamma e un papà mentre ai genitori biologici era fatta concessione di frequentare la famiglia assegnataria. Insomma, la Santa sede dopo anni di dibattiti sui diritti civili aveva trovato la "quadra" mettendo tutti d'accordo, e tutto grazie alla *Decima Piaga*.

Al reparto uomo regnava la pace, tra grucce e manichini aleggiava una calma piatta. Uomini curati e ragazzi alla moda passeggiavano scrutando attentamente la merce. Tastando con mano la morbidezza della lana, apprezzavano i tessuti per poi dare una sbirciatina ai cartellini. Solo qualcuno si lasciava tentare: il maglioncino in *cashmere*, un pantalone nero a falda larga, una camicia bianca che può sempre servire. Qui, più che esausti, i commessi avevano tutta l'aria d'essere annoiati, procedevano tra le corsie con calma, trovando anche il tempo per scambiare un languido sguardo con qualche cliente. I camerini erano più movimentati a causa della coda che si era creata. L'ultimo della fila, un ragazzino basso in un chiodo in pelle nero legato alla vita con una cintura, aveva palesemente esagerato con il fondotinta, ma non curante iniziò a squadrarmi, soffermandosi sui miei fianchi per poi lasciarsi andare in un'espressione di totale disapprovazione. Ricambiai subito fissando il suo *contouring* mal fatto. Terminato il nostro scambio di vedute, nell'attesa che Vilma si palesasse, mi lasciai conquistare da un maglioncino in lana blu, a maglie larghe. Sarebbe stato benissimo a Mauro. Improvvisamente la calma piatta del reparto fu squarciata da uno urlo di terrore. Le due file parallele si aprirono come le acque del mar rosso; fu quella la prima volta in cui la vidi, certa, sin dal primo istante, che fosse lei! Non era la cartomante che mi ero immaginata, di quelle con le unghie smaltate di rosso e il posacenere fumante a loro fianco, né la fattucchiera con la sfera di cristallo che vede il futuro nel retro di uno squallido bar dell'Avana. Vilma era un miracolo della natura, una bona stratosferica dalla pelle color ebano e due gambe lunghe come autostrade. Il tutto su due zeppe vertiginose portate con estrema disinvoltura. Nessuno dei presenti si sottrasse a quella visione. Le maniche del vestitino ceruleo che indossava le lasciavano spalle e polsi scoperti: a sinistra portava un braccialetto d'argento con un ciondolo rosa. I capelli neri e ricci sembravano puntare al cielo molleggiando a ogni passo. Il ragazzo con la faccia impiastricciata iniziò a sudare fondotinta dalla fronte: la falcata di Vilma l'aveva oltraggiato.

«Non ci posso credere!» disse Vania correndole incontro.

«*Ahi, mami*!» esclamò prima che Vania le saltasse addosso. Si strinsero come due che non si vedevano da secoli, lì davanti i camerini, tra la gente che non riusciva ancora a capire da dove diavolo fosse sbucata fuori quella top model.

«*Madre de Dios*!» disse soffocando nella stretta di Vania. «Senti come mi batte il *corazón!*» aggiunse portandosi la mano al cuore. Il ciondolo al polso sballottolò un paio di volte prima di fermarsi: era quarzo rosa, nonna diceva che era la pietra del cuore, della protezione e della fiducia.

«Manca poco mi *scoppia i'core*!» le rispose Vania su di giri. Rimasi qualche passo indietro, mi sentivo di troppo. Fu lei ad avvicinarsi non appena intercettò il mio sguardo. Mi abbracciò ed io sentii la sua pelle andare a fuoco. «*Madre de Dios!* Sei identica a tua nonna, bambina!»

«Ahi, Roma Roma...» esclamò uscendo per strada. «*Me encanta!*» disse estasiata. Poi, fermandosi in mezzo la strada, puntò il primo che le passò accanto con una sigaretta in mano. «*Perdona...*» lo implorò stringendosi dentro le spalle. «Posso chiederti una sigaretta?» aggiunse sibilando tutte quelle S come un serpente a sonagli. Per il ragazzo fu impossibile dire di no e in un attimo le sventagliò il pacchetto davanti agli occhi. Quando il giovane ormai totalmente abbindolato dalla sua bellezza le offrì d'accendere, Vilma aveva già provveduto ad accendersela da sola, con uno dei suoi sguardi incendiari. Fu quella la prima volta che vidi Vilma l'incantatrice in azione ma a parte quella del fuoco non c'era stata alcuna magia dietro: con gli uomini le bastava uno sguardo.

«Ancora questo viziaccio!» commentò Vania.

«Quale?» chiese dopo la prima boccata. «Gli uomini o il fumo?» aggiunse sorridendo. «Non cominciare, *por favor*!».

«A casa mia non si fuma!» la mise in guardia giusto per farle un dispetto.

«Mi ricordavo che eri una strega» ribatté Vilma. «Però non immaginavo che fossi diventata una vecchia Befana!»

«Befana ci sarai!»

«Mi hai guardato bene, *mi amor*?» le domandò mettendosi in posa.

«Sì che t'ho visto e mi stai pure parecchio antipatica!» le rispose constatando la sua forma smagliante. A quel punto Vania tra una risata e l'altra le rubò la valigia dalle mani. «Dammi, Befana! Questa la porto io!»

«Che età mi daresti?» disse poi rivolgendosi a me. Avevo imparato la lezione: con loro era impossibile indovinare.

«Mi sa che non c'è proprio verso di conoscere l'età di una strega!» risposi.

«Tu dici?» disse guardandomi sottecchi. Aveva iniziato a frullarle in testa qualcosa. «Eppure un modo in realtà ci sarebbe...» aggiunse lasciando un alone di mistero. «Sai come si fa a riconoscere una vecchia strega?» mi sussurrò mentre io rimasi zitta ad ascoltarla. «Dal numero di mariti!» esclamò sbottando in una risata che ben presto sfociò in una tosse compulsiva da fumatrice incallita. Oltre che una bona spaziale, Vilma era anche molto simpatica. Una volta in auto, le due continuarono a prendersi in giro chiamandosi Befana e vecchia megera per tutto il viaggio. Poi arrivò il momento in cui Vilma aggiornò Vania sui suoi ultimi trent'anni. Fu così che appresi delle gesta eroiche di Vilma. Sì, perché la veste da cartomante era solo una copertura: lei era una guaritrice, non solo dei mali del corpo ma anche della mente. Tra una sigaretta e l'altra dichiarò di aver sconfitto il cancro ai polmoni già tre volte in vita sua.

In passato era stata assoldata dalla Wicca, la Congrega di stregoneria e arti magiche che vigila per mantenere l'ordine nel mondo. Nata come un movimento religioso incentrato sul culto della natura, basato su rituali magici, cerimonie sacre e divinatorie, nei secoli la Wicca aveva preso la forma di una società segreta con un'organizzazione gerarchica ben strutturata. Durante il Medioevo in risposta all'Inquisizione aveva assunto il ruolo di vigilanza delle arti magiche nonché di controllo e giurisdizione fino all'istituzione di un vero e proprio tribunale interno. Era stata la Wicca a predisporre l'inserimento di Vilma nell'alta società tedesca, con un incantesimo aveva reso la sua pelle più chiara e i lineamenti meno latini. In questa maniera era riuscita a guarire molti da quella follia dilagante, uomini di potere, comandanti ed esponenti del regime. Era stato così che aveva conosciuto il suo Franz: con lui, nonostante fosse un alto grado dell'esercito tedesco, era stato semplice in realtà, non dovendo ricorrere a nessuno dei suoi poteri. Franz per anni non aveva fatto altro che recitare una parte, quella del discepolo del Führer. Il loro incontro avvenne nel 1939, a Colonia. Una volta iniziata la guerra, restare in Germania diventò via via sempre più pericoloso. Capirono che il momento in cui avrebbero dovuto dirsi addio era vicino. A detta di Vania fu tutto merito della proverbiale cocciutaggine di Vilma e del suo animo da crocerossina se le cose andarono diversamente. Aveva giurato a sé stessa che non sarebbe mai tornata a Cuba senza di lui. Cosa però non proprio semplicissima. Già perché, ironia della sorte, il potere della telecinesi non si era ancora manifestato in lei ai tempi ed entrambi conoscevano il trattamento riservato ai traditori del regime. Per cui, ancora una volta, fu necessario ricorrere alla magia: capelli neri e occhi scuri, Franz superò il confine tedesco camuffato da soldato italiano riuscendo così a giungere con lei in Italia, fino a Roma. La Wicca aveva affidato a Vania il compito di nasconderli e lei non aveva potuto rifiutarsi. Così, un giorno, se li era ritrovati sul pianerottolo di casa sua. Vissero come una famiglia fino al 1944 quando, con l'arrivo degli Americani, si accese in loro la speranza di poter perseguire il loro sogno, vivere una vita normale. Normale si fa per dire visto che Vilma restò sempre una donna assai speciale rispetto al povero Franz che di speciale era riuscito solo a darle sette figli, uno più bello dell'altro, tutti con gli occhi azzurri come i suoi. Il resto per fortuna l'avevano preso dalla madre, che in quanto a genetica era palesemente superiore rispetto a qualunque cosiddetto "ariano".

«Eccoli!» esclamò, indicando con un dito lo schermo del suo telefonino di vecchia generazione. «Joselito, Marisol, Felipe *y* Francisco, l'ultimo arrivato». Non erano dei bambini, ma dei bambolotti pronti per le pubblicità dei pannolini.

«Parcheggia, si va a piedi!» mi ordinò Vania scovando l'unico posto libero di tutto il lungotevere, qualche metro in là dopo piazza Trilussa.

«Mi ricordo questa piazza...» esclamò Vilma «è qui dove compravamo le sigarette, come si dice? *De controbanda*?»

«Di contrabbando!» la corressi scoprendo che alcune cose restano immutate nei secoli. «Adesso qui spacciano la marjuana...»

«A proposito...» disse rivolgendosi a Vania. «Quelle caramelline magiche, le prepari ancora?»

Vania accelerò il passo «Ci siamo quasi!»

«Tu non sai cosa sono in grado di fare quelle mani...» mi confidò con aria sognante. Oh sì che lo so, avrei voluto dirle prima di imboccare la traversa. Riconobbi subito casa di Vania: se avessi dovuto immaginarla, l'avrei pensata in questo modo. L'incrocio tra le due stradine era diviso a metà da un vecchio edificio dal tetto spiovente e fatiscente. La palazzina di tre piani, in evidente stato di abbandono, era rivestita da un intonaco un tempo giallo scrostato qua e là, su cui si erano stratificati anni e anni di smog e muffa. Il tutto dava alla strada un'aria di decadenza mista a un non so che di torbido che non stava per niente male con il resto. A dare un tocco di macabro un'edera parecchio infestante, sollevando l'asfalto all'angolo del marciapiede, nel tempo si era arrampicata ovunque fino ad avvolgere gran parte della facciata, il lampione dalla luce giallastra, e le due finestre del secondo piano al di sopra del negozio di frutta e verdura bangladese. Insomma, l'edificio aveva tutte le carte in regola per candidarsi come dimora di una strega. Fu solo in un secondo momento che notai i rami secchi che fuoriuscivano da una delle finestre sporgendo sulla strada.

«Ahi, *como* è cresciuta!» esclamò raggiungendo Vania che nel frattempo era già arrivata al portone. «Da quanto tempo non vieni qui?»

Vania rimase in silenzio a fissare il portone. Poi aprì bocca «Trentasei anni e nove mesi»

«Davvero?» commentò incredula mentre Vania prese fiato come se da lì a poco avesse dovuto immergersi restando in apnea per l'eternità.

«Faccio io, dammi la chiave» tentò di farle coraggio Vilma ma a Vania bastò sfiorare la maniglia per aprire quel portone ammuffito. Quando si aprì, dalla soglia rivestita in marmo, cadde una nuvola d'intonaco. Qualcosa, però, bloccò il portone da dietro. Ci pensò Vilma a vincere l'attrito dato dal terriccio sul pavimento, dandogli una spallata. Una finestrella in cima alla scala lasciava entrare un po' di luce, quel poco che ci permise di muoverci. Camminammo su un rosone in mosaico bianco.

Fu necessario rimuovere lo strato di polvere per capire cosa mostrassero le tessere del mosaico: una rosa dei venti composta da triangoli in marmo chiaro su un letto di piccole tessere nere e le iniziali dei quattro punti cardinali. *Ex malo bonum,* diceva la scritta incisa al centro della rosa dei venti. *Dal male il bene,* dissi tra me e me prima di chiudere il portone alle mie spalle. Al primo scalino percepì un odore acre, doveva essere l'umidità vista la muffa alle pareti. I trentasei anni di assenza si sentivano tutti. Fu a quel punto che mi domandai che senso avesse occupare la cappella di un cimitero quando si ha un appartamento a Trastevere. Vania continuò a salire le scale in assoluto silenzio. Giunte al secondo pianerottolo un attimo prima di aprire la porta anche Vilma mi sembrò provata dall'emozione. Si scambiarono uno sguardo e Vania fece un altro sospiro. Entrammo, non puzzava di muffa come la scala e, anzi, per un attimo mi sembrò di percepire l'odore di biancheria pulita. Le serrande erano tutte abbassate, l'appartamento era completamente immerso nella penombra. Il tavolo in vetro al centro del salone era in perfette condizioni, avrei detto che mancasse qualcosa. La polvere, quella che ci si aspetta di trovare in una casa disabitata per trentasei anni e nove mesi. In casa mia la polvere sui mobili si posava nel giro di un'ora, lì invece sembrava che fosse appena passata la donna delle pulizie. Le sedie bianche, la vetrinetta in legno, persino il vecchio televisore con l'antenna tirata su sembravano appena spolverati. La cosa era decisamente strana eppure nessuna delle due sembrava turbata. Dopo essersi guardata attorno, Vania cominciò ad aprire tutte le finestre. L'appartamento sembrava uscito da una rivista di design anni Settanta. I pavimenti di graniglia bianca. La carta da parati dalle forme geometriche. La libreria nera con le ante giallo senape. I due divani in pelle color cacao. Il telefono a disco della Sip di colore verde. Tutto in quell'appartamento apparteneva a un mondo che non esisteva più, ma la cosa incredibile era che ogni cosa sembrava immutata. I tessuti erano perfettamente intatti e i colori ancora vividi, come se il tempo fosse trascorso senza sfiorarli. All'angolo uno stereo *Grunding* con il giradischi catalizzò subito la mia attenzione: Mauro amava gli stereo d'epoca, ne aveva acquistati diversi negli ultimi anni. L'ultimo era stato un mio regalo per lui nel giorno del suo compleanno. Uno del genere non l'avevo mai visto in nessuno dei mercatini che avevamo girato insieme. L'impiallacciatura in legno era tipica di quegli anni. Lo scomparto superiore provvisto di coperchio nascondeva un giradischi, mentre nella parte inferiore, dotato di sportello estraibile, era incorporato lo stereo. Era un pezzo davvero unico, un gioiellino da far girar la testa a qualsiasi collezionista *vintage*.

«Oddio, è bellissimo!» esclamai non controllando

l'entusiasmo.

«Ti *garba*?» mi chiese sorpresa. «Pigliatelo, è tuo!»

«Stai scherzando?» risposi giocherellando con lo sportello dello stereo.

«Quella è la tua stanza!» tagliò corto indicando alla sua vecchia amica la porta in fondo al corridoio.

Vilma titubò. «Sei sicura?» le domandò in una sorta di imbarazzo. «Quella...»

«Io dormirò sul divano!» la interruppe. Non servirono a nulla i tentativi di Vilma nel dissuaderla da quella scelta. «Mi *garba* così!» esclamò passando da una stanza all'altra. Sembrava irremovibile ma Vilma fece un ultimo tentativo. «Perché non dormiamo insieme come i vecchi tempi?». Vania capì che era arrivato il momento di essere chiara una volta per tutte.

«Vedi di stare tranquilla!» le scandì afferrandole le mani. «Va tutto bene, ok?»

«Non dobbiamo stare qui per forza ...» le rispose con un filo di voce. «Possiamo prendere una camere in albergo...»

«Niente magie nei luoghi pubblici, l'hai dimenticato?»

«Hai ragione...è che sono preoccupata...»

«Lo so, ma devi fidarti. Sul divano dormirò una meraviglia, basterà una tisana delle mie» concluse poggiando la sua fronte su quella di Vilma. Era incredibile la quantità di affetto che sentivo scorrere tra loro. Anch'io sentivo di volergli bene, a entrambe, soprattutto dopo il regalo che Vania mi aveva appena fatto. Certo, per portalo a casa avrei dovuto affittare un furgoncino ma ora mancava solo una cosa: provarlo! Così, guardandomi attorno, sulla libreria scovai una pila di giradischi. Corsi subito a dargli un occhio. Vania nel frattempo aveva cominciato a darsi da fare, da brava padrona di casa, traportando lenzuola e coperte da una stanza all'altra. I Beatles, Bruce Springsteen, Mina, Donna Summer: c'era anche un disco dei Cugini di Campagna: li presi tutti, avrei voluto portarmi a casa anche quelli in realtà, insieme agli altri che avevo intravisto aprendo l'anta della libreria. Mauro sarebbe impazzito. Felice, come una bambina, raggiunsi lo stereo ed aprii il vano giradischi. Non mi aspettavo di trovarci dentro una sorpresa: un 45 giri posizionato sul piatto pronto a farsi scorrere la puntina del giradischi sopra. Era lì da trentasei anni e nove mesi e aspettava solo che qualcuno premesse "*play*". Quando ciò avvenne, un attimo dopo aver letto il nome dell'artista sul vinile, la magia, l'unica che io fossi in grado di esercitare, si diffuse nella stanza con la voce inconfondibile ed eterna di una che sapeva esattamente cosa fosse l'amore:

"Take me now, baby, here as i am
Pull me close, try and understand..."

La carta da parati, lo stereo vintage, Patty Smith. Sentivo di essere in armonia con l'universo. Ero entrata da appena dieci minuti eppure amavo quella casa profondamente. Fu a quel punto che scorsi Vilma dare una sbirciatina dentro la stanza in fondo al corridoio. Stava approfittando dell'assenza di Vania ma le mancava il coraggio di entrare.

«Cosa c'è qui?» le domandai piombandole alle spalle.

«*Nada! Nada*!» rispose spaventata a morte. Chiuse subito la porta. Lanciò uno sguardo al corridoio e si accertò che Vania non fosse nei paraggi. Poi aprì appena la porta. In effetti, a un primo sguardo, non sembrava esserci nulla di particolare: un letto matrimoniale in quella che senza ombra di dubbio doveva essere la camera principale. Riconobbi subito una testiera in legno massello e, inizialmente, i miei occhi non videro altro che quello. Solo dopo mi resi conto di come il letto stranamente si trovasse al centro della stanza, come se per qualche motivo fosse slittato in avanti. Fu solo allora che mi accorsi del tronco gigantesco alle spalle del letto. Non era una testiera dunque, ma un albero vero e proprio. Guardando più attentamente, compresi che si trattava di un rampicante, una vite o un'edera cresciuta un po' troppo. Il tronco era decisamente enorme, contorto più e più volte su sé stesso al punto che nel tempo era riuscito a farsi spazio scavando la parete fino a incastonarsi come una pietra preziosa, una scheggia nella carne. Il resto saltò agli occhi solo dopo: dal tronco avviluppato su sé stesso originavano rami in tutte le direzioni che, camminando lungo le pareti come le braccia di un gigantesco polipo, erano riusciti a raggiungere le finestre.

«Che roba è?» le domandai sconvolta da quella specie di tumore gigante.

«Aspetta, aspetta!» disse sconvolta. «Vorresti dirmi che non sai ancora nulla di Noha?»

NOHA

«Chi è Noha?».

«Zitta!» fece Vilma terrorizzata che Vania ci sentisse. «Il motivo per cui non sono più riuscita a tornare in questa casa...» disse Vania sbucando nel corridoio mentre Patty Smith continuava a cantare in salotto. «Questa era una delle sue preferite...» aggiunse alzando gli occhi al soffitto per sfuggire ai nostri sguardi. «Diceva che la notte era di chi si ama». Poi, senza opporre resistenza, si lasciò trasportare dai ricordi fino al bracciolo del divano. I suoi occhi si accesero improvvisamente. «Gli anni più belli li abbiamo vissuti qui, tra queste mura...» Dopo di che si guardò attorno e tornò alle faccende domestiche.

«Cos'è successo dopo?» sussurrai a Vilma intimorita di chiedere troppo.

«Tante cose...» rispose parlando a bassa voce. «Cose terribili bambina... quanto dolore dentro queste mura!». Trovai il coraggio di chiederle cosa fosse accaduto.

«Noha era una sublimatrice!» disse prima di accendersi una sigaretta. «Poteva manipolare le emozioni...» mi spiegò vedendomi perplessa. «Riusciva a trasformare il brutto in bello, anzi bellissimo!»

«*Ex malo bonum*» recitai ad alta voce.

«Esatto!» Vilma sembrava sorpresa. «Si tratta di uno dei poteri più grandi... perché non agisce sulla materia ma sull'anima...».

«Come ci riusciva?» le domandai e a quel punto sorrise.

«Noha sentiva la tristezza nel *corazón*. Lei sapeva come fare: trasformava una lacrima in un fiore, la paura in un cielo di stelle cadenti, uno spettacolo di centomila lucciole»

«Wow!» fu tutto ciò che riuscii a dire.

«Il giorno che l'ho conosciuta, non stavo bene da molto tempo, da quando ero scappata via dalla Germania...gli occhi di quei bambini li portavo dentro di me... sentivo una grande tristezza così la notte non riuscivo più a chiudere occhio. Purtroppo i miei poteri non avevano alcun effetto. Nell'ultimo periodo ero arrivata a pensare di togliermi la vita» mi spiegò accertandosi che Vania non fosse nei paraggi. «Noha riuscì a vedere quello che avevo patito, tutta quella gente che avevo visto salire sui treni nazisti» sussurrò. Poi fece una pausa per schiarirsi la voce. «Una sera, mi raggiunse in balcone mentre fumavo una sigaretta e, stringendomi la mano, mi disse che non avrei potuto salvarli tutti» aggiunse con gli occhi pieni di lacrime. «Scoppiai a piangere. Disse che non dovevo sentirmi in colpa e a quel punto successe qualcosa di incredibile: il cielo sopra di noi si fece di mille colori, un'aurora boreale, solo per me e per lei. Poi la luna pian piano iniziò a venire giù sempre di più fino a riempire il cielo. Tutto si fece d'argento, potevo toccarla con un dito ma per l'emozione non ci riuscii, così mi lasciai inondare da quella luce bianca, pulita, innocente come gli occhi di quei bambini». Si arrestò e a quel punto la vidi lottare con sé stessa per contenere l'emozione. «Quando smisi di piangere, riaprendo gli occhi, sentii qualcosa di diverso, una sensazione di pace *y de amor* come se tutti quelli che non ero riuscita ad aiutare mi avessero finalmente perdonato».

I suoi occhi brillarono a tal punto che per un istante mi sembrò di vedere quel cielo argentato. «Noha, quella sera, mi salvò la vita!»

Si asciugò gli occhi riuscendo a non far sbavare il trucco e io a quel punto avrei voluto sapere tutto di Noha. «Cosa è successo dopo?»

«Te lo racconterò in un altro momento bambina, andiamo a darle una mano!».

Era la seconda volta che mi chiamava in quel modo, mi piaceva il modo in cui la B le rimbalzava in bocca. Una volta raggiunta l'altra camera, trovammo Vania seduta in un angolo del letto con una coperta tra le mani, lo sguardo fuori la finestra e la mente chissà dove. Vilma si allarmò subito e cercò di dire qualcosa. «C'è da fare tutto qui…!» esclamò sperando di distrarla dai suoi pensieri. «Vai a togliere questa canzone!» mi ordinò parlando in sordina.

«No, lasciala!» disse Vania continuando a fissare il palazzo di fronte. «Sono anni che non la sento… Una mattina l'ho beccata in metro, sono scappata prima che si chiudessero le porte». Poi aggiunse: «Le garbava un monte! L'ascoltava di continuo perfino mentre studiava. Ci siamo conosciute all'università: studiava Filosofia e aveva i capelli lunghissimi mentre io, avevo deciso di iscrivermi a Lettere per la terza volta» disse accennando un sorriso. «Al primo appuntamento eravamo in otto io, lei e un sacco d'altra gente, tra amici e colleghi di università. Andavano tutti matti per Noha, non sapevo ancora il perché! Andammo a ballare come ogni venerdì» disse sorridente. «Che fosse un tipo particolare, lo capii da quello che mi domandò quella sera: "ti capita di sentirti diversa e di non riuscire a dirlo neanche alla tua miglior amica?". Fu lì che sentii per la prima volta il buio che aveva dentro, anche se…» aggiunse abbassando lo sguardo. «Aveva così tanta luce che con lei il buio non si riusciva proprio a vederlo!»

«Guarda che non devi sentirti obbligata…» farfugliai sentendomi tremendamente in colpa.

«Pensare a lei mi fa stare bene!».

Vilma andò a sedersi al suo fianco, le lenzuola avrebbero atteso. «Il giorno che si fece il taglio alla Boy George» riprese. «Disse che le mancava solo un cappello in testa per non farsi più riconoscere dal padre». A quel punto le scappò da ridere. «Peccato che non fu così…» aggiunse cambiando tono. «Quell'uomo venne a cercarla ogni mese implorandola di tornare a casa, dicendole che quella vita non faceva per lei, che sua madre non faceva altro che piangere, "*che du donne n'sieme in paese ti portan pè bocca!*"».

Per non perdermi neanche una parola rimasi in piedi, immobile. «Un giorno, esausta, gli urlò contro tutto il suo dolore» proseguì cercando di contenere la rabbia. «Gli disse che era stanca e che non voleva vederlo mai più». Dopo una breve pausa aggiunse «Da lì non si tornò più indietro».

Vania non finiva più di parlare, sembrava che non aspettasse altro da trentasei anni e nove mesi. Lei e Noha avevano lottato per vent'anni contro i suoi genitori, contro i suoi sensi di colpa verso la famiglia. Noha aveva dovuto combattere anche contro il suo dolore. «Questa casa in poco tempo si trasformò in una foresta!» aggiunse arrivando al momento più doloroso della loro storia. Piante tropicali e orchidee cominciarono a crescere ovunque, persino dentro i cassetti dei comodini. Infine arrivarono anche le lucciole e le farfalle che notte e giorno giravano da una stanza all'altra. Fu in quel periodo che iniziò a crescere l'edera dietro al letto: all'inizio era poco più che un germoglio in una crepa proprio dietro il suo cuscino. Cominciò a crescere finché non furono costrette a spostare il letto di un centimetro al mese. Una sera, Noha iniziò a sentirsi strana. Senza capirne il motivo, le sue forze iniziarono a diminuire ogni giorno di più, fino a che non capirono che qualcuno stava cercando di strapparle via il suo potere. «C'era suo padre di mezzo!» disse quasi sul punto di esplodere. Per riportarla a casa il padre aveva assoldato qualcuno con un grande potere, con lo scopo di farla tornare "normale". Lottò fino all'ultimo giorno: più il suo dolore aumentava più l'edera diventava grande e robusta. Andò così per anni finché un giorno non smise di crescere. Quel giorno il suo potere svanì per sempre e, quando l'edera iniziò ad appassire, per Noha accadde lo stesso.

Non riuscendo a guardarla in faccia, Vilma incollò i suoi occhi al pavimento. Improvvisamente fui sopraffatta da un senso di malessere, un grande vuoto allo stomaco che a momenti sarebbe sfociato in un conato di vomito. Non sarebbe stata certo la prima volta: il mio cervello era in connessione diretta con lo stomaco. Era successo la prima volta che mi ero innamorata, durante il primo bacio e un istante prima della prova orale degli esami di maturità. Le mie emozioni passavano tutte per il mio stomaco. La storia di Noha mi aveva scosso nel profondo. Vilma, immobile, continuò a contare le macchie del pavimento in silenzio, mentre Vania fissava lo spazio tra la finestra e il palazzo di fronte. Era la prima volta che la vedevo così, sembrava vuota come il vuoto che le stava dinnanzi. Il fuoco – che le ardeva dentro dal primo giorno – si era spento. Mi domandai come facesse a essere sempre così energica e piena di vita dopo tutto quello che aveva passato con Noha. Le avevano portato via tutto:

come aveva fatto a sopravvivere a tanto? E io, mi chiesi a quel punto, cosa avrei fatto al suo posto? Sarei riuscita a sopravvivere a un dolore così grande? Sentii lo stomaco contorcersi come uno straccio. Mi domandai cosa sarebbe la mia vita senza Mauro e a quel punto sentii di dovermi dare una mossa. Innanzitutto bisognava mettere a tacere Patty Smith.

«Basta!» esclamai e scollando le scarpe dal pavimento raggiunsi il salotto. Diedi un'occhiata alla ricerca dell'alternativa giusta. Bee Gees! Chi meglio di loro per rianimare la situazione? Così misi sul piatto il disco e alle prime note di Stayin' Alive feci un sospiro di sollievo.

«Allora, mi aiutate o no a salvare questo matrimonio?» urlai sperando che funzionasse. Seguì il silenzio, forse ero stata troppo ottimista ma proprio quando iniziavo a credere di aver fatto un buco nell'acqua, sentii il rumore dei tacchi provenire dal corridoio.

«Non si fa mica venire una strega dall'altra parte del mondo solo per fare quattro chiacchiere!» esclamò tutto ad un fiato. Era tornato, il fuoco di Vania si era riacceso. Un attimo dopo si unì la voce di Vilma: «Fatemi fare un incantesimo, vi prego! È una vita che non ne faccio uno!»

«Ok, direi che è il caso di fare un attimo il punto della situazione!» disse Vania prendendo posto, così la seguii. «La situazione è la seguente» iniziò. «Valeria ha una paura fottuta di perdere Mauro...» disse rivolgendosi a Vilma e con fare da stronza aggiunse «Come se non ci fossero altri uomini sulla faccia della terra!»

«Ahi, bambina mia...scommetto che c'è un'altra!» sentenziò Vilma scrollando la cenere della sigaretta sul palmo della propria mano.

«Su questo non possiamo metterci la mano sul fuoco...» la corresse Vania. «Però pare abbia preso il vizio di rientrare a casa sempre più tardi la sera...» concluse lasciando intendere il resto al che Vilma scosse la testa: «Sarà più di una!» sentenziò.

«Una o cento non ci cambia un bel nulla!» intervenne Vania. «Quello che ci importa è che riesca a tenerselo dentro le mutande!»

«Eh, che sarà mai questo Mauro, un dio del *sexo?*» esclamò l'altra rovesciandosi la cenere addosso. «Uomini!» disse a quel punto. «Tapperebbero qualsiasi buco per sentirsi un po' meno insicuri!» L'immagine di Mauro tappabuchi mi fece quasi vomitare. Mauro non era un tappabuchi, non era mai stato niente del genere.

«A questo punto servono tre cose» riprese Vania. «Prima di tutto le fattucchiere…» disse alzando il pollice in alto. «E mi sembra che quelle non manchino!» Vilma annuì all'istante.

«Punto due: un oggetto che appartenga al diretto interessato…» fece rivolgendosi alla sottoscritta. «Non s'accettano indumenti provviste di scritte o loghi! Punto terzo!» esclamò infine. «L'elisir ha un ingrediente fondamentale: il fiore di Mandragora! Senza non se ne fa nulla!»

Seguì qualche secondo di silenzio. «Ok, dove si compra?» chiesi prima di sprofondare nell'ansia. «In erboristeria?».

Inorridite si guardarono serrando le labbra «Ma non si compra mica!» esclamò Vania. «Si dà il caso che io ne abbia una scorta, per fortuna!» mi tranquillizzò. Qualcosa mi diceva che stesse tralasciando volutamente un dettaglio per nulla irrilevante. «Nella cappella!» aggiunse. Quando mossi le mie titubanze dicendole che era completamente pazza, lei minimizzò come al suo solito. «Non dire sciocchezze! Ci vorrà un attimo!»

Poi venne il momento del quarto e ultimo punto: «Perché l'incantesimo riesca si rende necessario che gli si dia una guardatina pure noi a codesta bellezza!» e fu così che quel giorno partimmo alla volta del conservatorio.

AD REMOVENDUM

«Forse è il caso che lo avvisi...» pensai a voce alta salendo in auto.
«Ma *icché tu dici*?!» mi aggredì Vania togliendomi la borsa dalle mani. «Non vorrai mica s'insospettisca!» Non ero mai andata in conservatorio, non avrei saputo come giustificare quella visita inaspettata, ma dietro consiglio delle mie consigliere decisi di puntare sull'effetto sorpresa. Certo, una volta lì non avrei proprio saputo come giustificare la loro presenza ma nel renderle partecipi delle mie perplessità, mi misero a tacere in un attimo. «Tu pensa a guidare! Che al resto ci pensiamo noi!»
Dovevo fidarmi, non avevo altra scelta.

«Ahi Roma Roma, *me encanta*!» farfugliò Vilma dal sedile posteriore con la faccia spiaccicata sul finestrino. Il cielo, intanto, si era coperto di nuvole, sembrava prepararsi a un temporale ma ciò nonostante la temperatura esterna al veicolo segnava ventidue gradi.

«Si può avere un poco de musica *por favor*?» domandò aggrappandosi al sedile. Le spiegai che bastava chiedere a Carlotta. «Intelligenza artificiale...» commentò, «non so se fidarmi...».

"Tasso di mortalità in aumento" tuonò lo speaker del notiziario radio "sale il numero di neonati deceduti nelle ultime ventiquattro ore".

«Davvero nessuno ha ancora scoperto la causa de una cosa tanto *orrorosa*?»

«Ipotizzano che sia colpa dell'inquinamento dell'acqua o qualcosa nell'aria, ma non hanno ancora trovato nulla...»

"Secondo gli ultimi dati anche il numero di città coinvolte è in aumento. 'Qualunque sia la causa, essa si sta diffondendo' - ha affermato il Presidente del Parlamento europeo riunitosi stamattina per valutare nuovi metodi di indagine."

Proseguimmo senza cambiare stazione venendo così

sommerse da un'ondata di positività: i livelli di tossicità dell'acqua del Tevere erano in aumento e i prezzi dei depuratori d'acqua alle stelle. A quel punto lo *speaker*, per dare una sferzata di ossigeno agli ascoltatori, passò a quelle che dovevano essere le buone notizie: "A Garbatella sorge il nuovo centro pensato per il momento più importante della vita di una donna: è il Mater Vitae, la modernissima struttura ospedaliera, che garantisce servizi sanitari 24 ore su 24 offrendo il massimo delle tecnologie, delle conoscenze scientifiche e mediche così da condurre una gravidanza nel massimo del *confort* e della sicurezza."

«Ormai in questa città ci sono più cliniche che campanili!» commentò Vania. Nell'ultimo anno le cliniche e i centri per le gravidanze controllate erano nati come funghi, ovunque. Tra i servizi più in voga l'ossigenoterapia in camera iperbarica e le flebo detossinanti per gestanti. Il concetto di base era molto semplice ma nessuno ne parlava mai apertamente; non sapendo cosa determinasse esattamente la morte dei nascituri, il mondo scientifico era concorde nel presumere che alla base di tutto vi fosse una qualche carenza di ossigenazione del feto nelle ultime settimane di gravidanza. Era questo, secondo teorie mai dimostrate, a determinare i danni cerebrali riscontrati all'elettroencefalografia dei nascituri.

Era successo lo stesso a Monica, la cugina di Mauro. La gravidanza era andata a meraviglia, soprattutto gli ultimi tre mesi trascorsi tra massaggi alle alghe e le flebo detossinanti per depurare il sangue dai radicali liberi. Per mesi le nostre bacheche social erano state invase dai video delle visite di controllo, dalle foto a bordo piscina col pancione in attesa che arrivasse il fatidico giorno. Che fosse iniziato il travaglio lo scoprimmo tramite un post sui social che fu anche l'ultimo. Le alterazioni all'elettroencefalogramma erano comparse da subito. I medici del centro l'avevano tranquillizzata che gli altri parametri erano nella norma. La notizia arrivò alle tre di notte all'incirca e né io né Mauro da quel momento in poi riuscimmo più a chiudere occhio.

«Un secondo!» dissi piantando il piede sul freno.

Vilma balzò in avanti mentre le auto dietro iniziarono a suonare all'impazzata.

«*Puta mierda*!»

«Abbiamo un problema! L'elisir... Come faccio a farglielo bere?»

«Ti ho già detto che devi solo pensare alla guida!» inveì Vania col cuore in gola.

«Bambina, tu dovresti pensare un po' meno...»

Quando tentai di ripartire, le auto ferme dietro di noi non avevano ancora terminato di insultarmi a suon di *clacson*. Mi resi conto solo allora dell'ingorgo che si era creato alle nostre spalle e per l'agitazione non riuscii nemmeno a inserire la prima.

«*Vete a la mierda maricon*!» urlò Vilma al tassista che nel frattempo si era accostato alla nostra auto abbassando il finestrino. «Ah deficiente, *ma chi t'ha dato a patente?*». Fu allora che tramite lo specchietto retrovisore vidi Vilma agitare le mani in modo insolito chiudendo i pugni come fa un direttore d'orchestra per arrestare di colpo la musica. Il silenzio che seguì lasciò che fossero le urla dei gabbiani a prendere il posto dei *clacson* mentre il tassista continuò a muovere la bocca senza emettere più alcun suono. Lo stesso accadde per tutti gli altri che continuarono ad accanirsi sui loro *clacson*: Vilma aveva silenziato tutti e tutto con un solo gesto.

«Così va meglio, no?» disse facendomi l'occhiolino dallo specchietto retrovisore e io riuscii finalmente a inserire la marcia. Senza ombra di dubbio era la magia più utile e spendibile in città. Per il conservatorio mancava ormai poco. Il piano era semplice: non avremmo dovuto assolutamente dare nell'occhio. Per nulla fiduciosa nelle mie capacità di recitazione, ero certa mi avrebbero scoperta all'istante.

«Cosa gli dirò quando mi chiederà "che ci fai qui?"»

«*Nada!*» fece Vilma. «Da quando si danno spiegazioni agli uomini?»

«Tu non gli dici un bel nulla!» si unì Vania perlustrando l'ingresso.

«Ma Mauro capirà subito che c'è qualcosa di strano! A lui basta guardarmi negli occhi!»

«E tu mettiti gli occhi da sole!» dissero in coro. «Entri, ci scambi due parole e noi ti si raggiunge in incognito dopo di che si va via!» Era ora, dovevo farmi coraggio ed entrare.

Una volta oltrepassato il portone d'ingresso, mi trovai in un'ampia sala tutta bianca con un vecchio parquet. In fondo a un corridoio vidi ragazzi di diversa età gironzolare insieme da una stanza all'altra. Un pannello sul muro vicino le scale indicava le sale in cui si svolgevano i corsi: la 1, la 2 e la 3 si trovavano al piano terra, al primo piano invece la 4 e la sala riunioni, mentre al secondo piano la 5 e il teatro. E adesso? Come faccio a trovarlo? pensai. Dal corridoio sbucarono tre ragazzi con le chitarre sulle spalle. Preoccupata mi voltai indietro, Vania e Vilma a debita distanza mi seguivano lentamente, nascoste dietro due occhiali da sole caraibici. Mi domandai da dove li avessero tirati fuori ma poi mi ricordai che erano due megere. Da lontano continuavano a farmi coraggio invitandomi a darmi una mossa. Non mi restava che chiedere a qualcuno. «Scusate, sto cercando un ragazzo che suona la chitarra...» dissi con l'aria di una a cui non sfugge proprio nulla. I tre si scambiarono uno sguardo che diceva "questa è scema!". Quando mi resi conto della mia idiozia recuperai con una descrizione più dettagliata. «Si chiama Mauro, alto, biondino, un gran figo insomma, è il mio ragazzo...». L'alternativa del gruppo, con i capelli blu e verdi sembrò aver capito. «Forse è il signore con gli occhi azzurri». Signore? dissi tra me e me.

«Sì, lo spilungone!» confermò il ragazzo col *piercing* al naso.

«Si, è lui!» esclamai. Mauro era sempre stato il più alto della classe.

«Dovresti trovarlo in sala due se non è già andato via». Li ringraziai calorosamente, dopo di che mi fiondai nella sala. Prima però mi voltai un attimo per accertarmi che quelle due non avessero ancora trasformato nessuno in dei maiali. Proprio in quell'istante al loro fianco vidi due ragazzini pieni di tatuaggi indicare Vania, sembrava che l'avessero riconosciuta. «Hai capito chi è?» intercettai leggendo il labiale. «È quella delle paste!» rispose l'altro. Accorgendosi di ciò, Vania si voltò di scatto tentando di nascondersi dietro Vilma. Nel frattempo trovai l'aula. Lo riconobbi subito, era il più alto di tutti. Non lo vedevo da due giorni. Mettendo piede dentro l'aula fui assalita dal profumo di lavanda. Nel tragitto che dalla porta dell'aula mi condusse fino a lui pensai a quello che avrei voluto dirgli. *Dove sei stato stanotte? Che cazzo, tra qualche mese ci sposiamo: smettila di fare il coglione!*

Col fuoco alle orecchie avanzai finché non gli fui abbastanza vicino da riuscire a distinguere il suo profumo. A qualche centimetro da lui per il nervosismo non riuscii ad aprire bocca, così con un dito gli bussai su una spalla. Quando si voltò spalancò gli occhi in un'espressione chiara e inequivocabile: "che diavolo ci fa qui?"

«E tu che ci fai qua?» disse alzandosi di scatto.

«Ciao, eh!» risposi imbufalita. «No, dico... ciao!»

«Ciao amore...» si corresse e con un sorrisetto ebete me lo chiese nuovamente. «Mi spieghi perché sei qui?» Qualcosa lo terrorizzava.

«Niente!» risposi. «Sono passata a darti un saluto!». Sapeva che era una balla. «Non posso fare una sorpresa al mio futuro marito?» aggiunsi risultando ancora meno credibile.

«Ah» fece lui cambiando espressione. «Sai che possono entrare solo gli iscritti... se qualcuno ti scopre...»

«Ma dai, che vuoi che succeda?» risposi scoppiando a ridere. «Sempre il solito esagerato!»

«Signora!» disse una voce antipatica alle mie spalle e il viso di Mauro sbiancò all'istante. «Signora, dico a lei!». Quella voce si stava rivolgendo proprio a me. Quando mi voltai trovai un signore sulla sessantina, pelato, con i baffi grigi che mi fissava nell'attesa di una risposta.

«Dice a me?»

«Sì, proprio a lei!» rispose il vecchio indispettito. «Chi le ha dato il permesso di entrare?»

«No guardi» risposi cercando di risolvere subito il malinteso, «deve scusarmi ma...»

«Scuse non accettate!» esclamò il simpatico baffone. «Si accomodi fuori!»

«Mi lasci spiegare» tentai di dire contando sulle mie capacità diplomatiche. «Io sono la...»

«Non me ne importa un bel nulla di chi Lei sia!»

Mi guardai attorno credendo che fosse uno scherzo. Furono gli occhi di Mauro a spiegarmi che non era così. Quello sguardo lo conoscevo bene, era quello che gli veniva fuori quando si sentiva in imbarazzo. Dovevo fare qualcosa e in fretta: «Lei sta scherzando, voglio sperare...Come si permette a parlarmi in questo modo?»

«Oh, mi permetto eccome visto che lei è in un luogo in cui non è autorizzata a entrare»

«Io non sarò autorizzata ma lei è un gran maleducato!»

Finì come non sarebbe mai dovuto finire. Eppure la premessa in auto era stata chiara: non avremmo dovuto dare nell'occhio. L'uomo baffuto chiamò la sicurezza e in un attimo si scatenò il panico. Se Mauro avesse potuto scegliere un potere, quel giorno avrebbe voluto quello di scomparire. «Vale, che palle però...» esclamò a quel punto con due occhi che non dimenticherò mai. «Sempre 'ste figure di merda!» Qualcosa dentro si ruppe in mille pezzi, come la vetrata della cappella di Vania. Non volevo credere alle mie orecchie così continuai a guardarlo negli occhi cercando di comprendere il perché. Perché anziché difendermi aveva permesso che quello stronzo mi parlasse in quel modo? Un tempo non sarebbe accaduto. Era tutto vero allora, non era solo una mia paura: non eravamo più ciò che eravamo sempre stati; alleati, complici, amanti.

«Accompagni la signora all'uscita!» disse il signor baffo a un inserviente vestito come un becchino.

«Non provare a toccarmi altrimenti chiamo la polizia!» lo minacciai ritraendo il gomito. In quel preciso istante vidi Vania quatta quatta intrufolarsi dentro l'aula puntando verso un angolo della stanza, dove un profumatore elettrico in legno di bambù sputava una densa nuvola di vapore: era da lì che arrivava il profumo di lavanda. A quel punto tirò fuori dalla scollatura qualcosa di simile a un flaconcino in vetro. Lo aprì e in una frazione di secondo, senza che nessuno se ne accorgesse, ne versò qualche goccia dentro il profumatore.

«Bambina, *vamos*!» sentii dire alle mie spalle. Era Vilma. «Tranquilla, tra qualche minuto non ricorderanno più niente...» aggiunse prendendomi sotto braccio. Quando Vania ci raggiunse uscimmo subito da lì. Erano bastate tre gocce pronunciando la formula "ad removendum" per far sì che tutti cancellassero quell'episodio dalla loro memoria. Avrei voluto prenderne anch'io qualche goccia. In auto, non feci altro che rivedere gli occhi di Mauro. Provai a ricordare il giorno in cui era accaduto, il momento esatto in cui tra noi era svanita la magia, l'istante in cui eravamo diventati due estranei. Per un po' regnò il silenzio, poi Vilma decise di intervenire. «Da quanto tempo state insieme?»

«Sedici anni» risposi con l'amaro in bocca. «Anche se non si direbbe vista la scena patetica...»

«Oh no, non devi dire questo, bambina! Ogni giorno in una storia si scopre qualcosa di nuovo; quando io e Franz arrivammo a Cuba, per lui non è stato facile» aggiunse guardandomi attraverso lo specchietto retrovisore. «Immagina cosa significa per un soldato tedesco vivere nel paese della salsa e *merengue*, dove ogni momento è buono per far *fiesta*. Dopo sei mesi felici, Franz aveva cominciato a non sentirsi più a suo agio. Per un attimo sembrava che tra noi fosse tutto finito ma proprio in quei giorni scoprii di essere incinta» aggiunse mantenendo alta la suspense.

«E poi?» le chiesi in attesa di sentire il lieto fine.

«Quando è nato Miguel, fu allora che Franz cambiò. Iniziò ad amare la gente, la città, Cuba. Con l'arrivo di nostro figlio iniziò a vivere tutto in maniera diversa, fino ad allora si era come sentito un ospite». Era diventato padre anche una seconda, una terza volta e così via e ogni volta era stato come ricominciare tutto da capo, rivivendo tutto come se fosse la prima volta. «Fare il padre gli veniva così bene...» aggiunse. «Se no, col cavolo che ne sfornavo così tanti!»

Il racconto suscitò in me una profonda commozione oltre che invidia. Non solo nei confronti di Vilma ma anche dei suoi figli per aver avuto un bravo padre. Mi chiedevo spesso che padre sarebbe stato Mauro. Ogni volta che affrontavo l'argomento si finiva per litigare. Forse nel nostro caso una gravidanza non avrebbe risolto nulla. Forse avrebbe solo peggiorato le cose. Probabilmente Mauro non era come Franz, forse semplicemente non era nato per fare il padre. E chissà, forse non era un caso che mi fossi innamorata di lui. Il dott. Martin mi aveva spiegato come spesso si percorrano strade già percorse, schemi già conosciuti. Anche nei sentimenti. Forse dopo tanti anni passati a rincorrere mio padre avevo finito per innamorarmi di un uomo senza alcun istinto paterno.

«Però devo ammettere che il tuo Mauro non è niente male, bambina...» disse rompendo nuovamente il silenzio.

«Sì, lo so...» bofonchiai maledicendolo ancora una volta. Lo odiavo. Odiavo lui, i suoi occhi, la sua accademia del cavolo e sua madre: odiavo tutto di lui. Però, era così bello.

«Abbiamo quasi tutto!» c'interruppe Vania.

«Oddio, la ciocca di capelli!» esclamai ricordandomi degli ingredienti di cui avevamo bisogno.

«Tranquilla, a quella c'ho pensato io prima di uscire dall'aula! Adesso manca solo una cosa ed è fatta! Sei contenta?» Annuii ma mentivo: ero arrabbiata oltre che delusa dall'uomo che amavo e con cui a breve avrei detto sì davanti l'altare. Mi sentivo un'imbecille, la solita stupida capace sempre di metterlo in imbarazzo. Ero profondamente triste e in quei casi c'era solo una cosa in grado di sollevarmi il morale: il tiramisù alle fragole della pasticceria sotto casa.

VISITE DAL PASSATO

I sensi di colpa arrivarono ancor prima di mettere piede fuori dalla pasticceria. L'istinto era stato irrefrenabile. Andava così ogni volta che litigavamo, che non mi sentivo in sintonia con lui. Il che accadeva spesso, ormai. Anche stavolta ero giunta alla stessa conclusione, che non fossimo fatti della stessa pasta, che non fosse l'uomo giusto per me. Ogni volta mi dicevo che avevo bisogno di un uomo più attento per poi giungere alla stessa conclusione: ero io a non essere giusta per lui. Lo pensavo da sempre in realtà, sin dal giorno in cui confidai il nostro primo bacio a Clelia. Aveva avuto un modo tutto suo di manifestare la sua gioia: "Mauro, chi? Quel gran figo con gli occhi azzurri? Ma sei sicura?". Da quel giorno mi avevano accompagnato per tutta la vita frasi tipo: "Sei fortunata ad aver a fianco uno come lui!" o "Ma dai davvero è geloso di te?". Così, a ogni litigio, l'unica soluzione era sempre la stessa: lasciarsi. A quel punto ero in grado di spazzolare via una teglia di tiramisù per otto persone in dieci minuti! Questa volta, per fortuna, non ero sola così, per la vergogna, avevo dovuto limitarmi a una sola porzione. A causa del rammarico non l'avevo nemmeno sentito scendere per la gola. Tornate a Trastevere, trovammo parcheggio a trecento metri da piazza Trilussa, il che era l'ennesimo miracolo del parcheggio facile così che iniziai a sospettare che ci fosse lo zampino di una delle due. Una volta a casa di Vania, mi buttai sul divano. Non lo avevo ancora provato. Tutti quei solchi più o meno profondi facevano sembrare la pelle ruvida e morbida come il palmo di una mano. Vania, mentre chiudeva la finestra, mi domandò come mi sentissi e se fossi pronta al grande giorno. Ma i miei occhi risposero ancor prima che riuscissi a trovare le parole giuste.

«Non dirmi che hai cambiato idea…»

«Non lo so…» risposi stropicciandomi la faccia per mettere in ordine le idee. «Che senso avrebbe?» le chiesi sperando che avesse una risposta più o meno convincente. «In questo momento mi sento solo una povera scema!»

«In alcuni casi non c'è soluzione migliore...» rispose a brucia pelo. «Che avrai fatto una cosa non proprio corretta lo saprai solo tu, ma alla fine avrai il tuo lieto fine... E vissero felici e contenti!»

Le sue parole mi intristirono ulteriormente.

«Non è questo il caso ovviamente...» intervenne Vilma prendendo in mano la situazione. «È normale sentirsi così adesso, non credere che lui non ti ami!» aggiunse sedendosi al mio fianco.

«Sì, ma hai visto come mi ha trattata? A volte si comporta in modo stupido, sembra che si vergogni di me!»

«Gli uomini fanno sempre cose stupide, ma questo non significa che non ci tenga a te, si vede che è un bravo ragazzo e che ti vuole bene» aggiunse spostando la massa di capelli che le era finita sul viso. «Solo che ci tiene tanto anche a questa cosa della musica...»

«Ah, guarda di certo tiene più alla sua chitarra!»

«E allora è normale che sia un poco arrabbiato, quella è la sua scuola! Sai come vanno queste cose quando uno è un poco... timido!»

«"Timido" non è la definizione esatta...» obbiettai. «Sono due giorni che non torna a casa»

«Ho detto timido, non fedele!»

Non replicai: non avevo le forze. Restai in silenzio a fissare i suoi occhi al cacao. Sembravano avere un effetto calmante, quasi narcolettico.

«Ma io non voglio questo genere di uomo al mio fianco!».

«Allora fai qualcosa per cambiarlo!» esclamò. «A volte ci sono cose che richiedono impegno» disse poi prendendomi le mani. «L'importante è che ne valga la pena!».

Le parole di Vilma alla fine mi convinsero. Sarà stata la stanchezza, la rabbia, quella sensazione di vuoto interiore. Saranno stati i suoi occhi al cacao ma improvvisamente mi sentii di nuovo meglio, senza più tutta quella rabbia che mi aveva corroso lo stomaco. Ero dispiaciuta, delusa, ma con un incredibile voglia di sistemare tutto. D'altronde sapevo com'era fatto Mauro: era della Vergine, il classico precisino. Odiava fare scenate in pubblico, avrebbe preferito morire piuttosto che dare spettacolo. Qualcosa era riuscito a sedarmi. Ancora non avevo ben chiari i poteri di Vilma così pensai che gli zuccheri del tiramisù fossero finalmente entrati in circolo.

«Adesso riposati, bambina! Domani devi essere in forma!» Ero esausta, le ore di sonno perso iniziavano a farsi sentire. Distesa sul divano lasciai andare tutto fino a perdere la percezione del mio corpo; le gambe ormai di piombo erano un tutt'uno con la pelle dei cuscini e quando anche le palpebre si fecero pesanti mi sentii come risucchiata dal divano. Mi svegliò, un istante dopo, un rumore sordo in lontananza, il rimbombo di qualcosa di estremamente pesante, l'incessante corsa di una finestra battuta dal vento. No, sembrava più lo sbattere di un portellone in ferro. Qualunque cosa fosse non aveva alcuna intenzione di smettere. Proveniva dalle scale, lassù all'ultimo piano. Quel rumore non avrebbe più smesso se qualcuno non fosse andato a vedere. Aprii la porta di casa e, mettendo un piede sul pianerottolo, ebbi la conferma che il rumore venisse proprio da su, così presi a salire le scale.

Giunta all'ultimo pianerottolo, sulla parete in cemento, vidi una chiave arrugginita appesa a un chiodo tramite uno spago spelacchiato. A sbattere era la porta del terrazzo. Il vento aveva appena finito di farla tornare indietro un'ultima volta lasciandola socchiusa. A giudicare dalla luce che passava da quel misero spiraglio rimasto aperto, fuori doveva esserci una giornata di sole. Non riuscii a resistere alla tentazione. La luce m'abbagliò ancor prima di mettere piede fuori ma, scavalcato lo stipite, toccai qualcosa di morbido. Quando la luce smise di accecarmi, guardando in basso, notai i miei piedi sprofondare sulla sabbia. Di fronte a me una distesa interminabile di sabbia gialla e sopra un cielo infuocato d'arancio: era in corso un tramonto mozzafiato. I raggi del sole ancora caldi si infrangevano sulla sabbia, sui rami e i tronchi degli alberi di pino. Erano altissimi e completamente spogli, morti da un'eternità. Un tramonto del genere non poteva essere sprecato così ma quando cercai il palmare mi accorsi di non avere la borsa.

Non mi restava che fare qualche passo in là; se alla mia

destra il cielo era scaldato da un tramonto incredibile, ciò che scovai voltandomi dall'altra parte non era da meno: nel buio della notte, alla mia sinistra, la luna era già alta. Non rimaneva che godersi lo spettacolo che si stava consumando davanti ai miei occhi. All'improvviso un senso d'angoscia mi assalì alle spalle. Mi sembrò tutto profondamente ingiusto, il sole e la luna separati sin dalla nascita, sin dalla loro creazione, da quel primo Big Bang. Non sapevo esattamente perché ma una profonda tristezza mi sconvolse come non mai. Poi, all'improvviso, di nuovo quella musica, in lontananza. L'avevo già sentita, e anche quella volta sembrava venire da un altro pianeta. Nonostante il mio sguardo fosse ormai perso tra i due orizzonti convergenti, una chiazza nera catturò la mia attenzione, facendosi spazio tra le ombre sulla sabbia. Proseguì verso di me, come se ondeggiasse. Non compresi subito di che animale si trattasse, non finché i suoi occhi non si illuminarono. Con dei lunghi baffi bianchi e le orecchie a punta, si avvicinava sempre più in fretta come se m'avesse appena riconosciuta. Eppure non mi sembrava di averlo mai visto prima di allora. Il suo pelo lucente non ammetteva altri colori se non un nero assoluto. Solo quando fu a pochi metri mi accorsi di una zampetta bianca e nel frattempo, il ritmo della musica, aumentava sempre di più. Fu lì che sentii di esserci quasi, mi mancava poco così, sapevo di conoscerla: un altro istante e l'avrei riconosciuta! Aprii gli occhi e la prima cosa che pensai alzandomi di scatto fu: "il palmare!" Era stato tutto il tempo tra i cuscini sotto di me. Fra i vari messaggi ricevuti ce n'era uno del mio collega di redazione, uno di Clelia e neanche uno di Mauro. Ero spaesata, confusa. Per fortuna, anche se per poco, ero riuscita a chiudere occhio. Mi ricordai di aver sognato, il terrazzo, la spiaggia, quel gatto nero. Sì, c'era anche un gatto e mi aveva puntata da lontano. A lavoro mi avevano dato per dispersa così mi affrettai a tranquillizzare tutti inviando lo stesso messaggio: tutto bene, solo un po' di influenza…mi faccio viva io! E, per essere più convincente, abbondai con i cuoricini rossi, che non sono mai troppi.

«Allora sei viva!» esclamò Vania con la sua vocina stridula.

«Si è già svegliata!?» le domandò Vilma dal bagno.

«Sembra sia stata investita da un tir!» le rispose mettendosi il giacchino sulle spalle.

«Che succede, dove andate?»

«Come mai già sveglia?» mi chiese Vilma entrando in salotto. Mi sentivo confusa, così le domandai che ore fossero. «Le otto e un quarto» rispose Vilma mentre cercava di indossare un orecchino. La cosa mi sembrò semplicemente impossibile, credevo di aver dormito sì e no dieci minuti ma quando lo schermo del palmare si illuminò, con mio grande stupore scoprii che le otto e un quarto erano passate già da tre minuti. Correndo da una stanza all'altra, le due sembravano avere un gran da fare: Vania aveva messo un pantalone nero in pelle e una canotta bianca mentre Vilma aveva semplicemente cambiato colore al vestitino, per il resto era identico a quello con cui quella mattina era uscita dal camerino. Questo, a differenza del primo, era verde con delle stampe floreali. Erano belle, profumate e con le unghie smaltate di rosso. I capelli di Vilma quella sera erano così ricci che sembravano pettinati con l'uncinetto.

«Quando avete trovato il tempo per mettere lo smalto?» dissi sorpresa. «Dove andate? A una festa?»

«No, in pizzeria! Sono trent'anni che non mangio una pizza come si deve! Vieni con noi?»

Non ne avevo la minima intenzione, i sensi di colpa per il tiramisù non mi consentivano di mangiare nient'altro. Ma l'idea di rimanere sola non mi entusiasmava affatto: avrei solo rischiato di deprimermi ulteriormente. «Ok, ma solo per farvi compagnia!»

«Alza le chiappe allora, che si va!»

Per evitare di prendere l'auto, optarono per una pizzeria in zona, la prima che le avesse ispirate a entrare. Mi opposi subito, non potevo permettere di entrare in un ristorante così alla cieca. Cercai di farle ragionare proponendo di cercarne uno su internet con delle buone recensioni.

«Ah, quindi pensi sia meglio che scelga qualcun altro per te?»

«Sì, perché ci dice quante stelle ha!»

A quell punto Vilma schioccò le dita: «Le uniche stelle che vedrai questa sera sono qua davanti ai tuoi occhi, bambina!»

Mi arresi. Dopo aver camminato un po' per le vie del centro

decisero di entrare a tutti i costi a “Du spaghi” un piccolo ristorante la cui caratteristica fondamentale era la possibilità di prenotare solo tavoli per due. Conoscevo quel posto, c’ero già stata con Mauro, e chiaramente era sempre popolato da coppiette. Le avvisai che sarebbe stato un problema far aggiungere un posto ai tavoli. Ma una volta dentro scoprii che i camerieri avrebbero fatto qualsiasi cosa per non farci andare via. Senza bisogno che glielo chiedessimo unirono due tavoli in un batter d’occhi e aggiunsero una sedia in men che non si dica. I figli del signor Franco, il proprietario, per tutto il tempo continuarono ad andare avanti e indietro dalla cucina per assicurarsi che non avessimo bisogno d’altro. Si diedero un gran da fare quella sera, anche troppo per i miei gusti: non ero abituata a un servizio così puntuale ma quando mi accorsi di come le mie commensali avessero monopolizzato l’attenzione di tutti gli uomini presenti in sala, suscitando l’ira delle consorti, compresi cosa stava accadendo. «Quindi è questo che si prova a essere come voi?» dissi divertita. «Efficienza e gentilezza? Certo, così dev’essere tutto più semplice!»

«“Da un grande potere derivano grandi responsabilità!”» recitò Vilma soffocando una risata.

«Bada bellina, che il potere più grande è sempre quello che hai tra le gambe!»

Ridemmo un sacco, come se non ci fosse alcun incantesimo da fare, come se la mia vita sentimentale andasse a gonfie vele. Una rimpatriata tra amiche di vecchia data. Solo che loro si conoscevano da un secolo mentre io, invece, le conoscevo da appena quarantotto ore. Al momento del conto scoprimmo che il vino ci era stato gentilmente offerto dalla casa. Da gran dive promisero ai camerieri che sarebbero tornate presto e a quel punto Vilma corse fuori a fumare. Solo una volta fuori ci rendemmo conto di quanto fossimo ubriache. Così ci incamminammo verso casa, barcollando. Tra una confessione e l’altra, di quelle becere che solo le donne sono in grado di farsi – su quella volta in cui lui aveva fatto cilecca o quell’altra in cui le aveva chiesto di sposarlo ma lei aveva già fatto un biglietto per raggiungere un altro – fui assalita da i sensi di colpa: «Mi sento come se stessi facendo la stronzata più grande della mia vita».

«Bambina, è esattamente quello che stai per fare!» affermò Vilma con la massima serietà che fu in grado di mettere in scena.

«In guerra e in amore tutto è lecito, no?» s'inserì Vania.

«Sì, ma perché allora mi sento un verme?»

«Non sempre quello che è necessario è anche giusto...» rispose Vilma prendendomi sotto braccio.

«Voi cosa fareste al mio posto?»

«Dunque, aspetta che provo a immaginare che un uomo sia stanco di me...» fece Vilma recitando la parte della stronza. «No, scusami, è troppo difficile!» Il vino doveva essere di ottima annata. Vania, invece, ci tenne a darmi il suo parere: mi disse che anche lei aveva avuto la possibilità di fare qualcosa e non servì che aggiungesse altro per capire che fosse tormentata dai rimpianti. Non riuscii a domandarle nient'altro, non ne ebbi il coraggio. Un attimo dopo la vidi arrestarsi di colpo con lo sguardo fisso sulla vetrina di una gelateria dall'insegna fluo.

«No, vi prego anche il gelato no!»

Non avevo ancora digerito i sensi di colpa per il tiramisù. In pizzeria non avevo ordinato nulla se non un'insalata, giusto per prendere qualcosa, anche se poi avevo assaggiato qualche spicchio della capricciosa di Vilma e un pezzetto della focaccia alici e bufala di Vania. Il gelato sarebbe stato veramente troppo. Che gli occhi di Vania non fossero rivolti al bancone dei gelati me ne accorsi solo dopo. Sul televisore maxi schermo sopra la cassa era in onda il notiziario regionale. Le immagini non mi sembrarono affatto nuove. Questa volta doveva trattarsi di una zona di Roma nord. Il corpo della vittima era già stato coperto da un lenzuolo bianco. "Mutilata e poi uccisa: la seconda vittima in meno di 24 ore" diceva la scritta in sovraimpressione.

«Che altro è successo?»

«Ne hanno trovata un'altra...» rispose precipitandosi dentro la gelateria. «Alza, alza!» ordinò alla ragazza dietro la cassa.

"...efferato di questa sera nei pressi della Parrocchia di Sant'Antonio da Padova è avvenuto grazie alla segnalazione di un passante. Il secondo caso in due giorni, si parla già di un serial killer che adescherebbe prostitute nella capitale per poi mutilarle lasciandole senza vita. Questa volta la mutilazione sembra sia stata realizzata agli organi genitali. Inizia a delinearsi l'identikit del serial killer: uomo, sopra i trent'anni, probabilmente con un disturbo psichiatrico di tipo ossessivo-compulsivo."

«Che succede?» le domandai appena uscì dalla gelateria.

«Non lo so, ma la cosa non mi garba per nulla!» rispose pensierosa. «C'è qualcosa...» farfugliò. «Non ne sono certa ma ho come l'impressione...» aggiunse imboccando la via di casa. Non comprendevo cosa le stesse passando per la testa, ma a giudicare dai suoi occhi la cosa era piuttosto seria. «...Che non ci sia uno schizzato dietro questi omicidi!»

«Chi altro potrebbe fare una cosa del genere?»

«Non lo so, ma le due chiese nei paraggi... non credo siano solo coincidenze...»

«Ho pensato lo stesso anch'io...» si unì Vilma accendendo una sigaretta.

«Fate capire qualcosa anche a me?»

Si trattava di due donne mutilate al seno e ai genitali, in entrambi i casi l'omicidio era avvenuto nei pressi di una chiesa. «Magia nera?» domandai incredula.

«Più o meno...» rispose Vania evitando di aggiungere altro. Non volevano spaventarmi ulteriormente. Nonostante il lampione all'angolo, la strada era pressoché al buio, l'idea di un pazzo criminale in giro per la città mi fece venire i brividi. «Oh mamma!» esclamai alla vista di un ratto sbucare fuori dal cassonetto della spazzatura ma giunte al portone, un rumore ci pietrificò all'istante, era quello della suola di una scarpa sui sanpietrini. Potevo sentire il suo respiro alle nostre spalle. A quel punto avremmo dovuto trovare il coraggio di voltarci ma di certo non sarei stata io la prima.

BABILONIA

«*Que mulheres bonitas!*» sussurrò qualcuno alle nostre spalle. La sua voce era ruvida e sabbiosa, presumibilmente quella di un uomo maturo.

«Hermes!» esclamò Vilma prima ancora che ci voltassimo. La sua pelle era dello stesso colore che assume il cacao in polvere sul mascarpone mentre i suoi occhi erano neri come due chicchi di caffè. Per un attimo pensai di avere le allucinazioni. Le labbra carnose e la barba riccia un po' incolta facevano di lui il classico latino dal sorriso disarmante, capace di far tremare le gambe a qualsiasi donna bianca sopra i trentacinque. Non mi era mai piaciuta la categoria "belli impossibili" (non che il mio Mauro non fosse un gran figo, anzi!) ma il prototipo del latino su di me non aveva alcun effetto. La camicia nera e la giacca doppiopetto in principe di Galles, a righine blu e grigie, gli davano un tocco estremamente elegante, quasi regale, la versione esotica del principe azzurro.

«*O mundo è pequeno*!» rispose l'uomo sfoderando un sorriso a trentadue denti. Spalancò le braccia e a quel punto aspettai che si abbracciassero. Ciò non avvenne, così il bell'imbusto fu costretto ad abbassare le braccia. Fu allora che vidi i suoi anelli. Si accavallavano sulle sue dita ricoprendole di pietre preziose dalle diverse tonalità di verde: riconobbi una malachite, due smeraldi d'avventurina, qualche giada tra medio e mignolo e un crisoprasio gigante sull'anulare.

«Chi non muore si rivede...» commentò Vania senza muovere un passo.

«*Você està sempre bonita*!» ripose l'uomo con la faccia da pesce lesso. «*Parece que o tempo nunca passa...*»

«Vuoi dirci cosa sei venuto a fare?» lo interruppe Vilma. I denti di porcellana sparirono all'istante e a quel punto iniziò a improvvisare. Che lo stesse facendo lo compresi dalle espressioni del volto e non di certo da ciò che disse nella sua lingua. Avevo tentato di imparare il portoghese tramite un corso online. Ma per un motivo che non ricordavo più mi ero fermata alla prima lezione. Oltre la lingua sembrava sfuggirmi anche qualcos'altro: Vilma, Vania e mister sorriso stavano comunicando senza alcuna difficoltà usando ognuno la propria lingua. Fu a quel punto che Vilma intercettò il mio sguardo smarrito. «C'è anche lei!» esclamò interrompendolo nuovamente. L'uomo mi squadrò dalla testa ai piedi. «Ok!» disse con aria di sufficenza e come per magia, tutto ciò che uscì dalla sua bocca divenne improvvisamente comprensibile. Non era il momento di chiedere spiegazioni così tacqui e ascoltai.

«La stiamo tenendo sotto osservazione da quasi un anno» disse l'uomo con un'espressione a metà strada tra la preoccupazione e la rassegnazione.

«Dove si trova?»

«Posso solo percepire la sua aura, la sento crescere ogni giorno di più» rispose. «Ma non riesco a vederla!»

«Com'è possibile?» domandò Vilma allarmata.

«Sa nascondersi!»

«Che significa?»

«Non lo sappiamo ancora. Siamo sulle sue tracce, ovunque, in ogni paese, da una settimana abbiamo sentinelle anche in Russia e in Canada…»

«Adesso mi spiego perché sei venuto da me…» sussurrò Vilma dando fuoco a una sigaretta.

«Tu lo sapevi?» l'accusò Vania.

«*Claro que no!*» rispose risentita. «Non ne sapevo niente fino a questo momento!» aggiunse senza togliere gli occhi di dosso al nuovo arrivato. «Una sera me lo sono ritrovato nel mio bar…»

«Ero passato per un saluto…» disse lui con un sorriso da furbetto.

«Adesso mi spiego perché tutte quelle domande!»

«Qualsiasi informazione può essere utile in questo momento» si giustificò. A quel punto fu Vilma a prendere la parola. Ci raccontò che un pomeriggio l'uomo si era presentato al suo bar, mentre era nel bel mezzo di una guarigione. Alla vista di

Hermes, le era scivolata la bottiglia d'olio dalle mani. Ne era rimasta sorpresa: non lo vedeva da anni, dall'ultima volta che Vania le aveva chiesto aiuto con la Wicca. Di quale momento parlasse non lo sapevo: si trattava di Noha? A ogni modo, una volta materializzatosi in casa sua, Hermes, dopo una serie di domande sui suoi clienti e sulle tipologie di servizi richiesti negli ultimi sei mesi, aveva tentato di sedurla pensando di riuscire a ottenere qualche informazione in più. «Per poco non gli davo fuoco come una delle mie sigarette!» ci raccontò Vilma. Solo allora Hermes capì che era ora di togliere il disturbo.

«Forse è meglio parlarne da un'altra parte!» suggerì Vania aprendo il portone. Per le scale, a un tratto, Vania sembrò cambiare idea. «In terrazza si starà benissimo!» disse aprendo la porta di casa. «Preparo una tisana e vi raggiungo». Nessuno obiettò ma, anziché seguire gli altri, decisi di raggiungere Vania.

«Com'è possibile che improvvisamente riesca a comprendere la sua lingua?» le domandai andandole dietro. «Non ho mai studiato il portoghese!»

Sorrise e togliendosi la giacca rispose: «Se per questo neanch'io!»

Non capii cosa la divertisse tanto ma poi mi spiegò: Hermes mi aveva incluso nella conversazione tramite un incantesimo chiamato *babilonia*, che permette a tutti i presenti di comprendere perfettamente la lingua del suo interlocutore.

«Una sorta di traduttore simultaneo!» osservai. Vania mi guardò senza dire nulla, sembrava non avere idea di cosa stessi parlando. «Preparo le tisane e vi raggiungo!» Era ora di raggiungere gli altri. Prima di andar via mi sfiorò un dubbio, un sospetto e ne fui quasi certa: «Vuoi preparare il siero della verità per offrirlo a Hermes, giusto?»

«Ma che siero, non è mica scemo!» rispose dirigendosi in cucina. «Non ho ancora digerito le acciughe! Il signor Franco ci va pesante coi condimenti! Aglio *a bestia*!». Mi incamminai. Mettendo piede sul primo gradino ebbi una sorta di *dejà vù:* il sogno fatto sul divano qualche ora prima. Mi ricordavo ancora di quel cielo a metà tra un tramonto e una notte di luna piena. Ma non solo: mi venne in mente un particolare ben preciso. Mi giunse alla mente mentre salivo l'ultima rampa di scala. Raggiunti gli ultimi gradini, mi trovai di fronte un portone in ferro. Era identico a quello che avevo visto in sogno. *Impossibile,* mi dissi tentando di contenere l'emozione, ma la chiave sulla parete appesa al chiodo tramite uno spago non lasciò spazio a dubbi. Come avevo fatto a sognare quella chiave senza averla mai vita prima? Iniziai ad avere paura, così corsi subito fuori. Sotto i piedi, al posto della sabbia su cui avevo camminato nel sogno, sentii il cemento. Ad accogliermi una piacevole serata primaverile. Nel giro di qualche giorno, sarebbe arrivata l'afa. Uno stormo di gabbiani disturbato dal nostro arrivo continuò a svolazzare sopra le nostre teste per un po' prima di trasferirsi sul terrazzo del palazzo vicino. Sporgendomi dal muretto perimetrale vidi il via vai di gente per le vie di Trastevere.

«Cosa sei venuto a fare?» disse Vilma a bruciapelo ma Hermes si limitò a sorridere senza scomporsi minimamente. «Sempre schietta!» commentò dandole le spalle. «Sai quanto tempo è passato dall'ultima volta che sei stata qui?» aggiunse guardando giù per strada. «Quasi quarant'anni!»

«E quindi?» obbiettò. «Devo chiedere il permesso alla Wicca per venire a trovare un'amica?»

«Non volermene...» rispose mettendo subito le mani avanti. «Lo sai, fa parte del mio lavoro».

«Non provare a pedinarmi!» lo avvisò Vilma senza mostrare alcun timore.

«Nessuno vuole pedinarti» rispose mantenendo un certo *savoir-faire*. «All'improvviso ho sentito le vostre auree vicine e mi sono chiesto come mai, tutto qui» aggiunse sorridente. «Sarei capace di distinguerle tra mille». Mantenendo i nervi saldi, Vilma prosciugò il languore dal suo sguardo in un attimo. «Non so che cosa tu abbia visto però dì alla Wicca che con questa storia noi non c'entriamo un bel nulla!»

«Pronte!» esclamò Vania, sbucando dal buio come un gatto randagio.

«E lei?» domandò l'uomo posando i suoi occhi su di me. «Chi sarebbe, esattamente?

«Lei è Valeria!» rispose Vilma.

«Un'amica» continuò Vania reggendo il vassoio con le tisane fumanti.

«Un'amica...» ripeté venendomi incontro. «Hermes!» disse poi prendendomi la mano.

«Sì, io...Valeria» risposi impaurita.

«*Encantado!*» aggiunse portando la mano alle labbra e a quel punto, chiudendo gli occhi, inspirò come se volesse captare il mio profumo.

«A cuccia!» esclamò Vilma. «Lei non ha nessun potere!»

«Ah no!» confermai. «Io zero proprio!». Ero abituata a sentirmi una buona a nulla. «Così anche tu sei un...?»

«Mago? Stregone? Saltimbanco? Chiamami pure come preferisci!»

«È una spia della Wicca» esclamò Vania. «Delegato, *pardon*!» si corresse quando l'uomo le chiese una tregua con uno sguardo. «Ha fatto molta strada da quando ci siamo visti l'ultima volta...» concluse ed Hermes non aprì bocca.

«Qual è il tuo potere?» gli domandai prendendo coraggio e lui, dopo avermi osservato qualche istante, mi prese di nuovo per mano portandomi qualche metro in là. Intimorita lanciai subito uno sguardo a Vilma che però non batté ciglio. Non appena al di là del muretto riuscii a scorgere la folla tra le vie di Trastevere l'uomo inspirò nuovamente portando in alto la mano destra. Fu lì che accadde per la prima volta: vidi quel bagliore sollevarsi vero l'alto, flebili luci danzanti come fiammelle appena accese sulle spalle dei passanti. Ardenti, di diverso colore, tentavano invano di arrivare al cielo senza però mai staccarsi dai loro possessori spegnendosi poi a un palmo dalle le loro teste. Il gruppo di ragazzini alla fontanella, la coppietta a braccetto davanti la gelateria, i turisti seduti ai tavoli e i camerieri affaccendati: tutti ne avevano una.

«Cosa sono?» domandai estasiata.

«Energia vitale, auree...» rispose l'uomo tenendomi ancora per mano. «O anime, se preferisci».

«Wow!» feci non riuscendo a trattenere l'entusiasmo. «Quelle sono le loro anime?»

«Esattamente!».

Le auree continuarono ad ardere sotto i miei occhi, dolcemente, finché vidi anche quelle di Vania e Vilma. Erano coloratissime, decisamente più brillanti e sfavillanti di quelle che avevo visto giù per strada. Rosa e viola per Vilma, rossa con qualche tono d'arancione quella di Vania, come il tramonto che avevo visto in sogno. Avrei tanto voluto vedere la mia. Provai a immaginare che colore potesse avere, ma non ci riuscii.

«Parlaci di questa cosa…» disse Vilma rompendo la magia del momento. Non appena l'uomo mi lasciò la mano, i colori si spensero in un instante. Quando il mondo tornò a essere il luogo triste e spento in cui avevo sempre abitato l'uomo si fece estremamente serio.

«Ha un'aura oscura come un buco nero» rispose sedendosi sul muretto. «Cresce ogni giorno di più e ha il sapore della vendetta». Cercai di capire dai loro sguardi se la cosa spaventasse anche loro. «Da quel poco che riesco a vedere, si tratta di un'aura giovane… la chiamiamo *la cosa*» aggiunse lasciando qualcosa in sospeso e il silenzio che seguì alle sue parole fu riempito dalla nostra angoscia.

«Qualora dovessimo scoprire qualcosa, sarai informato immediatamente!» disse Vania nella speranza che ci lasciasse in pace. «Ma vedi di non pedinarci!»

«Non è questo l'unico motivo per cui la Wicca mi ha mandato qui» rispose l'uomo e le due si guardarono senza aprire bocca. L'uomo a quel punto si lasciò andare in una sonora risata. «Volete farmi credere che non ne avete idea?» aggiunse facendosi di nuovo serio. «Davvero pensate che due streghe si riuniscono dopo quasi quarant'anni e che la cosa passi inosservata?»

«Ti ricordo che l'Editto dell'Ottantotto è stato abrogato da tempo» rispose Vania perdendo la pazienza.

«L'Editto…» ripeté l'uomo. «Sono stati ritrovati due corpi mutilati nelle ultime ventiquattro ore…» esclamò guardandola fissa negli occhi.

«Cosa c'entrano adesso gli omicidi?»

«Oh, c'entrano eccome! Ma voi ovviamente non ne sapete nulla, non è vero?»

«Non so di cosa tu stia parlando!» rispose Vania risultando

abbastanza credibile.

«Bene» rispose, «sono certo che ne sentirete parlare presto. Nel frattempo sappiate che siete sotto la mia supervisione...» aggiunse giocherellando con l'anello del suo anulare. In un attimo la pietra dell'anello iniziò a emanare una luce verdognola e a quel punto addentrandosi nel buio alle sue spalle l'uomo svanì.

FIORI DI MANDRAGORA

La luminescenza scomparve, lasciando soltanto un lieve bagliore. «Tocca sbrigarsi!» esclamò Vania rompendo il silenzio. Vilma, ancora frastornata dalla visita inaspettata, non se lo fece ripetere due volte. Continuavo a chiedermi che cosa fosse l'Editto dell'Ottantotto. Gli editti, mi spiegò Vilma successivamente, non erano altro che provvedimenti presi dalla Wicca. Quello dell'Ottantotto era stato emanato dopo il processo che le aveva dichiarate colpevoli. Per la congrega, attentare alla vita di qualcuno attraverso la magia nera, era considerato un reato molto grave, punito con la pena di morte. *Primum non nocere* era il principio ippocratico a cui si ispirava la Wicca e a cui i suoi membri dovevano attenersi. Nessuno con la propria magia avrebbe dovuto arrecare danni agli altri in alcun modo. Per tale ragione, i latitanti, nascosti come pidocchi, erano tantissimi e sparsi in ogni parte del mondo.

La morte di Noha era stato un caso particolare. La congrega aveva compreso che dietro la sua dipartita ci fosse l'uso della magia nera e le accuse di tale stregoneria vennero rivolte alle due donne. Ma Vilma e Vania erano innocenti: dopo una lunga indagine si scoprì che il responsabile era il padre di Noha. Eppure, la congrega si era espressa in maniera chiara: le due streghe erano in parte responsabili della morte di Noah. Quando le domandai il motivo di tale accusa, lo sguardo di Vilma si oscurò e fu lì che, per la prima volta lessi il senso di colpa che si portava dentro. Vilma aveva tentato, invano, di curare Noah ma il suo male era troppo grande e, alla fine, aveva convinto Vania a chiedere aiuto alla congrega. Fu Hermes per primo a raccogliere la sua richiesta ma quando Noha si aggravò il caso passò al tribunale della Wicca e, a quel punto, il verdetto fu inesorabile: l'esecuzione del padre di Noha fu disposta nel giro di ventiquattro ore. Pentita di averle dato ascolto, Vania si oppose in tutti i modi a quella sentenza ma il massimo che la Wicca le concesse fu che l'esecuzione fosse del tutto indolore. Noha non glielo avrebbe mai perdonato. Fece di tutto per evitare che ciò avvenisse. Tentarono persino di corrompere Hermes ma quello non fece altro che ricordare loro quale fosse la legge della Wicca. Deluse, le due streghe avevano cercato di fare tutto da sole, ostacolando la Wicca nelle loro attività di ricerca. Erano riuscite anche a depistare le indagini pur di guadagnare tempo per trovare un rimedio, qualcosa che potesse salvare Noha, risparmiando la vita al padre. La loro storia aveva davvero dell'incredibile, ma d'altronde con loro due tutto lo era. La morte di Noha era stato un calvario per entrambe e ciononostante la loro amicizia non era mai naufragata. Si fidavano ancora l'una dell'altra.

«Tu resti qui, bambina?» mi domandò vedendomi ancora lì impalata vicino al muretto.

Il tempo di prendere le giacche e salimmo in auto, pronte a portare a termine la nostra missione. Quando partimmo a tutta birra come delle ladre in fuga Trastevere iniziava a svuotarsi. Dovevamo sbrigarci, prima che la Wicca ci rovinasse i piani. Avrebbe potuto interrogarci per giorni, arrestarci oppure rispedire indietro Vilma seduta stante. Era già accaduto, con l'Editto, il quale aveva disposto il divieto assoluto di avvicinamento reciproco. Chiusi gli sportelli calò uno strano silenzio.

«Dobbiamo preoccuparci?» domandai al primo semaforo.

«No...» rispose Vilma dopo averci pensato un po' su. «E comunque tu non di certo, bambina!».

«È solo un *bischero*!».

«Perché pensa che voi siate coinvolte negli omicidi?».

«È la Wicca che sospetta di tutti, non lui!».

«E allora perché vi ha minacciato?».

«Perché è un *bischero*!» ribadì senza distogliere lo sguardo dalla strada.

«La Wicca osserva tutto e tutti, bambina e se c'è qualcosa che non riesce a spiegarsi allora deve vederci meglio!» Bisognava stare attente, muoversi lentamente per non dare troppo nell'occhio anche perché Hermes non era l'unico a sospettare. «Le sentinelle sono tante e si trovano ovunque».

«Non dare nell'occhio», aveva detto Vilma guardandomi

tramite lo specchietto retrovisore. Mi domandai se l'incantesimo che avevamo intenzione di fare rientrasse o meno in quella definizione.

«Ci sono incantesimi e incantesimi…» disse quando alla fine glielo chiesi. Gli incantesimi non erano tutti uguali: esistevano diversi livelli di magia e l'impressione fu quella di entrare in un terreno alquanto scivoloso. Ciò che riuscii a dedurre fu molto interessante: il livello indicava la potenza dell'incantesimo o, come recitava il libro delle Arti magiche e Divinatorie, "la capacità di alterare la libertà altrui."

«Stronzate!» sentenziò Vania. «La magia è magia…ci sono solo incantesimi necessari e incantesimi ingiusti» aggiunse emanando una ventata di risentimento. Vilma continuò a guardare attraverso il finestrino mentre fuori le macchine lasciavano il centro cedendo il posto al silenzio. Le luci dei lampioni, cadendo giù dai muraglioni del Tevere, si riflettevano sul fiume venendo per lo più assorbite dall'acqua salmastra su cui intanto, aggrappata ai suoi argini, si specchiava la notte buia.

«Quindi quello che stiamo per fare noi…» azzardai.

«Esattamente!» rispose intercettando il mio sguardo dallo specchietto retrovisore.

«Si dà una mano a un *bischero* a essere un po' meno *bischero*!» esclamò Vania.

«Più o meno…» precisò Vilma. «Tecnicamente stiamo violando una legge del codice: quella sulla libertà altrui». Eravamo delle fuorilegge. Giunte alla nostra meta, lasciammo l'auto dall'altra parte della carreggiata, giusto per non dare troppo nell'occhio e, guardandoci attorno, attraversammo in silenzio.

«Prendiamo quello che ci serve e andiamo» disse Vania ticchettando sull'asfalto. «Ci vorrà un secondo!»

Entrando a passo svelto nel giardino perimetrale scoprimmo che la porta secondaria da cui eravamo riuscite a fuggire era stata forzata: i graffi e le ammaccature sul legno annerito la dicevano lunga su quanto c'avessero provato e su come avessero tentato inutilmente di aprirla anche con dell'esplosivo. A ogni modo non erano entrati. I loro metodi non erano riusciti a piegare la magia di Vania: su porte e serrature era una fuoriclasse.

«Ci hanno dato dentro!» commentò Vilma. «Devi averli fatti arrabbiare!» Una volta sbloccata la serratura di ciò che rimaneva di quella misera porticina, ci sembrò impossibile che avesse resistito a un tentativo di scasso così coatto. «Quindi c'eri anche tu quel giorno?» mi domandò avvicinandosi.

«Sì, è stato terribile, volevano ucciderci!»

«Mmh» fece pensierosa, «e come mai, secondo te?» mi chiese abbassando il tono della voce mentre Vania iniziò a darsi da fare.

«Non ho ancora capito il motivo in realtà...» risposi. «Mi ha solo detto qualcosa a proposito di una casa farmaceutica, un problema di conflitti di interessi...»

«Farmaceutica?» ripeté. «Interessante...» aggiunse poi sbuffando un po' di fumo dalla bocca. In testa le frullava qualcosa e lo capii dal modo in cui i suoi occhi iniziarono ad ardere. Vania nel frattempo continuò a girare per casa cercando ovunque, nei cassettoni del comò, sotto il letto, nei pensili della cucina, perfino tra le padelle, ma dei fiori di mandragora sembrava non esserci traccia.

«Trovato!» urlò dalla cucina tra il rumore di pentole e padelle e dopo un po' riapparì con un sacchettino di stoffa in mano, sventolandomelo sotto il naso. Aveva un profumo conosciuto.

«Sa di rosmarino!».

«Sì, la mandragora l'ho terminata!» rispose lasciandomi di stucco. Non ebbi il tempo di realizzare che Vilma s'intromise. «E così ti sei data di nuovo alla farmaceutica!» le spiattellò in faccia. L'espressione di Vania non lasciò spazio a fraintendimenti e Vilma a quel punto non ebbe bisogno di fare ulteriori domande. Nel tentativo di sviare il discorso Vania, aprendo la porta, pronunciò un timido: *possiamo andare*. Ma si illuse pensando che Vilma gliel'avrebbe fatta passare liscia.

«*Ahì mi vida! No me lo puedo creer*!» Non ce l'aveva fatta proprio a trattenersi. «Come ti passa per la testa di fare una cosa tanto stupida?»

«*Ovvia* Vilma, non è questo il momento!» tagliò corto facendo segno di uscire.

«Mi avevi giurato di aver chiuso con quelle pillole magiche…»

«Sono cambiate tante cose…» rispose guardandola dritta negli occhi.

«Sapevi che ti avrebbero trovato prima o poi! Non puoi giocare con queste cose! *Santa Madre de Dios*, Vania! Non puoi metterti contro una banda di narcotrafficanti!»

«Narco che?» domandai. «Pillole magiche?»

«Sì, pillole della felicità! Come le chiamate qui?».

«Ecstasy…» sussurrai. La donna dai capelli di fuoco in realtà era una spacciatrice. «Ti prego, dimmi che non è vero…»

«E invece sì!» esclamò spazientita. «Ce l'hai un'idea di quanti ne muoiono lì fuori?» incalzò poi sgranando gli occhi. «Dieci? Cento?» aggiunse lasciando la maniglia della porta. «Cinquecentodiciassette solo l'anno scorso!».

«*Santa madre de los peccadores*!» imprecò Vilma voltandosi dall'altra parte. «Non puoi lasciare che di queste cose se ne occupi la polizia?».

«La polizia!» esclamò. «Continuerebbero a morire lo stesso!».

«Non puoi salvarli tutti solo perché non sei riuscita a salvare lei!» Tuonò a quel punto la voce di Vilma. Fu nella frazione di silenzio che seguì che ebbi come l'impressione di sentire qualcosa, la eco delle loro voci sui marmi. Congelata in un'espressione di sgomento Vania non ribatté nulla questa volta. Nell'attesa che qualcuno parlasse, mi sembrò di sentire di nuovo qualcosa. «Perché non ne parlate un'altra volta?» proposi sperando di calmare gli animi ma ovviamente nessuna delle due mi diede retta. Probabilmente non mi sentirono nemmeno. Fu così che iniziai ad avvertire la paura, quella sensazione d'angoscia: sarebbe successo a momenti, qualcosa di terribile, di irrimediabile. Quando arrivò fu come una cannonata al petto, un terrore improvviso che non riuscii a trattenere dentro: «Chiudi!» urlai fino a strapparmi le corde vocali. Vania non fece in tempo a voltarsi che una sagoma più grande di lei apparve alle sue spalle. Uno degli uomini di quella sera stava per piombarle addosso con tutta la sua stazza quando con uno scatto Vania riuscì a chiudergli la porta in faccia.

«Siete morte!» esclamò l'energumeno assestando il primo pugno. «Tanto a 'sto giro t'acchiappo!»

Guardai Vania e Vania guardò me. Nessuna delle due riuscì a crederci, stava succedendo di nuovo! «Non riuscirà a sfondarlo!» cercò di tranquillizzarci mentre l'uomo continuava a scagliarsi con forza contro la porta. «È blindato da un incantesimo!»

«Sono chiuse dentro!» disse l'uomo a quel punto. «Ce n'è anche un'altra!». L'uomo era in compagnia di qualcuno.

«Rimanete qua!» comandò il primo. Erano più di due.

Vilma si riprese dallo shock iniziale e a quel punto cominciò a guardarsi attorno in cerca di una via di fuga. «Le vetrate!» esclamò sollevando lo sguardo quando una raffica di colpi si abbatté sul portone principale. L'altare in marmo fu il posto più sicuro sotto cui nasconderci. «Questa è una pistola!» dissi iniziando a tremare e una seconda scarica ci fece stringere nuovamente.

«Vai via!» disse Vania afferrando la testa di Vilma tra le mani. «E porta lei con te!»

«No!» le rispose con le lacrime agli occhi. «Non ti lascio qui, sai che non potrei tornare a prenderti subito dopo, quindi inventati qualcosa. Tu puoi farlo! Trova qualcosa che li distragga: concentrati, Vania!» Ma nel panico più assoluto non le venne in mente nulla.

«*Dinero*, soldi, soldi! Sono trafficanti, accetteranno dei soldi, no?» propose Vilma. Non avrei mai immaginato di morire per mano della criminalità organizzata. Non fu l'immagine di me riversa su una pozza di sangue che mi fece male né la faccia di Mauro alla notizia al telegiornale quanto quella di mamma. Dopo nonno e nonna avrebbe perso anche me. Con la terza scarica di colpi l'odore di legno bruciato ci raggiunse informandoci che mancava davvero poco. Mi ricordai le sue parole «gli ingressi sono blindati!»

Se nei miei occhi a quel punto si riaccese la speranza, su quelli di Vania calò il buio. La nuova scarica di colpi non le diede il tempo di rispondermi ma al suo sguardo non servì aggiungere altro. Aveva blindato solo l'ingresso secondario, il portone principale non sembrava avere bisogno di rinforzi in effetti, a meno che una banda di criminali non avesse tentato di buttarlo giù a cannonate! Nessuno avrebbe saputo la verità, del perché ci trovassimo lì. Nel frattempo i tre dalla pistola erano passati ai calci: al terzo colpo ben assestato la serratura andò in frantumi e a quel punto non gli restò che infilare un braccio per disinserire il fermo in ferro battuto. La luce dei lampioni entrò disegnando le ombre dei tre uomini sul pavimento.

«*N'do stanno?*» disse il primo a entrare.

«Tenete d'occhio l'uscita!» ordinò l'energumeno camminando a passo svelto. Eravamo in trappola.

Vilma ci tappò la bocca con le mani, fu l'unica a trattenere le lacrime e a quel punto iniziò a parlarci direttamente dentro le nostre menti. Afferrandoci la testa tra le mani ci spiegò il piano, lei li avrebbe distratti correndo verso l'uscita secondaria. Una volta fiondati su di lei, io e Vania saremmo dovute scappare da quella principale. A quel punto Vilma si sarebbe teletrasportata all'esterno aspettandoci fuori.

«Trovatele!» comandò l'uomo barbuto ribaltando il letto e così il piano di Vilma, per quanto folle, restò l'unica opzione, anche se più che un piano per salvarci era un'impresa kamikaze. Non sarebbe servito a nulla ma Vilma ci convinse che avrebbe funzionato. Camminando sulle ginocchia avanzò di qualche centimetro dopo di che poggiò un piede per terra e fu pronta a darsi lo slancio.

«Che diavolo...» disse uno dei tre colto di sorpresa. «E tu chi cazzo sei? Vedi di andartene!» aggiunse l'altro e sul pavimento si disegnò una quarta sagoma. Fu allora che afferrai Vilma per una caviglia. L'ombra era quella di un uomo o forse di una donna, dal corpo magro e spigoloso. Quando, senza dire nulla, l'ombra si mosse mettendo piede dentro la cappella, gli altri andarono su tutte le furie. «A testa de cazzo, ho detto vedi *d'annattene!*» ribadì quello più vicino all'ultimo arrivato. Dopo di che caricò la pistola puntandogliela addosso. Ciò che da quel momento in poi riuscimmo a vedere fu la nuova ombra muovere una mano, di scatto. Non partì nessun colpo così, ignare di quanto stesse accadendo al di sopra delle nostre teste, continuammo a guardarci negli occhi. Il silenzio che seguì fu interrotto da una specie di rantolo. Fu allora che le ombre degli altri due cominciarono a indietreggiare. Dopo una manciata di secondi l'uomo con la pistola stramazzò al suolo. Quando il suo corpo cadde davanti a noi il viso agonizzante dell'uomo si svelò in tutto il suo orrore: i suoi occhi sembravano diventati di cera. Vuoti, come se qualcuno ne avesse cancellato le pupille, mi fissarono senza più vita. La pelle bluastra sembrava quella di un morto affogato e portato a riva dalla corrente. Nel silenzio abissale sopra di noi stava accadendo qualcosa di strano e i due energumeni sembravano aver perso improvvisamente la parola. Poi l'ombra dell'ospite sgradito iniziò ad avanzare verso gli altri due, lentamente. Era il loro turno. Prima l'uno poi l'altro scapparono verso l'uscita secondaria ma una volta raggiunta la porta sul retro non riuscirono ad aprirla: l'incantesimo di Vania li aveva bloccati dentro, erano in trappola. Quando a passo lento l'ombra li raggiunse riuscimmo finalmente a vederlo: si trattava di un uomo dal corpo esile e l'andatura instabile. Qualcosa a una gamba gli impediva di procedere spedito. Mentre avanzava lentamente, gli occhi dei due spacciatori, ormai con le spalle al muro, si riempirono di terrore. Non avevano armi, non avevano scampo: con lo sguardo di due vitelli al macello non riuscirono a fare altro che attendere che li raggiungesse. Quando ciò avvenne non emisero alcun suono, nemmeno un urlo di terrore. Il mostro li sfiorò con le mani e quest'ultime aderirono sui corpi dei due uomini come ventose, una al petto, l'altra al collo. Soffocarono immediatamente, senza far rumore come topi sott'acqua. Il primo ad accasciarsi crollò precipitando sulle proprie ginocchia per poi andare giù sul pavimento svuotato di ogni energia. Anche i suoi occhi erano diventati di cera. L'altro, il più giovane, resistette di più e fu allora che capimmo che era necessario sbrigarci. La prima a fuggire fu Vania. L'essere mostruoso non si accorse subito di noi continuando così a spremere l'uomo fino all'ultima goccia di vita. Eravamo appena uscite da quella maledetta cappella quando Vilma diede un calcio alla serratura del portone sul pavimento.

«Corri!» gridò non appena mi voltai. «Non fermarti!»

Lo feci e, girando attorno al perimetro della cappella, riuscimmo a raggiungere il cancelletto. Quando mi voltai di nuovo Vilma non c'era più. Nonostante mi mancasse il fiato, riuscii a urlare il suo nome. «Vilma, dov'è Vilma? Non la vedo!»

«Pensa a correre!» esclamò Vania attraversando la strada. Proprio in quel momento un autobus in arrivo mi tagliò la strada e così, nella speranza di vedere Vilma dietro di me, mi voltai un'altra volta trovandomi di fronte quella specie di mostro. Mi mancò il respiro. Fu quella la prima volta che vidi il suo viso. Era squadrato e spigoloso, con degli zigomi alti e ossuti. La sua pelle sembrava consumata come uno straccio vecchio. L'aspetto emaciato e le macchie scure sul volto, al collo e alle mani che in qualche modo cercava di coprire con gli indumenti, mi fecero pensare subito ai casi di pellagra che avevo visto in TV. Sotto la giacca verde a quadri, una camicia a maniche lunghe abbottonata fino all'ultimo bottone gli nascondeva il dorso delle mani e il collo. Per le macchie al viso non era riuscito a trovare nessun escamotage. I capelli impomatati e portati indietro avevano un aspetto unto, come la sua pelle grassa e piena di croste dall'aspetto squamoso. Trenta, quaranta, cinquanta. Decifrare la sua età fu praticamente impossibile. Ciò che fu chiaro sin da subito, per via dell'andatura, fu il problema alla gamba: zoppicava ma veniva dritto verso di me. Ciò nonostante, era riuscito quasi a raggiungerci. Provò ad aprire il cancello inutilmente. Allora si arrampicò sulla recinzione aggrappandosi alle fronde dell'edera. Di Vilma nessuna traccia: l'unica spiegazione che mi diedi fu che avesse ucciso anche lei. Avvolta dalla nuvola di polvere sollevata dall'autobus, mi imposi di essere forte e di non pensare a lei. Dovevo solo correre. Aveva accettato di aiutarmi senza neanche conoscermi come potevo non preoccuparmi per lei? Lottai con me stessa per togliermi dalla testa l'immagine dei suoi occhi di cera ma quando l'autobus passò i suoi occhi erano lì, dentro la mia auto, dove ci stava aspettando. «Sali dietro bambina, guido io!» urlò aldilà del vetro del finestrino. Vania era già arrivata allo sportello posteriore quando dalla tasca dei *jeans* tirai fuori la chiave dell'auto. Un attimo prima di raggiungerla tolsi le sicure agli sportelli e a quel punto entrammo entrambe dallo stesso lato.

Una volta dentro il mostro ci raggiunse picchiando sul vetro del finestrino con le sue mani in decomposizione.

«Vai! Vai! Vai!» gridai avvicinando la chiave al sensore di avviamento e Vilma finalmente mise in moto. «*Ve a tomar por culo hijo de puta*!» urlò abbassando il finestrino e, sgasando come la mia auto non aveva mai fatto fino ad allora, ci portò in salvo.

IL CIELO DI DOMANI

Sfrecciammo a tutta velocità fino a raggiungere gli archi in fondo la strada. All'incrocio Vilma sterzò di colpo così io e Vania totalmente sotto shock continuammo a scontrarci l'una contro l'altra per un po'. Lasciandoci alle spalle la Piramide di piazzale Ostiense ci voltammo a guardarla col cuore ancora in gola: illuminata dalla luna piena di quella sera, era più bella e inquietante che mai, ma a quel punto iniziammo a credere di averla scampata.

«Cosa diavolo era quello?» chiesi riprendendo fiato.

«*Un chupa-alma de mierda*!»

«Chupa che?» ripetei nonostante avessi capito benissimo.

«Cosa pensi sia successo a quei tre?» s'inserì Vania una volta che le tornò la parola.

«Com'è possibile che sia accaduta una cosa del genere?» sussurrai spaventata. «Insomma, credevo si trattasse solo di incantesimi e maledizioni…»

«Quella è stregoneria, bambina!» rispose Vilma mentre si accendeva l'ennesima sigaretta. «Una magia vecchia come il mondo…» aggiunse dopo la prima boccata. Se il suo intento era quello di calmarmi, non ci riuscì. «Però…» si chiese a quel punto, «perché?».

La domanda era più che legittima: perché era venuto lì? Mi accorsi di non sentire più le gambe; per non venire prosciugata da quell'essere immondo avevo corso fino a sentirle esplodere. Ma non era finita, c'era una domanda a cui dare una risposta: cosa voleva da noi? «Mi sa che Hermes si è scordato di dirci qualcosa!» esclamò Vania e, in quel preciso istante, al posto del passeggero, vidi lo spazio tra il sedile e il parabrezza implodere su sé stesso, venendo come risucchiato da un'altra galassia. Le nostre urla, assieme all'ondeggiare dell'auto da una parte all'altra della carreggiata, fecero scappare via i gabbiani sui cassonetti di viale Aventino ancor prima che li raggiungessimo. Saremmo morte insieme una dopo l'altra con gli occhi di cera spalancati nel vuoto? Oppure saremmo morte per lo schianto? A ogni modo sarebbe finita male, anzi malissimo.

Ma una volta preso forma, il nuovo arrivato si unì al coro delle nostre urla. «Sono io! Sono io!» gridò alzando le mani e quando il fiato in gola finì scoprimmo che l'essere condensatosi dal nulla come alito sul parabrezza non era il mostro succhiatore di anime ma Hermes, cosa che rincuorò tutte noi. Tutte tranne Vania che subito si lanciò all'attacco. «Figlio di una gran maiala!» esclamò prendendolo a ceffoni da dietro. «Potevi dircelo che ci vogliono morte!»

«Non ne sapevo nulla!» rispose cercando di parare qualche colpo. «Lo giuro!»

«Stronzate!» continuò Vania senza dargli un attimo di tregua e per un istante ebbi la sensazione che aspettasse quel momento da sempre.

«Non ne sapevi nulla?» inveì Vilma su tutte le furie. «Un'aura del genere la sentiresti pure dalla luna!»

«È schermato!» rispose in fretta prima che arrivasse un altro colpo. «Anche lui! Come la cosa...» aggiunse riuscendo finalmente ad afferrare i polsi di Vania. «Non riesco a sentirlo» spiegò a quel punto. «Neanche adesso che siamo a pochi chilometri di distanza!»

«Com'è possibile?» gli chiese Vania arrestandosi.

«Non è una cosa alla portata di tutti» rispose lui. «Ma è possibile!» proseguì lasciandole i polsi. «In compenso ho percepito le vostre auree e ho capito che eravate in pericolo, così mi sono precipitato» concluse.

«Tempismo da record!» commentò Vania ricomponendosi.

«Ehi! Ho anche saltato il dolce!» esclamò ingenuamente. Sentii Vania soffocare una risata di disprezzo. Vania aveva ragione, di mister sorriso non ci si poteva fidare, nemmeno della Wicca.

«Beh, come si dice? Tutto bene ciò che finisce bene! No?» esclamò rischiando che Vania gli mettesse le mani al collo.

«Bene una corno!» ribatté. «Ci si stava per rimanere secchi!».

Per descrivere l'abominio a cui avevamo assistito "secchi" era proprio l'aggettivo giusto. Eppure quando Hermes riaprì bocca ciò che sentimmo ci sconvolse ulteriormente.

«Mi è stato dato ordine di condurvi alla Wicca...» confessò senza girarci attorno.

«*Ve a tomar por culo*!» rispose Vilma aggiungendo qualche altro sproloquio incomprensibile. Vania optò per il silenzio, così si limitò ad abbassare il finestrino.

«È per la vostra sicurezza! La Wicca vuole proteggervi» tentò di spiegare consapevole che convincerle sarebbe stato impossibile.

«Stronzate!» commentò Vania.

«Non abbiamo bisogno di nessun aiuto» aggiunse Vilma.

«Avete visto cosa è in grado di fare...» disse l'uomo confidando in un minimo di buon senso.

«Se per questo, la Wicca è capace di peggio!» sentenziò Vania.

«Vi troverà!».

«*Tonterias*!» rispose Vilma accendendo un'altra sigaretta.

«Sapeva esattamente dove trovarvi...» affermò giocando la sua carta migliore. A quel punto nessuna delle due fiatò.

«Cosa succede se rifiutiamo?» intervenni cercando di fare ordine fra i pensieri.

«Nulla...» mi tranquillizzò. «Che lui prima o poi vi troverà!»

«Qual è la loro proposta?» domandò Vilma continuando a guardare dritto.

«Non c'è nulla da proporre!» l'anticipò Vania. «Alla mia età non ho bisogno né di badanti né di *baby-sitter*!»

«È la Wicca!» gli ricordò. «Sapete come funziona...»

Io non avevo la minima idea di come funzionasse ma il tono di Hermes non lasciò intendere nulla di buono, né tanto meno il silenzio che calò in auto.

«Ascolteremo cosa ha da dirci, allora!» decretò Vilma in maniera del tutto inaspettata. «A patto di essere libere di scegliere» aggiunse, seria.

«Ve lo garantisco!».

«Ah, beh allora siamo in una botte di ferro!» commentò

Vania guardando fuori dal finestrino mentre Vilma sbuffò un po' di fumo dalla bocca: «Inutile chiederti quando vogliono riceverci...»

«Vedi che allora lo sai come funziona?» rispose soddisfatto.

«Maledizione!» imprecò Vania colpendo il sedile anteriore e a quel punto Vilma sterzò all'improvviso «Tieniti forte, bambina!».

«Sei molto fortunata» mi disse Hermes guardando in alto, verso il Palatino. «Non è da tutti avere un tale privilegio!» aggiunse compiaciuto e così ebbi la conferma che eravamo diretti alla Wicca. Sfrecciammo ancora una volta lasciandoci alle spalle le luci del circo Massimo. Vilma si destreggiava alla guida con grande disinvoltura. Erano passati molti anni da quando era venuta in città, eppure sembrava conoscerla come le sue tasche. Dopo qualche minuto, guardandomi attorno, ebbi la sensazione di trovarmi a casa. Osservando fuori dal finestrino, vidi la Basilica di San Giovanni. *Chissà se Mauro è tornato?* mi domandai. Fu a quel punto che mi ricordai del palmare. Non lo usavo da ore, così iniziai a rovistare in borsa certa di trovare un suo messaggio. Non poteva continuare a ignorare la mia assenza. Mi sbagliavo.

«Dove si trova questo posto?» dissi delusa, lasciando cadere il cellulare in borsa. C'eravamo quasi, ma Hermes continuò a mantenere un alone di mistero. Conoscevo bene il mio quartiere: doveva trattarsi di un posto insospettabile, eppure a giudicare dalla frenata di Vilma, eravamo arrivati. In un gran baccano fatto di rotaie e ruote frenanti, il tram numero 3 ci passò davanti proprio in quell'istante. «Siamo vicino casa!» esclamai scendendo dall'auto. Hermes disse che era meglio lasciare l'auto nello spiazzo di Santa Croce in Gerusalemme. «Non ditemi che si trova qui!» feci tutta eccitata. Sapevo che quella chiesa nascondeva qualcosa di losco, mi aveva sempre trasmesso una strana sensazione.

«Calma, bambina non siamo ancora arrivati!»

A quel punto Hermes andò avanti capeggiando la fila e Vilma lo seguì dando fuoco all'ennesima sigaretta. In fondo alla fila Vania si trascinava con l'espressione di chi spera di essere colpita da un meteorite. «Quanto manca?» domandai stremata.

La fuga dal mostro mi aveva sfiancato. Non ricevendo alcuna risposta, compresi che il livello d'ansia generale era decisamente alto. Giunti allo storico edificio d'epoca fascista, ispirato all'antica Roma, questo ci sovrastò con tutta la sua mole, squadrata, mastodontica. Alzando il mento lo vidi incombere su di noi: SPQR ANNO MCMXXXIII, diceva la scritta in bronzo lassù in alto. *Se potessi comprarlo ci farei una scuola di musica,* diceva Mauro ogni volta passando da lì. Io ci vedevo un bel hotel a cinque stelle. Quel gigantesco cubo di pietra aveva qualcosa di misterioso. I lastroni in pietra, gli archi, le vetrate: tutto l'insieme gli conferiva un fascino incredibile. Era stato costruito nel 1933, lo sapevo perché subito dopo il trasloco mi ero documentata su Wikipedia. Tecnicamente non era altro che un serbatoio dell'acqua. Guardandolo così da vicino, il richiamo alla struttura dell'acquedotto romano, per via di quelle due fasce longitudinali in pietra rossa, fu più evidente che mai.

«Restate indietro!» ordinò Hermes fermandosi agli scalini. Al di là di un cancello arrugginito, intravidi un portone blindato. Una volta giunto all'ultimo scalino, abbassò lo sguardo. Per un attimo sembrò che gli fosse caduto qualcosa e invece uno dopo l'altro iniziò a muovere i suoi mocassini lucidi facendoli scivolare come pattini sul ghiaccio. Solo allora mi accorsi delle insenature sull'ultimo gradino: ero certa non ci fossero un attimo prima. Si rivelò essere un insieme di blocchi di pietra incastrati tra loro in grado di scorrere l'uno di fianco all'altro. Dopo averli fatti scorrere qualcosa iniziò a muoversi nella profondità del terreno: il rumore era quello di grossi blocchi di pietra che cambiano posizione; mi ricordò quello degli ingranaggi di una cassaforte. Non feci in tempo a chiedere spiegazioni che il cancello si aprì.

«Svelti!» esclamò Hermes mentre da lontano iniziò a giungere il suono di un'ambulanza in avvicinamento. La prima a varcare il cancello fu Vilma, seguita da Vania. Hermes mi fece segno di darmi una mossa. Una volta chiuso il cancello alle mie spalle la sirena dell'ambulanza smise improvvisamente di fare baccano: qualcuno aveva premuto il tasto "*mute*" del telecomando e questa volta Vilma non c'entrava nulla. Le luci lampeggianti continuarono ad alternarsi colorandoci le facce di blu e rosso. Un attimo dopo mi accorsi che anche gli altri suoni della strada si erano spenti. Pensai che tra le sbarre del cancello vi fossero dei vetri insonorizzati ma, passando una mano tra di esse, presi atto che non vi fosse nulla.

«Da questa parte!» disse Hermes indicandoci la direzione e in un attimo ci trovammo all'interno dell'edificio. Per un istante mi sembrò di vivere come una sorta di *dejà vu*. Eppure ero certa di non essere mai stata lì. Poi c'arrivai: qualcuno aveva avuto la mia stessa idea, trasformando quel posto in un hotel a cinque stelle. L'interno doveva essere stato ristrutturato da pochissimo. Mi sembrò davvero impossibile che non mi fossi accorta di nulla, praticamente passavo lì tutti i santi giorni. L'interno dell'edificio era proprio come l'avevo immaginato: legno, pietra e luci soffuse. Le ampie vetrate ad arco si lasciavano attraversare dalla luce cinerea della luna che, come rugiada, bagnava le foglie grandi come orecchie di elefante delle strelizie distribuite qua e là nelle *hall*. Al desk, un grande cubo in legno massello, c'era qualcuno ad attenderci ma rapita da quell'atmosfera non riuscivo più a smettere di girare col naso all'insù. «Bambina!» mi urlò Vilma da lontano. Aumentai il passo. Avanzando, mi accorsi che c'era qualcosa di strano: la pianta dell'edificio non sembrava così ampia vista da fuori, ma accelerai lo stesso. Una volta raggiunto il gruppo, trovai Vania a braccia conserte qualche metro indietro. Vilma ed Hermes invece sembravano intenti a parlare con qualcuno.

«Avete fatto prima del previsto!» disse una vocina squillante. Al che Hermes iniziò a vantarsi delle sue capacità persuasive.

«A quest'ora non c'è traffico...» si inserì Vania obbligando Vilma a intervenire: «Diciamo che non ci piace farci attendere...»

Avanzando di qualche passo, raggiunsi Vilma e fu solo allora che riuscii a vedere la bambina con un turbante in testa con cui lei ed Hermes stavano parlando. Avrà avuto all'incirca otto anni, dieci al massimo ma per i modi con cui si interfacciava ai suoi ospiti avrei potuto dargliene sessanta. Il foulard avvolto sul capo era bianco come la sua carnagione lattea.

«Che bella bambin...» tentai di dire venendo subito interrotta da Vilma. «Lei è Valeria, una nostra...»

«Sì, ne siamo al corrente!» disse la bambina con fare da saputella. *Siamo chi?* pensai visto che a parte lei non c'era nessun'altro.

«Bene, dunque, non è un problema se...» aggiunse Vilma cogliendo subito l'occasione.

«Per il momento no!» rispose senza degnarmi di uno sguardo. «Da questa parte». La seguimmo fino a quello che doveva essere la porta scorrevole di un ascensore. Dunque, c'erano altri piani! Quando la porta si aprì, ad accoglierci un signore ben vestito, in abito da cerimonia grigio e camicia di seta bianca. «Buonasera!» disse l'uomo muovendo il suo baffo bianco simile a quello di un tricheco. «Anzi, buona notte!» si corresse con fare distinto e sembrò che la cosa lo divertisse.

«Buonasera, Yves!»

«Bentornato, dottor Hermes!»

«Dottore...» ripeté Vania palesando tutto il suo disprezzo.

«Ci vediamo al terzo!» ordinò la mocciosa che a quanto pare non sarebbe venuta con noi in ascensore.

«Ci stringiamo!» dissi ottenendo una gomitata da parte di Vilma.

«Bambina, tu adesso devi solo ascoltare...» mi sussurrò prima che le porte dell'ascensore si chiudessero.

«Dacci un taglio!» sbraitò Vania stomacata al che Hermes decise di intervenire: «Vi consiglio di riflettere prima di aprire bocca da ora in poi...».

«Oh, senti questo... M'avete proprio stufato!»

«Quanto è passato dall'ultima volta?» aggiunse a quel punto fregandosene del suo disappunto.

«Molto...» si affrettò a rispondere Vilma prima che Vania lo mandasse al diavolo.

«Allora un giro panoramico è d'obbligo!» aggiunse divertito. «Yves facciamo fare un tour alle signore?»

«E come no, dottore!» rispose l'uomo avviando l'ascensore. Quando quest'ultimo partì non avvertimmo alcun movimento.

«Mi sa che non funziona!» dissi un attimo prima che arrivasse il primo "din" e, a quel punto, le porte si aprirono. Uno spazio buio senza fine si aprì davanti ai nostri occhi. La luce soffusa non consentiva di distinguere esattamente dove terminasse il pavimento: era a scacchi bianco e nero. Si riuscivano a distinguere perfettamente le alte scaffalature in abete chiaro, le si poteva seguire con lo sguardo fino in fondo lungo tutto il perimetro della stanza.

«La nostra biblioteca» proclamò Hermes orgoglioso, «conta più di duecento milioni di volumi».

«Cosa?» esclamai colpita. «Più della British di Londra?»

Io e Mauro eravamo andati a visitarla qualche anno prima. La guida ci aveva spiegato che all'interno si trovavano chilometri di scaffali. A giudicare dalla difficoltà con cui si riusciva a distinguere quelli più lontani, questa doveva contenerne almeno il doppio. Le porte dell'ascensore si richiusero all'improvviso. Ripartimmo e il secondo "din" arrivò un istante dopo. Non potevamo esserci mossi davvero! Eppure quando le porte si aprirono al posto degli scaffali questa volta ci trovammo di fronte una distesa verde interminabile, chilometri e chilometri di prato inglese appena tosato. Non un sasso, nemmeno un ciuffo d'erba fuori posto. L'immenso prato inglese era sormontato da un cielo grigio che prometteva tempesta. Le nuvole gli gravitavano sopra disegnando sull'erba grandi ombre cangianti. La fitta schiera di nuvole nere all'orizzonte, percorsa dalle scariche di fulmini e saette, non preannunciava nulla di buono. Doveva trattarsi di un campo da golf. In confronto quello di Elon Musk era l'aiuola della piazzetta sotto casa. L'idea che a quel punto mi feci fu che chiunque fosse ai piani alti avesse un serio problema di autostima, unica spiegazione alla megalomania generalizzata di quel posto.

«Questo è l'ex campo delle esercitazioni!» disse Hermes malinconico. Doveva essere il fiore all'occhiello di quell'edificio. Non era il solo a essersi incupito: anche Vilma e Vania sembrarono piuttosto turbate, spaventate avrei detto. Persino Yves aveva perso il suo sorriso nascosto sotto i baffi. Aldilà della meteoropatia, mi sfuggiva qualcosa. Mi spiegarono che quello non era un cielo qualsiasi. Già, perché in realtà era frutto della magia di quel posto. Ammirandolo si poteva vedere il futuro.

«È il cielo di domani» aveva detto Hermes con una certa preoccupazione. Come una palla di cristallo, solo che questa non si guarda da fuori ma da dentro. La schiera di nuvoloni neri in arrivo sembrava mossa dalle lame rotanti di un frullatore elettrico, il che non fu per nulla incoraggiante. Nessuno sapeva esattamente cosa volessero indicare, si era a conoscenza, però, del momento in cui erano arrivati, ovvero all'inizio della Decima Piaga. Per limitare il diffondersi delle notizie ed evitare climi d'allerta, la Wicca aveva deciso saggiamente di trasferire le esercitazioni in un altro piano. In totale l'edifico contava centouno piani – ci spiegò Hermes – e quello era il centunesimo. Quei nuvoloni neri ci lasciarono uno strano senso di angoscia. Quando arrivò l'ultimo "din" la saputella era già lì ad attenderci. A piccoli passi ci condusse per un corridoio alto e lungo dalle pareti fatte di specchi e il pavimento in resina nera. Passando poi per l'unica porta che incontrammo durante il tragitto, entrammo in una stanzetta dal soffitto piuttosto basso. Agli angoli, due grosse candele proiettavano ombre giganti sul soffitto. Una volta raggiunta la scrivania, molto più alta di lei, la mocciosa iniziò ad arrampicarsi sulla sedia al di là di questa. Aggrappandosi ai braccioli riuscì a prendere posto velocemente sistemandosi poi la gonnella. La scena fu al quanto bizzarra ma per fortuna prima che mi scappasse una risata, Vilma mi fulminò con lo sguardo.

«Accomodatevi!» disse una volta preso possesso del suo trono. «Bene» aggiunse. «Nonostante le resistenze previste, eccovi qua!»

Non sapendo cosa dire, ci scambiammo uno sguardo in cerca d'aiuto. Toccò a Vilma prendere la parola ancora una volta. «Abbiamo saputo che la situazione è grave…»

«Grave lo era fino a qualche settimana fa» la corresse la saputella. «Nelle ultime quarantotto ore la situazione è precipitata in maniera irreversibile» spiegò.

«Sappiamo anche questo…» rispose dando prova delle sue capacità diplomatiche, dopo di che ci pensò Vania a rovinare tutto. «Che c'avete chiamato a fare?»

«Ci piacerebbe sapere come possiamo esservi d'aiuto…» cercò di recuperare Vilma.

«La vostra rimpatriata non è passata inosservata!» rispose la stronzetta. La conoscevo da cinque minuti e già sentivo di odiarla.

Hermes ci aveva avvisato che la Wicca avrebbe chiesto spiegazioni «E come prevedibile sono venuti a cercarvi!» aggiunse.

«Come fanno a sapere di noi?» le domandò tirando fuori una sigaretta.

«Sebbene Hermes sia uno dei migliori non è l'unico in grado di captare le aure, non escludiamo che tra loro vi sia qualcuno dotato di questo potere».

«Loro!» mormorò Vania. «Quanti diamine sarebbero?».

«A questa domanda purtroppo non sappiamo ancora dare una risposta. Speriamo di riuscirci nelle prossime ore». Presi coraggio e alzai la mano per fare una domanda. «Perché sono venuti a cercarci?».

La risposta fu più semplice di ciò che credessi. «Pensano che siate legate alla Wicca, sostanzialmente vi vedono come potenziali avversari». In poche parole chiunque fosse quel mostro schifoso pensava che Vilma si trovasse in città per un'operazione della Wicca.

«Si vede che non mi conoscono!» commentò Vania.

«Sanno che siamo sulle loro tracce» spiegò la piccoletta. «E all'arrivo di Vilma hanno fatto due più due» aggiunse poi.

«Che sapete di quell'essere schifoso?» le domandai con la voce tremante.

«Il suo nome è Alastor» rispose ancora una volta senza guardarmi in faccia. Quando, sospettosa, Vania le chiese come facessero a conoscere il suo nome, le rispose che erano riusciti a captare una conversazione avvenuta tra due di loro. «Alastor è un nome d'arte...» proseguì. «Risale al Grimorio Anonimum del XVIII secolo».

«La classificazione di Wier!» esclamò Vania lanciando uno sguardo a Vilma.

«Esatto!» rispose la piccola strega. Come al solito non ci stavo capendo nulla ma volevo sapere anch'io come stavano le cose. «Potete spiegarmi per favore di cosa parlate?».

Dopo un attimo di gelo in cui la mocciosa finalmente mi guardò negli occhi iniziai a capirci qualcosa. «Wier nel suo *Pseudomonarchie demonum* del 1953 riprende la classificazione delle gerarchie demoniache» mi spiegò e per essere l'inizio stavamo messi già al quanto male.

«Demoniache?» dissi preoccupata. Sempre secondo questo Wier – che a quanto pare aveva passato la vita a contarle tutte, una per una – le entità demoniache erano all'incirca settemilaquattrocento, scoprii quella notte, tutte comandate da settantanove principi. Alastor, definito come "l'esecutore delle condanne", era uno di questi.

«Ma quindi...» provai a dire.

«No» mi interruppe prima ancora di formulare la domanda. «Non si tratta di un vero demone ma di uno stregone con un nome fantasioso! Chiaramente si tratta di stregoneria molto potente ma per il momento non sappiamo altro».

«Ma perché rifarsi a delle entità demoniache...» le domandai ritrovando il mio fervore giornalistico, «se quello che ha scritto questo Wier è solo frutto della sua fantasia?» Seguì uno strano silenzio. «Sì, insomma su questo almeno non ci sono dubbi, giusto?».

«A questo punto...» riprese la saputella ignorandomi. «Vorrei presentarvi il Colonello per gli ultimi aggiornamenti: sarà lui a spiegarvi come procedere».

«Ehi, ehi!» fece Vania alzandosi in piedi. «Qui come procedere lo decidiamo noi!»

«*Corazón*!» la riprese Vilma riportandola al suo posto.

«Comincia ad allargarsi troppo per i miei gusti!».

«Non sarete obbligate a fare nulla che non vogliate» ci garantì prima di scendere di nuovo giù. Per qualche motivo a noi ancora sconosciuto confidava pienamente nelle capacità persuasive di questo sedicente Colonnello e a quel punto, non avendo alternative, la seguimmo.

IL COLONNELLO

Camminando sui suoi passetti corti, la piccola saputella raggiunse svelta la porta dietro la scrivania. Quella porta alle sue spalle non c'era mai stata, ne ero certa. Ma a quel punto il certo e l'incerto sembravano diventati così sovrapponibili che non gli diedi più importanza. Ci disse di seguirla, certa che l'avremmo fatto. Fu così. La porta iniziò ad aprirsi e una luce bianca ci inondò dai piedi in su. I nostri occhi ci misero un po' ad adattarsi al bagliore prima che riuscissimo a vedere cosa ci fosse al di là di quella porta. Quando iniziammo a mettere a fuoco, scoprimmo un vero e proprio campo di addestramento. Mettere piede in quell'enorme spazio fu come entrare in un enorme scatola bianca. Le pareti erano di un bianco assoluto, asettico. Nessuno sarebbe stato in grado di comprendere a che altezza si trovasse realmente la volta. Avanzammo in assoluto silenzio e l'unico suono fu quello delle suole in cuoio di Hermes.

«Colonnello...» disse Fatima guardandolo dal basso come una formica guarda una montagna. Il Colonnello era un omone tutto d'un pezzo. Un gigante dalla vetta imbiancata. Il bianco sparso qua e là tra barba e capelli gli dava il fascino dell'uomo maturo. La mascella squadrata e i suoi occhi arrabbiati riuscivano a incutere timore a chiunque li incrociasse. Forse per questo la piccola saputella era certa che non avremmo osato contraddirlo, conosceva il potere del suo sguardo ma evidentemente anche quello del suo sex appeal. Un po' per la mimetica un po' per il suo sguardo severo, non riuscii a guardarlo negli occhi neanche per un secondo.

«Fatima» rispose al di là della sua scrivania marcando la T con un vocione possente. L'espressione era quella di uno che è stato appena disturbato. Nonostante il nostro arrivo continuò a guardare la superfice della sua scrivania fatta interamente di vetro: non era altro che un grande monitor *touch-screen*; a un angolo di quel sofisticato centro di comando, una tazza di tè ancora fumante era stata abbandonata pericolosamente in bilico. Alle sue spalle, giù in fondo, un gruppo di atleti si scaldavano facendo *stretching*.

«Vi lascio al Colonnello!» disse a quel punto la piccoletta scambiando uno sguardo d'intesa con Hermes prima di andar via. Quando Hermes lo raggiunse dietro la scrivania la differenza di età fra i due fu evidente, ciononostante trovai le rughe intorno agli occhi del Colonello incredibilmente sexy.

«Ivan...» fece Hermes rivolgendosi a lui come due che si conoscevano da una vita. Il Colonnello ricambiò con un cenno del capo. «Il Colonnello è un pilastro portante della Wicca dal 2022, anno in cui si è distinto per il suo coraggio. Durante l'attacco missilistico alla città di Serhiivka il Colonnello ha portato in salvo ben centoventidue civili». Solo a quel punto si sentì in dovere di alzare lo sguardo. «A questa sono seguite molte altre missioni concluse con successo» aggiunse Hermes. «A Zaporizha nel 2023 e a Yurivka nel 2025, tutte operazioni non ufficiali parallele a quelle della NATO».

«Inutile guardare passato...» intervenne il Colonnello con un accento marcatamente dell'est. «Meglio parlare di presente!»

«Il Colonnello è un esempio di modestia oltre che di coraggio!»

«Tu invece un gran leccaculo!» sussurrò Vania alle mie spalle. Hermes finse di non sentirla e a quel punto il Colonnello arrivò al dunque.

«Qualche ora fa siamo riusciti a intercettare auree sospette con intensità superiore alla norma» ci spiegò guardandoci negli occhi una a una. «Nostra squadra non è ancora riuscita a localizzare posizione esatta» aggiunse con un'impercettibile smorfia di stizza continuando a omettere tutti gli articoli. «Pensiamo che siano schermate anche loro, come *cosa* che seguiamo da mesi». I suoi occhi erano sul punto di lasciare quelli di Vilma per passare ai miei quando abbassai lo sguardo in tempo fingendo di osservare le immagini sul monitor. Tra le finestre sovrapposte sullo schermo vidi alcune cartine geografiche della città e delle immagini satellitari. In una riconobbi il grande raccordo anulare. Con dei pallini rossi erano state messe in evidenza alcune aree: l'Aurelia, l'Ardeatina, L'Appia.

Una volta messe al corrente del legame tra Alastor e *la cosa*, Hermes entrò nello specifico. «Alastor dunque non è il solo!» concluse. «La squadra telecinetica sta fornendo dettagli che depongono per una forza *sine materie*» aggiunse facendo una pausa. «Energia» tradusse vedendo la mia espressione spaesata. «Pura essenza priva di ogni forma, un non vivo» concluse.

«Né morto né vivo…» suggerì il Colonnello.

«Potrebbe trattarsi di uno spirito?» intervenne Vilma.

«Potrebbe!» le rispose il Colonnello prima che all'improvviso gli balenasse in mente qualcosa. «Attenzione, tazza!» disse incrociando il mio sguardo.

«Quale tazza?» domandai facendo un passo indietro. Fu in quel preciso istante che urtai con il gomito la tazza facendola precipitare al suolo.

«Penseremo dopo ad asciugare!» disse a quel punto il Colonnello.

«Mi dispiace!» esclami vergognandomi come una ladra. «Dovrei avere dei fazzoletti…» cercai di recuperare senza però riuscire a finire la frase. Aveva detto "penseremo dopo ad asciugare". Come faceva a sapere ciò che avrei detto? Ma soprattutto come faceva a sapere che avrei urtato la tazza ancora prima che ciò accadesse?

«Che razza di magia è questa?».

«Il Colonnello può vedere il futuro imminente» ci spiegò Hermes. «Riuscendo ad anticipare le mosse dell'avversario: è così che in Donbass si è conquistato il soprannome di "Ivan il terribile"».

«Quando riuscirò a prevedere momento in cui Alastor vi troverà sarà comunque troppo tardi!» sentenziò anticipando Vilma ancor prima che aprisse bocca. «Vi assicuro che vi troveranno!»

«Non avete altra via d'uscita che unirvi alla Wicca!» concluse Hermes.

«Non ci penso minimam…» fece Vania beccandosi una gomitata di Vilma.

«Non è un'alleanza che vi offriamo…» riprese il Colonnello sfiorando il monitor. «Ma protezione, Alastor ha già ucciso tre dei nostri!» aggiunse mostrandoci le foto dei loro corpi inermi. Solo uno aveva gli occhi di cera, gli altri al contrario avevano gli occhi sbarrati come se avessero visto la morte in faccia, come in un incubo a occhi aperti. «Non pensate di essere più fortunate...» concluse. «Sarebbe un grosso errore!»

«Le siamo grate Colonnello!» affermò Vilma nel tentativo di cambiare discorso. «Ci sdebiteremo con una tisana rilassante» aggiunse lasciandosi andare in un sorriso ammiccante. «Come saprà già Vania ha un dono per gli infusi...»

«Ho sentito dire che fanno miracoli...» rispose sorridente. Aveva funzionato!

«Colonnello, siamo pronti!» urlò il ragazzo dal mento appuntito qualche metro più in là. Aveva una cadenza meridionale e i capelli lunghi legati in un codino. Quando i nostri occhi si incontrarono per la prima volta abbassò immediatamente lo sguardo. Fu allora che conobbi la sua timidezza. Ciò che mi colpì in un primo momento furono le macchie scure al volto. Solo quando ci raggiunse insieme agli altri scoprii che si trattava, in realtà, di tatuaggi: un asso di picche sotto l'occhio destro e uno di fiori a sinistra. Ne era pieno anche sul collo e sulle mani. Fu Hermes a presentarci alle nuove leve della Wicca. Tra loro anche una ragazza dai tratti asiatici. La carnagione chiara e la forma ovale del viso la facevano somigliare a una bambola di porcellana.

Arrivando al momento dei saluti il Colonnello in uno slancio di cavalleria venne fuori dalla sua scrivania porgendoci la mano. Fu allora che ci accorgemmo di ciò che aveva tenuto nascosto fino ad allora. L'uomo di roccia era in realtà per metà d'acciaio, anzi titanio. Le protesi in titanio nerissimo si estendevano dall'anca in giù. Sembravano prelevate dalla carrozzeria di una moto di grossa cilindrata. La parte terminale era composta da una lamina ricurva e molleggiante. Mi tornarono in mente le para-olimpiadi per cui nonno andava matto. "Guarda come corrono con quelle gambe di ferro!", diceva eccitato come un ragazzino davanti la televisione. La potenza di quei corpi mutilati lo esaltava. Quando il Colonnello si congedò, con la sua stretta di mano ci diede un assaggio della sua potenza.

Hermes ci accompagnò all'uscita. Era quasi l'alba e s'iniziava già a boccheggiare. Prima di entrare in auto giurammo che avremmo fatto in fretta. Una volta chiuso lo sportello sentii il corpo cedere alla stanchezza. Ero esausta. Potevo farcela, dovevamo solo raggiungere casa di Vania, prendere qualche cambio e tornare alla Wicca. O almeno così speravo. Già, perché in realtà le forze mi abbandonarono ancora prima che riuscissi ad accendere l'aria condizionata. Una volta appurato di non aver ricevuto nessuna chiamata da parte di Mauro, un sonno profondo, mai provato prima, mi costrinse a fermarmi. Allarmandosi immediatamente le mie compagne di avventura cercarono subito di aiutarmi. «Sto bene» risposi. «Ho solo tanto sonno» fu tutto ciò che riuscii a dire prima di cedere a quella stanchezza atavica. Così poggiai la testa sul volante e chiusi gli occhi. Fu a quel punto che Vania mi infilò in bocca una delle sue caramelline magiche, al caffè con un retrogusto di zucchero a velo e liquirizia. Aprii gli occhi dopo qualche istante. Vania mi aveva rifilato un'altra delle sue diavolerie. Mi ripresi e come se nulla fosse mi sentii di nuovo carica di energie. Ripartimmo e in auto ancora una volta piombò il silenzio. Non fu una buona idea chiedere loro cosa ne pensassero della proposta del Colonnello. Allora non avevo ancora capito come funzionasse con Vania: più sentiva di non avere scelta e più avrebbe fatto il diavolo a quattro per sottrarsi alla volontà della sorte, anche se in questo caso era un diavolo a volerci fare a pezzetti. Fu Vania a rompere il silenzio questa volta: «Me ne avevano parlato della piccoletta…» disse dal nulla.

«E cosa ti hanno detto?»

«Che è una piccola stronza!»

«Né morto né vivo…» sussurrò Vilma ripetendo le parole del Colonnello. «È per questo che non riescono a mettersi in contatto…» aggiunse come se le stesse frullando qualcosa in testa. Vania non disse nulla. Iniziavo a capire come funzionasse tra loro; riponevano molta fiducia nel loro sesto senso. Poi, però, fu a lei che arrivò l'intuizione: «In realtà un modo ci sarebbe…» disse afferrandomi il polso. «La chiesa delle anime del purgatorio!»

«*Claro*!» esclamò Vilma. «"Né vivo né morto", come le anime del purgatorio…» aggiunse tirandosi su dal sedile. Non ne avevo mai sentito parlare ma a quanto pare esisteva davvero: la chiesa del Sacro Cuore del Suffragio, era stata rinominata così dopo l'incendio divampato al suo interno nel 1800 qualche anno dopo la sua costruzione. Tra i resti carbonizzati della cappella dedicata alla Vergine del Rosario qualcuno, dotato di una fervida immaginazione, sostenne di aver visto l'immagine di un volto umano dall'espressione infelice, credendo così che si trattasse dell'anima di un uomo appena defunto. Da allora un missionario iniziò a raccogliere per tutta Europa oggetti che testimoniassero avvenimenti analoghi donandoli poi alla chiesa che prese così il nome di museo d'Oltretomba finché la collezione non ricevette la benedizione di San Pio X, certo che quel luogo potesse richiamare fedeli da tutto il mondo. Conoscevo quella chiesa. L'avevo vista almeno cento volte, con il suo stile gotico, le punte, le statuette e il rosone centrale. Era impossibile non notarla passando da lì. Anche perché per via delle dimensioni ridotte, in mezzo ai palazzoni del Lungo Tevere, dava subito all'occhio. Quando parcheggiammo, il portone della chiesa era ancora chiuso. Così non ci restò che aspettare. Nell'attesa che le porte dell'aldilà si aprissero, mi tornò in mente quel vecchio film americano in cui un giocatore di football, dopo un incidente stradale, si ritrova in paradiso scoprendo che il suo angelo custode l'ha chiamato prima del dovuto per errore. «Il Paradiso può attendere!» esclamò Vania quando chiesi loro se lo conoscessero. La città iniziava a svegliarsi e con lei anche l'afa della stagione estiva che quell'anno aveva deciso di arrivare in anticipo.

Una volta spento il motore oltre la ventata di calore proveniente dai finestrini, si fece avanti nuovamente quella stanchezza annientatrice che avevo sentito prima. Una forza sovrumana iniziò a risucchiarmi nuovamente da dentro, più forte e ostinata di ogni mia volontà. Se solo avessi chiuso gli occhi mi sarei spenta per sempre, così lottai con me stessa tentando di resistere il più possibile. Nel silenzio che prese il posto dell'agitazione di quelle ultime ore, alla fine smisi di lottare capitolando miseramente. Non appena mi arresi arrivò la pace. Poi una luce si accese laggiù in fondo, oltre la parete in pietra. Giunsi così a una sorta di cella, un tugurio quattro per quattro, a terra un secchio in ferro arrugginito. In un angolo buio intravidi qualcosa: ciò che a prima impressione mi era sembrato un cumulo di ossa si rivelò essere il piede di uno scheletro seduto su un cubo di pietra. Le ossa dei polsi erano ancora ammanettate. Era morto lì, ancora con i vestiti addosso. La veste era quella di una donna: solo così compresi che si trattava di una "lei." Mi svegliai di scatto, Vania e Vilma erano lì a scrutarmi preoccupate. Nel frattempo la chiesa aveva aperto le sue porte, così scendemmo subito dall'auto: il Purgatorio non poteva più attendere!

MESSAGGI DALL'ALDILÀ

«Siete sicure che non sia una cosa pericolosa?» dissi chiudendo lo sportello ma la mia domanda non ricevette risposta. La chiesa aveva qualcosa di inquietante, a tratti minaccioso, ma superata la cancellata in ferro entrammo senza pensarci troppo. Dentro quella piccola chiesetta tra i palazzoni del Lungo Tevere, si nascondeva una Notre Dame in miniatura. Le vetrate colorate e la luce soffusa fecero sì che ci immergessimo in un'atmosfera del tutto mistica. Il silenzio tombale e l'odore di incenso nell'aria ci ricordarono che una volta varcato il portone d'ingresso ci saremmo trovate in un'altra dimensione. Le colonne austere, i lampadari sospesi, la statua della Vergine in fondo con la mano tesa: tutto lasciava credere che quel luogo celasse qualcosa di invisibile. Probabilmente fu la suggestione a trasmettermi un senso di smarrimento ma per fortuna Vania prese subito le redini della situazione andando avanti per prima. Non sapendo dove andare, puntò il vecchietto seduto all'ultima fila. Fu lui a indicarci la strada per la sagrestia: la collezione era conservata lì.

Sulle pareti rivestite da una carta da parati ingiallita, che a giudicare dalle sue condizioni era ancora quella originaria del 1800, in delle bacheche in legno illuminate da qualche faretto, si trovavano esposti vari oggetti e cimeli con tanto di descrizione: un libro con una mano impressa sulle prime pagine; le impronte infuocate lasciate sugli abiti di una certa Isabella Fornari badessa delle Clarisse di Todi; la federa di un cuscino marchiata a fuoco dall'anima di una suora morta di tisi nel 1894 e altre reliquie tra cui le tracce lasciate dal passaggio di una defunta sugli abiti del marito. Le impronte infuocate andavano decisamente per la maggiore, ne trovammo anche molte altre come quelle impresse in una camicia da notte appartenuta a un uomo, lasciate dalla madre appena defunta. Durante la notte lo spirito della donna era apparso al figlio rimproverandolo per la sua vita dissoluta; fatto che a quanto pare lo colpì così tanto da tornare sulla retta via e morire poi in “odore di santità”.

«Ma dai!» esclamai fermandomi qualche passo indietro. «Chi ci crede a queste storie?».

«Silenzio!» fece Vilma portandosi una mano a un orecchio. In quel preciso istante posai lo sguardo su un dettaglio del tutto irrilevante: un piccolo ricamo sull’angolo di un fazzolettino di seta, ingiallito, affisso in bacheca. Si trattava semplicemente di un’iniziale puntata, una L per l’esattezza. Stavo quasi per andare avanti quando sulle pagine bruciacchiate del libro accanto, dal secondo rigo ormai quasi sbiadito, spiccarono tra le altre una N e, subito dopo, una O e poi di nuovo un’altra N qualche rigo più in basso. Senza nemmeno accorgermene, misi in fila le lettere. Il risultato finale fu: NONNA. Iniziavo a stravedere: mi passai una mano sulla faccia stropicciandomi gli occhi e fu allora che mi ricordai della caramellina al caffè di Vania. *Chissà cosa c’era dentro!* dissi tra me e me un attimo prima che accadesse ancora. Una lettera per volta davanti ai miei occhi si compose di nuovo la stessa identica parola “nonna”. Poi si aggiunse nuovamente la lettera L, quella del ricamo del fazzolettino, seguita subito dopo da una E accentata. Il gran finale arrivò con le ultime tre lettere: “nonna L è qui”. Non potevo crederci: *Nonna L è qui*, continuai a ripetermi opponendomi con tutta me stessa all’unica interpretazione possibile.

«Ok» esclamai staccando subito gli occhi dalla teca, «vi aspetto fuori!». Non feci in tempo a voltarmi che vidi Vilma indietreggiare tappandosi le orecchie con entrambe le mani: qualcosa le stava perforando i timpani.

«Oh, che ti piglia?» le domandò Vania andandole incontro ma Vilma a occhi chiusi sembrava non riuscire più ad aprir bocca. «Voci» sussurrò facendo uno sforzo immane.

«Che dicono?»

«Parlano tutte insieme…» rispose confusa. Qualunque cosa fosse per fortuna passò subito. «Troppa energia qui» disse riaprendo gli occhi. «È passato, ora è tutto ok!». Ciò non mi tranquillizzò affatto e fu lì che me ne resi conto: quello non era il luogo giusto in cui recarsi in compagnia di due streghe. «Andiamo via!» dissi continuando a dare le spalle alla bacheca per evitare di guardarci dentro.

«Un momento!» esclamò lanciando uno sguardo a Vania. Qualcosa mi diceva che quello sguardo d'intesa tra loro non avrebbe portato nulla di buono. A quel punto si avvicinarono prendendosi per mano. Continuarono a guardarsi negli occhi finché i loro nasi non furono sul punto di sfiorarsi. Dal labiale capii che stavano recitando qualcosa. Qualunque cosa avessero intenzione di fare questa volta me la sarei fatta sotto dalla paura. Onde evitare di guardarle, mi voltai trovandomi di nuovo faccia a faccia con la bacheca. Non era stata una mossa astuta quella di voltarmi ma, per fortuna, non accadde nulla. Nulla finché non sentii Vania esclamare: «È lei!».

Col cuore in gola e le mani sudate, mi convinsi a dare un'occhiata, sperando di non ritrovarle appese al soffitto a testa in giù. Niente di tutto ciò: solo Vania e Vilma ancora mano nella mano, nulla di cui allarmarsi, insomma. Se solo non ci fosse stato quel piccolo dettaglio dei loro capelli fluttuanti per aria. Galleggiavano in totale assenza di gravità, come se fossero percorsi da una corrente elettrica da 220 volt, la stessa probabilmente che stava mandando in tilt l'impianto elettrico: le luci della sagrestia sembravano impazzite.

I faretti non avrebbero resistito ancora per molto se avessero continuato ad accendersi e spegnersi in quel modo. Immobili e del tutto inespressive Vanie e Vilma erano come in una sorta di trance. Mi fiondai su di loro senza avere la minima idea di cosa fare ma, per timore che la corrente prendesse anche me, mi arrestai ancor prima di cominciare. «Che faccio?» urlai sperando che ovunque fossero potessero sentirmi, ma nessuna delle due batté ciglio. «Cazzo, cazzo, cazzo!» esclamai fregandomene che in chiesa qualcuno mi sentisse. La chioma di Vilma continuava a fluttuare per aria. *Datti una mossa!* mi dissi guardandomi attorno. Fu allora che vidi qualcosa di utile in un angolo: un estintore. Mi lanciai su di esso afferrandolo con tutta la mia forza. Pesava tantissimo ma riuscii a tirarlo giù.

A quel punto avrei solo dovuto capire che cosa farci. Così mi voltai. Stavano ancora lì esattamente come le avevo lasciate, con le dita inserite dentro la presa della corrente. In quell'istante sentii muoversi qualcosa alle mie spalle o almeno questo è ciò che percepii; fu solo una sensazione, frutto della suggestione del momento. Che quel posto si prestasse a facili suggestioni era abbastanza evidente, soprattutto da quando i faretti avevano iniziato ad accendersi a intermittenza come le luci di una discoteca. Eppure avevo la sensazione che alle mie spalle stesse accadendo davvero qualcosa, ne ero certa. Sentii il cuore battere all'impazzata. *Non voltarti!* mi dissi in preda al terrore. Qualunque cosa fosse si trovava ormai a pochi centimetri dal mio orecchio così capii di non avere altra scelta. Con la coda dell'occhio provai ad andare in avanscoperta. Qualcosa di simile a una mano fuoriusciva dalla parete calzando la carta da parati come un guanto in lattice. Per la paura non riuscivo più a muovere le gambe. Intanto la parete continuava a deformarsi sotto la spinta di un corpo dalle sembianze umane. Riuscivo a intravederlo al di là dell'intonaco. Quando finalmente riuscii a fare un passo in avanti mi voltai. Fu allora che la vidi per la prima volta, le sue sembianze erano quelle di una bambina: dopo la mano e il braccio era la volta della testa. Tentava di venire fuori. Sotto la spinta di quel corpo scheletrico, la carta da parati continuava a deformarsi, aderendole addosso come una pellicola in *latex*. Nel terrore disarmante l'unica cosa che riuscii a fare a quel punto fu gridare, così forte che in qualche modo svegliai entrambe dal sonno in cui erano cadute. I ricci di Vilma rimasero elettrizzati fino a che non entrammo in auto.

«Ma che diavolo vi dice la testa?». Misi in moto e, tanto per cambiare, nessuna delle due si degnò di rispondermi.

«Stai calma!» protestò Vania alzando la voce. «Per fortuna non è successo nulla!»

«Quella cosa che ha tentato di afferrarmi uscendo da una parete lo chiami nulla?»

«Era lei…» ci interruppe Vilma.

«Lei chi?».

«La cosa…» rispose Vania, «cos'altro sennò?»

«Si può sapere che cosa voleva da me?»

«Non vuole te! Si è sentita chiamata ed è arrivata!»

«E chi l'ha chiamata?» dissi sgranando gli occhi. «Non ci

credo, siete state voi…».

Ero sconvolta, più dalla mia ingenuità che dalla loro incoscienza.

«Potevate avvisarmi che saremmo andati a risvegliare spiriti malefici!»

«Non è uno spirito» mi corresse Vilma.

«Che razza di mostro sarebbe allora?»

«Non è neanche un mostro…» precisò. «Solo un'anima…»

«Cioè quella cosa orripilante sarebbe l'anima di qualcuno?»

«Ed è pure parecchio incazzata!»

«Dios mio quanto odio tiene en su corazón!». Affermò Vilma provata da tutto il dolore che aveva sentito, così le domandai se si trattasse di una strega. Prima di rispondere ci pensò. «Questo non lo so bambina, quello che sappiamo è che si trova da qualche parte bloccata dentro il suo dolore».

«Forse è morta ed è rimasta bloccata qui…» azzardai dall'alto delle mie competenze sul soprannaturale.

«Né morta né viva!» fu la sua risposta. Questo era l'unica cosa su cui eravamo certe. Cosa significasse davvero non lo sapevamo ancora. Le loro conoscenze a quel punto terminavano lasciando il posto a un immenso punto interrogativo. Ciò che era chiaro a tutti è che da quel momento per noi le cose erano cambiate. Chiesi loro se l'avremmo rivista.

«No, a meno che tu non abbia intenzione di tornare per la messa della domenica!» rispose Vania. Tutte quelle domande la infastidivano, ancora non sapevo che detestasse non avere le risposte. Per ciò che ne sapevo io, i guai eravamo andati proprio a cercarceli, lì dove era impossibile non trovarne. Si chiamava "chiesa delle anime del purgatorio" e noi eravamo andate alla ricerca di qualcosa che stava a metà strada tra la vita e la morte: e ovviamente non si era fatta attendere. In quelle ultime ore era successo di tutto. Dal tramonto all'alba il mondo aveva svelato il suo lato nascosto. Vilma e Vania decisero che dovevo sapere cosa avessero visto durante lo stato di trance. Non c'era solo *la cosa* ma anche il mostro "succhia anime". Avevano visto Alastor in mezzo a una folla di gente dal viso coperto. Non erano riuscite a capire chi fossero finché non avevano visto membra umane sanguinanti sull'altare di una chiesa. Improvvisamente era tutto chiaro. Si trattava di una setta, la stessa che stava macellando vittime nei pressi di quelle chiese. Ciò che non riuscimmo a spiegarci, in quella calda e soffocante mattina, fu cosa c'entrasse *la cosa*. A ogni modo dovevamo assolutamente correre alla Wicca per raccontare quanto ci fosse accaduto.

«Carlotta, abbassa la temperatura interna!» disse Vania con tono minaccioso. «E tu, invece?» aggiunse nell'attesa che Carlotta obbedisse. «Che t'è preso?». Finsi di cadere dalle nuvole. «Niente, sarà stata la suggestione…»

«Non c'è peggior suggestione di chi crede nella suggestione!» recitò Vilma guardando fuori dal finestrino.

«Quelle lettere» dissi poi ripensandoci. «Sembrava volessero dirmi qualcosa…»

«Quali lettere?» domandarono in coro. Provai a spiegare loro quanto era accaduto, ciò che avevo visto, o credevo di aver visto, delle lettere che avevano composto la frase: "nonna L è qui".

«Dai, è ridicolo!» esclamai vedendole pensierose. Più che ridicolo mi sembrava scontato. Cosa potevo aspettarmi che accadesse mettendo piede in una chiesa ribattezzata "delle anime del purgatorio", di cui si vociferano racconti su defunti che cercano di mettersi in contatto con i vivi, se non che la mia mente andasse immediatamente alla mia amata nonna? Se non a lei, a chi? Era stato il mio faro nella notte per gran parte della mia vita e lo era tutt'ora. Bastava vedere con chi mi trovassi adesso.

«Certo che è ridicolo!» mi fermò Vania. «Lo è se pensi ci sia davvero tua nonna dietro!» aggiunse tentando di aumentare manualmente la potenza dell'aria condizionata dopo che Carlotta l'aveva totalmente ignorata. «Oh Carlotta, tu sei una *fava*!» imprecò premendo pulsanti a casaccio.

«In che senso?» le domandai cercando di darle una mano.

«Nel senso che non era certo la Livia a muovere le lettere!» La questione diventava sempre più preoccupante. «La tua nonna a destinazione c'è già arrivata da un pezzo e ci metto la mano sul fuoco che ovunque si trovino, lei e tuo nonno litigano ancora come il primo giorno!». Quell'immagine mi fece sorridere.

«È stato solo un modo per attirare la tua attenzione!»

sentenziò a quel punto lasciandomi perplessa.

«Dunque uno spirito dell'aldilà mi ha parlato?»

«C'ha provato, ma non hai voluto ascoltarlo!».

BUON SANGUE

Dovevamo tornare dal Colonnello e raccontare tutto alla congrega. Non avevamo altra scelta. Vania si oppose, sostenendo di non avere alcun dovere nei confronti della Wicca. Non per la Wicca, le fece notare Vilma, quanto per noi stesse: Alastor era sulle nostre tracce. Per fortuna, in quella mattina afosa e appiccicosa, vinse la maggioranza. Non avevamo altra scelta ma prima avevamo qualcosa di più urgente da fare: cibarci! L'ultima volta era stato con il tiramisù alla fragola farcito di sensi di colpa seguito da qualche trancio di pizza. Poi avremmo dovuto lavarci. I nostri vestiti sudati aderivano ormai come una seconda pelle, ma più di ogni altra cosa avevamo bisogno di dormire. Le caramelline di Vania erano riuscite a tenermi sveglia ma da lì a poco mi sarei spenta nuovamente. Così, per la gioia di Vania, posticipammo la visita alla Wicca.

Lungo il tragitto verso casa Vania non fece altro che imprecare contro la mia auto: Carlotta verso Vania aveva una vera antipatia, a quanto pare. Non c'era verso che rispondesse a un suo comando. Quando all'ennesima richiesta di aumentare la potenza dell'aria condizionata Carlotta aveva aperto il cofano, si arrese definitivamente. Vania e la tecnologia erano due mondi paralleli. Per fortuna poteva vivere benissimo anche senza, dalla sua aveva ben altro e di certo non le era difficile trovare metodi alternativi estremamente efficaci. Già, perché alla fine aveva risolto tirando fuori una dei suoi intrugli magici. Questa volta si trattò di una boccetta spray, bastò spruzzarne qualche nuvoletta qua e là. Profumava di bagnoschiuma al pino marittimo, lo stesso che usava Mauro, motivo per il quale inizialmente pensai si trattasse di un profumatore per ambiente. Questo finché sulla pelle non iniziai a percepire quella piacevole sensazione, come se tutto a un tratto una brezza marina oceanica fosse scesa su di noi facendoci di nuovo tornare a respirare. Estasiata le chiesi che cosa fosse. «È roba di qualità!» rispose soddisfatta. Nel giro di qualche istante il microclima dell'auto si sintonizzò su quello di "Antartide". Tra tutte le sue stregonerie questa non era proprio niente male. A quel punto mancava solo un bel massaggio alle gambe. Mauro era bravissimo in questo. Mi aveva salvato mille volte dai crampi notturni che mi svegliavano urlando. Ormai non ci sentivamo da giorni ed era così assurdo da sembrare impossibile. Eppure continuava a non chiamare, a non cercarmi. Per quanto mi sforzassi, non riuscivo a capire quale potesse essere la spiegazione. Eppure doveva pur esserci un motivo. Non poteva non essersi accorto della mia assenza. Ma più ci ragionavo su e più sentivo il cervello arrovellarsi senza arrivare a nulla. Avevo bisogno di una tregua, da me stessa, da tutto ciò che mi era piombata addosso, così chiesi a Carlotta di mettere il notiziario.

Sul monitor apparvero le immagini di piazza San Pietro stracolma di gente per l'ormai consueto *Maria mater gratiae*. Da più di un anno le benedizioni per le gestanti erano diventate settimanali e in diretta TV. L'insediamento di Papa Felice alla Santa Sede aveva diviso il mondo, e il *Maria mater gratiae* era stata un'ottima trovata di marketing. Così, in breve tempo, era riuscito a entrare nel cuore di tutti. A me non stava particolarmente antipatico a dire il vero, o per lo meno non più degli altri che lo avevano preceduto. *Per fortuna che si cambiano il nome!* aveva commentato mamma il giorno della sua elezione. Li Xiao Zhang non era proprio di semplice pronuncia per l'italiano medio, motivo per cui prima ancora di essere proclamato Felice VI, fu da subito ribattezzato "er Papa cinese". Dopo le immagini del Papa arrivarono quelle della *Decima Piaga:* i casi erano in aumento. Giunte a Trastevere ringraziai l'universo: da lì a poco avrei poggiato la testa su un cuscino. Chiuso il portone Vania e Vilma iniziarono a darsi da fare in cucina dove, come al solito, non avevo ancora messo piede: quel posto mi metteva a disagio. Mi sembrava sempre di valicare uno spazio intimo. Per me era una sorta di luogo proibito, forse perché da piccola non facevano altro che cacciarmi dalla cucina per evitare che mi venisse fame. A ogni modo non sapevo proprio dove trovassero tutta quell'energia per mettersi sui fornelli. Che quelle due avessero i superpoteri era evidente. Una volta toccato il divano non riuscii più ad alzarmi. Le gambe mi mollarono definitivamente. Nell'attesa che terminassero di preparare il pranzo iniziai a guardarmi attorno. Sul tavolinetto all'angolo mi sembrò di vedere qualcosa dall'aria familiare. Mi alzai. Era bianca e stondata, con delle piccole venature rosa. Avrei detto che si trattasse di un ciottolo, uno di quelli che si raccolgono in spiaggia. Mi avvicinai fino ad accorgermi del foro centrale. Non era una pietra e nemmeno un ciottolo di mare. Ma non era la prima volta che ne vedevo una anche se non ricordavo assolutamente dove.

«È pronto!» gridò Vania dalla cucina e fu allora che mi tornò in mente. Ne avevo visti tanti in sogno, erano di tutti i colori e tappezzavano il fondale del fiume.

«Queste vanno mangiate calde!» disse Vania poggiando la teglia sul tavolo. Fu incredibile scoprire come in meno di cinque minuti fossero riuscite a preparare dodici focacce, funghi ripieni e involtini alla salvia. Poi Vilma arrivò con un pentolino a cui tolse subito il coperchio e l'odore di frattaglie coprì tutto il resto. La trippa con quel caldo non era proprio il massimo ma, per fortuna, prima di sederci a tavola, Vania rinfrescò l'aria col suo intruglio refrigerante in versione *spray.*

«Che meraviglia!» esclamai a bocca piena. Le focaccine a forma di mezzaluna erano una ricetta di famiglia, mi spiegò Vania tutta entusiasta. Farina olio e sale, la ricetta gliel'aveva tramandata la nonna che a sua volta l'aveva ereditata dalla madre e così via. La sua era una famiglia di contadini o contadine per meglio dire, visto che fino ad allora le avevo sentito citare solo nomi femminili. Una famiglia matriarcale, insomma. Mi resi conto che non sapevo ancora nulla di loro. In effetti non c'era stato tempo per le presentazioni: era successo tutto così velocemente…

Discendeva da una famiglia di streghe della bassa Toscana, devote da secoli al culto di Diana. Secondo il mito, Diana amava segretamente il fratello Lucifero. Una notte Diana prendendo le sembianze di un gatto riuscì a fare l'amore con lui generando una figlia di nome Aradia. In quanto a figura paterna Aradia non era stata molto fortunata, così era venuta su una bambina ribelle, un'attaccabrighe. Per seguire le inclinazioni della figlia, Diana decise di lasciarla per sempre sulla terra a diffondere le arti magiche tra gli uomini. Vania ci raccontò che una volta al mese, da piccola, si recava con la nonna e la madre in luoghi disabitati nei pressi del loro paesino d'origine, come boschi o campi abbandonati per invocare Diana e sua figlia Aradia. In quelle notti di luna piena si consacravano a Diana con canti e riti sacri come quello della "scongiurazione della farina e del sale", banchettando nude per poi lanciarsi nelle danze, recitando preghiere, per chiedere aiuto e protezione. Il rito di invocazione ad Aradia era il più sentito dalla comunità in cui vivevano. Veniva celebrato una volta l'anno, a marzo, mese in cui le donne più anziane avevano il compito di celebrare il rito delle farine e del sale preparando focacce a forma di mezzaluna.

«Sia chiaro che oggi non sarebbe toccato a me cucinare le focacce in quanto ad anzianità...» commentò prima di addentarne una.

«*Vete a la mierda*!» replicò l'altra.

Vilma ai fornelli non era stata da meno. Non si trattava di trippa in realtà ma del suo cavallo di battaglia: *la ropa vieja*. Da dove avessero attinto le materie prime non lo sapevo, dal momento che si trattava pur sempre di una casa disabitata da trentasei anni, ma vista la stazza dei gabbiani che frequentavano il terrazzo di Vania qualcosa mi disse che sarebbe stato meglio non fare domande.

Anche Vilma discendeva da una famiglia con una lunga tradizione alle spalle. "Il dono" come lo chiamava lei, era stato tramandato dalle donne della sua famiglia saltando qualche generazione. Era stata la nonna l'ultima a tenere la famiglia unita sotto la propria ala. E nel caso della sua *abuelita* si trattava di ali d'acciaio. Era stata una delle streghe più potenti dell'ultimo secolo, conosciuta e temuta in ogni parte del mondo. Negli ultimi anni di vita, la Wicca l'aveva nominata "Grande Madre" della congrega, titolo che veniva assegnato ogni cento anni a una strega che nella propria vita si era distinta per il suo valore. Era per questo che Vilma era stata arruolata dalla Wicca per la missione in Germania. La Congrega aveva bisogno di qualcuno di fidato, dalle ottime referenze, dotato di grandi poteri e non ancora troppo conosciuto. Vilma all'epoca aveva già tirato fuori i suoi doni e un caratterino niente male e, inoltre, nelle sue vene scorreva il sangue di una strega dai poteri sconfinati. Così era arrivata in Europa, camuffata da un incantesimo. Certo, Vilma bionda e con gli occhi azzurri non riuscivo proprio a immaginarmela, eppure in questo modo era riuscita in poco tempo a conoscere Heinrich Hoffmann, il fotografo personale del Führer. Era riuscita a farlo invaghire di lei in poco tempo e per questo ovviamente non aveva dovuto ricorrere a nessun potere. I poteri le erano serviti solo dopo per manipolarlo come un burattino. Era stato lui a inserirla nell'alta società tedesca conducendola fino a Eva Braun, niente meno che la moglie di Hitler, di cui diventò presto grande amica fidata. Quel 30 aprile del 1945, a quanto pare non era stato Hitler a decidere di togliersi di mezzo una volta per tutte: era stato Heinrich a spararagli, sotto l'influsso di Vilma che, nel frattempo, era riuscita a guarire Eva dalla follia nazista facendola rinsavire a tal punto da desiderare la sua stessa morte. Era stata Vilma a versarle il cianuro nel bicchiere quel giorno ma, per coprire tutto, la Wicca aveva fatto in modo che entrambe le loro morti passassero alla storia come dei suicidi. Insomma, per Vania e Vilma era proprio il caso di dire "buon sangue non mente". Io da parte mia non avevo discendenze straordinarie da mettere in tavola, ma una nonna speciale quella sì, l'avevo avuta anch'io. Che poi in realtà anche lei in quanto a magia non era stata da meno. Ricordo ancora quella volta in cui la febbre continuava a salire nonostante il dottore avesse detto di cambiare antibiotico. Mamma aveva deciso di portarmi in ospedale quando nonna mi sussurrò a un orecchio *"tranquilla ci penso io adesso!"*

Quella sera, di nascosto da mamma, mi spalmò un po' d'olio d'oliva sul naso dicendo di aspettare e di avere fiducia. Dopo un po' mi disse che era ora di soffiarmi il naso. Io non ne sentivo il bisogno ma lo feci. Li vidi anch'io i due grumi di sangue sul fazzolettino ma nonna mi disse di non dire nulla a mamma. La febbre passò improvvisamente e per mamma fu tutto merito del nuovo antibiotico. Quando dopo qualche giorno le domandai come facesse a sapere che avrebbe funzionato rispose che era stata una vecchia amica a insegnarglielo. Di lei ricordavo ancora tutto: la sua ironia, il suo coraggio, la sua instancabile voglia di cambiare il mondo e i suoi occhi grandi. Vilma la ricordava ancora giovane e spensierata, Vania nel suo momento più duro. Ma entrambe non c'avevano pensato un attimo a dirmi di sì. Nonna era così: metteva tutti d'accordo. Era senz'altro questo il suo potere. Quando mi alzai per sparecchiare, Vilma mi obbligò a rimanere seduta. «Cos'è quella?» le chiesi a quel punto indicando il ciottolo sul tavolino.

«Ah… Quella?» disse Vilma sorridendo. «*È una cosita muy especial*!»

«Il ciottolo col buco?» urlò Vania dalla cucina.

«È una pietra di Diana, se ne trovi una è segno di buon auspicio» proseguì Vilma parlando a bassa voce come se stesse rivelandomi un segreto. «Significa che Diana ti protegge»

«Perché?» disse Vania tornando in salotto.

«Curiosità» risposi tentando di fare la vaga.

«Sì, certo e io sono bionda con gli occhi azzurri!» ribatté. Così le raccontai di averle sognate. Mi guardò in modo strano, per un attimo mi sembrò di vederla allarmata. Pensai che avesse qualche significato occulto così le chiesi se avessi motivo di preoccuparmi. Rispose di no ma aggiunse che sognarle non era mai un caso. La stanchezza non mi permise di ribattere e andai a fare una doccia. Entrai nel piccolo bagnetto in fondo al corridoio. Mi sembrò di essere tornata indietro nel tempo. Il pavimento a scacchi bianco e nero anni Cinquanta, la vasca in ceramica con i piedini in bronzo come la rubinetteria a muro: tutto era così deliziosamente retrò. Evidentemente il bagno non era stato incluso nell'ultima ristrutturazione di casa e per me fu come un piccolo regalo, non mi sarebbe capitato facilmente di fare il bagno in una vasca del genere. Faceva caldo così aprii la finestra che dava sul cortile interno del palazzo. Nel giardino abbandonato da anni la fontana centrale si vedeva appena con tutta quell'erba alta. Quando la vasca si riempì mi immersi lentamente, poggiai la testa sul bordo della vasca, e facendo un bel respiro, chiusi gli occhi nella speranza di rilassarmi. Erano stati giorni davvero surreali, avevo visto cose che non avrei mai potuto raccontare a nessuno, e in tutto ciò, Mauro era sparito. Anch'io ero sparita a dire il vero e non solo con lui: a lavoro, con mia madre, con Clelia ma la cosa non mi creava nessun'ansia. Non ne avevo la forza. Mi sembrò di non guardare il palmare da giorni ormai, doveva stare da qualche parte dentro la borsa. Riaprendo gli occhi buttai un occhio fuori dalla finestra. A giudicare dal sole alto erano già le due del pomeriggio. I raggi del sole erano così accecanti da non riuscire a sollevare lo sguardo ma riparandomi con una mano la vidi ergersi di fronte a me, altissima e imponente. Non sapevo dove mi trovassi esattamente ma quella era di certo la torre di un castello. Sembrava perdersi tra le nuvole. Per raggiungerla avrei attraversato l'intera vallata a piedi, così continuai a camminare tra le rocce. Avvicinandomi mi accorsi che la pianta della torre non era squadrata come sembrava, bensì pentagonale. Giunta a pochi passi, decisi di voltarmi per ammirare il panorama, ciò che vidi fu terribile: ai miei piedi lo sguardo si perdeva nel vuoto, in un dirupo a strapiombo sulla roccia. Iniziai a tremare. In preda alle vertigini fui costretta a tenere gli occhi chiusi. Quando li riaprii vidi due occhi gialli che mi fissavano e tutto nero intorno. Urlai come se qualcuno stesse tentando di uccidermi. Mi sollevai di scatto e la bestia feroce saltò con un balzo sul pavimento mentre io scivolai con la testa sott'acqua. Una volta riacquistati vista e udito, la porta si aprì. «Bambina, che succede?»

«Una bestia» risposi agitata cercando di togliere l'acqua dagli occhi. «Mi fissava!»

«Romeo!» esclamò Vania in fondo al corridoio. «Sei tornato, mascalzone!»

«Sì!» urlò Vilma euforica. «*Està aqui*!»

Erano troppo contente per essere qualcosa di cui preoccuparmi così, afferrando l'asciugamano sul bordo della vasca, cercai subito di coprirmi.

«Quelle non vanno nascoste, bambina!»

«Eh?» feci sorpresa da ciò che mi aveva appena detto.

«Sì, hai sentito bene» rispose divertita. «Quelle due possono risolvere un sacco di problemi…» aggiunse fissandomi le tette.

Quando Vania arrivò tutta frastornata per l'emozione, si precipitò immediatamente sotto il lavandino. «Oh *grullo*, sei tornato, finalmente!» esclamò prendendolo in braccio. «La vuoi finire di *calzartele* tutte queste micette?» aggiunse afferrandolo per la pelliccia e riempendolo poi di baci. Romeo non si ribellò, sembrava abituato a farsi spupazzare in quel modo. Le sue orecchie a punta e la sua pelliccia nera mi colpirono subito e, quando stanco di quelle sevizie, iniziò a scalciare tentando di darsela a gambe, fu allora che vidi la zampetta posteriore bianca. Un brivido mi attraversò la schiena. Era proprio il gatto del sogno, quello che avevo fatto sul divano di Vania, il sogno della spiaggia con la luna e il tramonto infuocato.

«Che ti prende?» mi disse lasciando scappar via la bestia. «Non sarai mica allergica!»

«Allergica?» riposi inebetita.

«Menomale, era un bel problema altrimenti!» commentò andando via. «Romeo la vuoi la pappa?». Quando restammo sole Vilma si avvicinò dandomi una mano a tirarmi su.

«Tranquilla, non ti guardo» mi rassicurò. Dovevo essere diventata bordò.

«Come faceva a stare qui?» mi domandai ancora incredula.

«La finestra, bambina, l'hai lasciata aperta». Quello era chiaro ma non capivo come potesse sapere che Vilma fosse tornata lì, in quella casa disabitata da decenni.

«Romeo era come un figlio per Noha, l'ha trovato in un cassonetto, tanti anni fa». Mi spiegò, ma la mia domanda continuava a rimanere senza risposta. «È un gatto *muy especial…*» aggiunse lasciando intendere molto altro. Forse c'era la speranza di avere qualche informazione in più. Fu così che iniziò a raccontarmi di come Noha si fosse opposta in tutti i modi all'idea di castrare Romeo e di come, visto il suo insaziabile appetito sessuale, che lo faceva andare in giro per la città, avessero risolto la questione confezionandogli un incantesimo ad hoc. Ovunque i ferormoni lo avessero condotto, l'incantesimo lo avrebbe sempre aiutato a tornare a casa da loro.

«C'è qualcos'altro che non ti convince, bambina…»

«No» dissi lì per lì. «Forse sì…» mi corressi subito dopo. «Non è la prima volta che vedo Romeo» aggiunsi tutto d'un fiato.

«Oh!» fece Vilma sedendosi nuovamente sul bordo della vasca. Le raccontai tutto, quando, dove e soprattutto come. Ciò che mancava era solo il perché. Ascoltò tutto con la massima attenzione.

«Il fatto è che non è il primo sogno strano...» dissi cercando in lei un po' di conforto. «A volte mi sembra che i miei sogni... non mi appartengano!» La cosa la incuriosì. «È grave?» le domandai allarmata.

«Non necessariamente, bambina. A volte il nostro inconscio cerca di comunicare con noi tramite i sogni» iniziò a spiegare tirando fuori dal nulla una sigaretta. «Quando si vivono periodi così stressanti è come se il nostro inconscio percepisse molto più di quanto non riesca a fare normalmente... È così che improvvisamente arrivano consapevolezze che prima non sapevamo di avere». Aveva senso. Romeo era il classico esempio della capacità della nostra mente di assimilare informazioni senza averne la minima consapevolezza e di riutilizzarle in caso di necessità. L'avevo letto nel primo capitolo de L'inconscio senziente. Vania aveva parlato di Romeo una sola volta a casa sua ed essendomi imbattuta nella colonia di gatti neri del cimitero acattolico la mia mente l'aveva rielaborato il tutto durante il sonno. Sembrava tutto abbastanza chiaro eccetto il dettaglio della zampina bianca. Quella non riuscivo proprio a spiegarmela!

«Stamattina, in auto, ne ho fatto un altro molto simile...» dissi a bruciapelo, prima che uscisse dalla porta del bagno. Volle che gliene parlassi e così feci: le raccontai dello scheletro della donna e delle manette ai polsi, descrivendole tutto senza lasciare nulla al caso.

«*Muy fuerte*!» esclamò sollevando le sopracciglia.

«È un brutto segno, vero?»

«Ahi, bambina mia...» disse abbracciandomi. «Hai visto troppo in questi giorni! Il tuo cervello sta facendo gli straordinari!». Quel gesto fu una coperta calda in una sera d'inverno mentre fuori nevica. Mi sentivo meno sola e forse per questo anche meno patetica. Vilma riusciva sempre ad avere la parola giusta per qualsiasi dramma e poi com'erano belli i sui abbracci magici: riuscivano sempre a risollevarmi. E il calore delle sue mani? Impossibile non riconoscerlo. A quel punto dal corridoio, giunse la voce stridula di Vania. Era ora di andare.

Arrivate al palazzo della Wicca le porte si aprirono una volta messo piede sui gradini. La piccola antipatica questa volta ci venne incontro, conducendoci subito al Colonnello.

«Ci sono aggiornamenti!» disse entrando nella grande sala bianca delle esercitazioni. Come faceva a saperlo? Vania mi spiegò che Fatima era una mentalista molto potente. Coordinava la squadra dei mentalisti ovvero coloro in grado di manipolare la mente. La cosa mi turbò, visto e considerato che la notte precedente per tutto il tempo della nostra visita, in mente non avevo fatto altro che dirgliene di ogni. Fece sorridere Vilma invece, che subito mi tranquillizzò dicendo «È abituata, sa che la odiano tutti, è per questo che è così!». Il ragionamento non faceva una piega. Il Colonnello era esattamente dove lo avevamo lasciato, chino sul monitor della sua scrivania. All'improvviso alzò lo sguardo stendendomi con un'occhiata. «Sentivate mia mancanza?» disse sfoderando la sua arma migliore: il sorriso.

«Abbiamo convocato anche Hermes, arriverà a momenti!» lo informò la nanerottola prima di congedarsi, lei sapeva già tutto, così andò via a passo svelto.

«Sempre molto impegnato!» disse a quel punto riferendosi a Hermes. «Ha un debole per donne italiane!»

«Italiane, spagnole, diciamo che è debole di cuore…» lo corresse Vilma. «Si può fumare qui, vero?» domandò dopo averla già accesa.

«In realtà, no!» rispose il Colonnello. «Ma visto che Fatima non c'è possiamo fare un'eccezione». Fu Vilma a raccontare quello che ci era accaduto alla Chiesa delle anime del Purgatorio.

A giudicare dalla reazione del Colonello nessuno si aspettava che dietro un'aura così spaventosa ci fosse una donna.

«Un potere così buio deve essere maneggiato con cura» ci tenne a precisare Vilma. Non avevano pensato che all'origine di tutto potesse esserci una setta religiosa. Non avevano idea su cosa legasse la setta ad Alastor e alle altre entità di cui non sapevamo nulla. Ma soprattutto che legame ci fosse tra Alastor e quell'aura così spaventosa. Insomma, la Wicca brancolava nel buio. A detta di tutti, però, una cosa apparve abbastanza certa: una setta ha sempre dei punti di ritrovo per la pratica dei propri riti. Le chiese sconsacrate ovviamente furono la prima ipotesi; seguite da luoghi celebri in cui erano avvenuti delitti efferati come stragi e omicidi e, in ultima analisi, un grande classico: i cimiteri. Sul monitor apparve di nuovo la mappa con i puntini rossi.

«Queste evidenziate in rosso sono zone in cui nostra squadra ha intercettato maggiore attività. Purtroppo rilevazioni hanno sempre durata troppo breve» aggiunse spiegandoci che il margine di errore era di qualche chilometro, motivo per il quale non avevano nessuna certezza sul punto esatto del loro ritrovo. Osservando la distribuzione dei puntini nelle cartine qualcosa di ancora invisibile alla mia mente mi convinse che la spiegazione fosse proprio lì, sotto i miei occhi. Conoscevo la zona dell'Appia antica: gli zii di Mauro abitavano proprio da quelle parti, in via delle Sette Chiese, tra l'altro ci passavo sempre per andare a casa di nonna. Ma cos'era che accomunava questa zona alle altre? Alcuni puntini stavano più a nord, nei pressi di via Nomentana vicino la fermata della metro Sant'Annibaliano. Fu allora che intravidi qualcosa. Le catacombe di Sant'Annibaliano. Erano famosissime, così pure quelle di santa Domitilla in via delle Sette Chiese e vicino l'Appia antica quelle di San Callisto, a due passi da casa dello zio di Mauro. Senza neanche volerlo avevo fatto bingo così in silenzio alzai la mano. «Lo zio di Mauro...» dissi timorosa, andando subito nel pallone. Il Colonnello mi chiese chi fosse Mauro. Nello stupore generale ripresi fiato e ricominciai da capo.

«Catacombe!» esclamò il Colonnello una volta esposto tutto in modo più o meno sensato. «Organizziamo subito una spedizione!» aggiunse parlando con qualcuno dentro la sua testa.

«Veniamo anche noi» disse Vilma inaspettatamente.

Vania la gurdò di traverso «Dove vai?». Vilma doveva essere impazzita. Poteva scordarselo di trascinarmi a una messa nera dentro una catacomba.

«Potrebbe essere pericoloso...» fu tenuto a informarci il Colonnello.

«Sappiamo badare a noi...» rincarò Vilma convinta più che mai ma Vania inveì contro di lei in men che non si dica: «No dico, ti ha dato di volta il cervello?»

Vilma le rispose parlando a bassa voce «Non capisci che non abbiamo altra scelta? Dobbiamo sapere perché è venuto a cercarci, tanto prima o poi tornerà!».

«Scusate il ritardo!» ci interruppe Hermes materializzandosi alle nostre spalle dal nulla. «C'è qualcosa che devo sapere?» aggiunse riordinandosi il colletto della camicia.

«Sì» gli rispose Vania voltandosi di scatto. «Tieniti libero, stasera si va a fare una *giratina* all'inferno!».

LE CATACOMBE

La squadra telecinetica e quella dei mentalisti guidata da Fatima si attivarono immediatamente. Le informazioni estrapolate dalle intercettazioni sembravano deporre tutte per le catacombe di San Callisto. Anche le attività registrate nell'area in questione lo confermarono.

«Hanno dato inizio ai preparativi» disse il Colonnello cominciando a impartire ordini a destra e a sinistra. Non tutti i suoi uomini avrebbero preso parte alla spedizione. Il gruppo doveva essere il più striminzito possibile, altrimenti la copertura non sarebbe durata a lungo.

«Come faremo a mimetizzarci?» domandai spaventata. «Indosseremo delle tonache nere?» e dal modo in cui mi guardarono tutti compresi di aver detto un'idiozia.

«Lei è Xian!» disse il Colonnello facendo segno alla ragazza dai tratti asiatici di avvicinarsi. «È lei che farà in modo che non si accorgano di nostra presenza» aggiunse poggiandole una mano su una spalla. Xian non proferì parola limitandosi solo a fare un cenno con la testa. I suoi occhi a mandorla erano incantevoli e la sua pelle sembrava di porcellana. Aveva raccolto i capelli in uno chignon fissandolo con degli spilloni d'argento. Anche lei era una mentalista. Con il suo potere era in grado di indurre chiunque a credere in ciò che lei comandava.

«*Colonné!*» disse all'improvviso una voce alle mie spalle, «siamo pronti». Era ancora lui, il ragazzo con l'accento meridionale.

«Prepara mezzi speciali!» gli ordinò il Colonnello. Riuscivo già a immaginarlo su un fuoristrada nero, di quelli che si vedono nei film d'azione, sfrecciare sull'Appia antica con i suoi occhi cerulei fissi sull'asfalto e lo sguardo da duro, pronto a fare il culo a strisce ad Alastor. Salì a bordo di una tre posti Delta col cambio automatico. Il nome era dovuto alla forma a piramide, andava forte tra i ragazzini. Noi tre invece saremmo andati con la mia.

Quella notte non dovevamo assolutamente dare nell'occhio. Riuscimmo a unirci a loro a un patto: non avremmo preso iniziative. Lo giurammo. Hermes ci informò che in qualsiasi modo avessimo messo a rischio la squadra ne avremmo pagato le conseguenze. Così ci accodammo a loro alla volta dell'Appia antica. Hermes ci avrebbe monitorato dalla sede della Wicca, insieme alla squadra telecinetica, in modo da inviare i rinforzi qualora fosse stato necessario. A cinquecento metri dall'ingresso, delimitato da una porta in pietra con su scritto "Catacombe S. Callisto", proseguimmo a piedi. Prima di oltrepassare la porta, Xian si arrestò indicandoci di andare avanti. La schermatura era già in funzione. Camminammo lentamente per non fare rumore. Nell'ansia generale avanzammo silenziosamente, solo il Colonnello sembrava avere tutti i nervi sotto controllo. Quando all'improvviso in fondo al viale sbucò la sagoma di un uomo sentii il cuore arrestarsi di colpo. Con la faccia sul suo palmare stazionava l'accesso ai gradini che ci avrebbero condotto sottoterra. L'abito nero lo faceva sembrare più un becchino che il suddito di una setta. All'improvviso alzò la testa, di scatto, come se avesse sentito qualcosa, forse i nostri passi. Ci fermammo all'istante col fiato sospeso. Senza battere ciglio continuò a guardare verso di noi con sospetto. Quando il suo cervello sotto il controllo di Xian stabilì che non ci fosse nessuno, tornò a fissare il palmare. Avanzammo in un bagno di sudore passandogli accanto uno dopo l'altro in fila indiana.

Una volta scesi giù la temperatura si abbassò notevolmente così capimmo che ci trovavamo già all'interno delle catacombe. Un cunicolo stretto e lungo fatto di mattoni in tufo di varia dimensione ci condusse al buio fino a una sorta di minuscola stanza in mattoni rossi dal soffitto basso e affrescato (che lo fosse lo intuimmo da quel po' di luce che arrivava dalla fiaccola accesa qualche metro più in là). Doveva servire a indicare il percorso. Fu a quel punto che alle nostre spalle sentimmo delle voci. Ci guardammo senza dire nulla, era chiaro che né il cunicolo né la stanza dove ci trovavamo avrebbero consentito il passaggio ad altre persone. Da lì a poco ci sarebbero arrivati addosso mandando all'aria la copertura. Eravamo in trappola. I loro passi in avvicinamento dicevano che mancava davvero poco all'impatto ma un attimo prima dell'inevitabile il Colonnello si abbassò di scatto permettendo così a Xian di montargli su, come una gatta sulla schiena. A noi non restò che addossarci alle pareti. Erano in due, non riuscimmo a vedere i loro volti per via dei cappucci.

Avanzavano velocemente sussurrandosi qualcosa, evidentemente in quel posto anche le mura avevano orecchie. Lo spazio per fortuna bastò a farli passare e, una volta scomparsi nel buio, Xian tornò giù con un altro scatto felino. C'era mancato un pelo dal farmela sotto, ma non fiatai: avevamo giurato che non avremmo ostacolato la missione in nessun modo.

Proseguimmo addentrandoci in cunicoli via via più stretti, passando attraverso sottopassaggi umidi e ambienti angusti sempre più piccoli. L'ultima torcia ci condusse a uno spazio più grande dei precedenti. Il crollo della parete in fondo aveva creato una sorta di grotta comunicante con l'esterno. A giudicare dal numero di presenti il luogo doveva essere quello designato alle celebrazioni. Tutti avevano addosso una specie di tonaca scura sormontata da un cappuccio. In fondo riuscii a intravedere una cunetta di massi con cui avevano ricreato una base d'appoggio. Che fosse un altare lo scoprimmo solo successivamente. Nel brusio generale l'impressione fu che stessero attendendo qualcosa. Dopo qualche secondo, entrarono in scena tre figure.

Della prima, più bassa rispetto alle altre, a parte le mani e il mento non fu possibile vedere nient'altro, a causa della tonaca e dell'ampio cappuccio che le copriva il volto. La seconda la riconobbi subito dall'andatura zoppicante: non poteva che essere Alastor. Mi voltai cercando conferma nelle mie compagne di sventura. Anche loro lo avevano riconosciuto. A seguire una terza figura avanzò lentamente a testa bassa. All'istante la folla smise di mormorare e un attimo dopo mi sembrò di sentire un gemito, l'inconfondibile verso di un neonato. Solo allora ci accorgemmo di ciò che nascondeva sotto la tonaca l'ultimo dei tre: un bambino. Ci allarmammo all'istante. Ero spaventata e arrabbiata.

Cosa ci faceva un neonato in una messa nera? E perché era in braccio a uno dei tre? Il cuore iniziò ad accelerare i battiti togliendomi il fiato. Raggiunto quell'altare rudimentale i tre mossero la testa all'unisono: era un segnale. Era ora. A quel punto tirarono giù i cappucci e finalmente i loro volti vennero allo scoperto. La figura che teneva in braccio il bambino avvolto in un asciugamano nero era una donna. I suoi capelli erano chiari, raccolti in una lunga treccia dietro la schiena. Anche i suoi occhi sembravano chiari, così come la sua carnagione. Era bella, avrà avuto all'incirca quarant'anni. Nordica, avrebbe detto mamma. Nonostante la tonaca, la sua figura era fiera ed elegante. Infastidito dalla sua presa per nulla materna, il piccolo iniziò a dimenarsi, cosa che la indispettì moltissimo. Anche sotto l'altra tonaca si celava una donna, su per giù dell'età di mia madre. A differenza della donna dai capelli biondi, non sembrava avere nulla di speciale se non il suo essere vecchia e gobba. Anche il suo viso era segnato dagli anni. Quanto ad Alastor, la sua faccia la ricordavo benissimo: spigolosa e ammaccata come se fosse stato investito da un tir. Qualcuno dalla prima fila fu invitato ad avvicinarsi a loro. Una volta abbassato il cappuccio scoprimmo che si trattava di una giovane ragazza. Non sembrava affatto impaurita, semmai imbarazzata e il motivo fu chiaro non appena l'aiutarono a sfilarsi la tonaca di dosso rimanendo completamente nuda. La folta peluria tra le gambe mi indusse a credere che non si fosse depilata volutamente. Subito fu aiutata dai presenti a distendersi su quello che avevo creduto fosse un altare ma mi sbagliavo: il vero altare era lei. Il piccolo, intanto, continuava ad agitarsi ma la donna dall'espressione austera non lo degnò di uno sguardo. I suoi occhi gelidi continuarono a fissare il vuoto mentre le sue mani, come le spire di un serpente a sonagli, continuarono ad avvinghiare il corpicino del neonato tenendolo fermo.

«*Auditorium nostrum in nomine Dòmini inferi*» recitò all'improvviso la folla. L'anziana donna si mosse, in mano reggeva una piccola ampolla scura. Fatto il giro intorno all'altare si arrestò in corrispondenza del pube della giovane donna, tolse il tappo all'ampolla e ne versò il contenuto sul ventre pallido della ragazza che in un attimo si imbrattò di un liquido scuro e viscoso. Sembrava sangue e quella che aveva richiuso riponendola ai piedi della ragazza, una provetta, di quelle che usava mamma in ospedale per i prelievi. Seguì un silenzio abissale, disturbato soltanto dal pianto disperato del neonato stretto nella morsa della gelida stronza.

Era arrivato il suo turno. Lo capii dal fatto che il suo sguardo non era più perso nel vuoto com'era stato fino a quel momento. Adesso, in trepidante attesa, i suoi occhi sembravano non riuscire più a staccarsi da quell'altare fatto di carne e sangue. La donna raggiunse il centro della scena e, con la delicatezza di un macellaio, iniziò a denudare il bambino dal misero asciugamano in cui era avvolto. Alastor, con le sue mani affilate, sfiorò più volte la pelle immacolata di quel corpicino singhiozzante. Avrebbe potuto prosciugare la sua vita con un dito. Mi voltai in cerca di aiuto. Xian, Tommaso e il Colonnello erano immobili e imperturbabili. Continuarono ad assistere alla scena senza battere ciglio, pronti a entrare in azione qualora le cose si fossero messe male. Dovevamo intervenire subito. La vita del bambino era in pericolo. Anche Vilma lo sapeva, lo confermavano le scintille in fondo ai suoi occhi.

Una volta denudato, Alastor adagiò il neonato sulla pozza nerastra che si era formata sul ventre della ragazza, imbrattandosi le mani di sangue. Poi il pianto del bambino si arrestò improvvisamente e per un attimo pensai che Alastor avesse preso la sua vita. Per fortuna mi sbagliavo: il piccolo era solo andato in apnea in preda alla disperazione. Da lì a poco sarebbe stato sacrificato come l'agnello pasquale, ma non per mano di Alastor né della puttana bionda a cui avrei voluto cavare gli occhi. A farlo sarebbe stata la vecchia stronza con la morte in faccia. Per lui non c'era più nulla da fare. Se solo avessimo mosso un passo, la copertura sarebbe saltata. Avremmo dovuto assistere in silenzio, impotenti, alla morte di quell'essere indifeso. Sentii il vuoto nei polmoni, un senso di nausea profondo salì alla gola costringendomi a deglutire per evitare il vomito che sentivo spingere dal basso. Socchiusi gli occhi: non avrei mai voluto assistere a quello scempio, ma non riuscivo a evitarlo. Fu in quel preciso istante che accadde. La lurida stronza s'accese all'improvviso come una sigaretta di Vilma, prendendo fuoco dal basso. La donna non fece in tempo a mollare la presa che le fiamme raggiunsero la treccia salendo rapidamente alla testa. Vidi quell'esserino cadere di schiena sul ventre della ragazza che, a quel punto, tirò su la testa per capire cosa stesse accadendo. Il brusio crebbe in pochi istanti e nel frattempo la folla iniziò a disgregarsi in piccoli gruppi. Tutti iniziarono a guardarsi attorno alla ricerca di una spiegazione. Un paio nelle prime file soccorsero la donna aiutandola a spegnere le fiamme. La maggior parte invece se la diede a gambe ancor prima di capire cosa fosse accaduto. Quando mi voltai, cercando una spiegazione, mi accorsi delle pupille accese di Vilma, ardenti come carbonella da *barbecue*. Era stata lei a salvarlo dando fuoco a quella lurida bastarda. *Il bambino*, urlai dentro di me. Qualcuno avrebbe dovuto prenderlo e metterlo in salvo. Ma chi? Non certo noi. Fu la ragazza imbrattata di sangue a farlo, che nel frattempo era guizzata in piedi dileguandosi nel buio. Di lui restò solo il pianto straziante che in pochi istanti scemò svanendo del tutto. In quell'istante qualcuno da dietro mi strattonò una spalla: era Tommaso. Mi fece segno di seguirlo, così tornammo indietro seguendo di nuovo la luce delle torce, a ritroso fino alla prima. Giunti ai gradini, il Colonnello fece segno di arrestarci. Dal rumore dei passi dovevano essere quattro o cinque, sembravano piuttosto agitati. Se fossero scesi da lì ci avrebbero trovato. Fortunatamente andarono dritto passando sopra le nostre teste e quando furono abbastanza lontani salimmo anche gli ultimi scalini fiondandoci fuori. Una volta in auto iniziai a tremare. Non riuscendo a controllare il tremore delle mani, Vania le afferrò aiutandomi a mettere in moto. Eravamo vive, eravamo salve. In mente quel pianto devastante: era vivo anche il piccolo.

«Sì!» rispose Vilma all'improvviso. Stava comunicando con Hermes: aveva visto tutto tramite i nostri occhi e a quel punto le spiegò che sarebbe stato più prudente separarci per non dare nell'occhio. «Ok, allora a mezzanotte!» concluse prima di chiudere la comunicazione poi ci riferì quanto si erano detti.

«È stata una follia!» esclamai quando tornai in me.

«È andato meglio del previsto!» ripose Vania cercando di tranquillizzarmi.

Timorosa di ricevere la risposta sbagliata chiesi loro cosa ne sarebbe stato del neonato. Non seguì alcuna risposta e forse fu meglio così. Il silenzio che si creò fu insopportabile così ordinai a Carlotta di accendere la radio.

"Indagini in corso dopo il ritrovamento dei tre cadaveri nella cappella del cimitero acattolico di Roma."

La notizia arrivò come una cannonata così accesi subito il monitor.

"Secondo le testimonianze raccolte tra i passanti che si trovavano lì quella sera, tre donne non ancora identificate, sono state viste sfrecciare su piazzale Ostiense a bordo di una monovolume rossa."

Parlavano proprio di noi. Cadaveri, indagini. Fu ciò che continuai a ripetermi incredula mentre sul monitor scorrevano le immagini, riprese dall'alto, di noi tre che ci fiondiamo in auto come tre ladre.

"Le testimonianze sono state confermate da Ciclope23, uno dei duecento droni–robot della polizia di stato che monitorano la superficie stradale 24h su 24: si pensa che le tre fuggitive siano coinvolte nel pluri omicidio avvenuto quella notte secondo modalità ancora da chiarire. La polizia è sulle loro tracce."

«Fuggitive!» esclamò Vania tirando un cazzotto sul *monitor*. «Del mostro succhia cervelli non dicono nulla?»

«La polizia è l'ultimo dei problemi, bambine...» intervenne Vilma. Aveva ragione: fra un mostro succhiatore d'anime e una setta satanica oltraggiata, la polizia sulle nostre tracce era la cosa più rassicurante che ci potesse capitare. Mancava poco alla mezzanotte quando sul Lungotevere, giunti all'altezza dell'isola Tiberina, dinnanzi a noi un'auto grigia metallizzata svoltò bruscamente immettendosi sulla nostra carreggiata per poi frenare di botto. Suonai il clacson, con tutta la rabbia che avevo dentro.

«Che diamine!» Pronta a scendere dall'auto per fare a cazzotti Vania diede il meglio di sè: «*La maila de la tu mamma*!» strillò a quel punto, tirando fuori la testa dal finestrino. «Ti levi sì o no?»

Ma l'auto rimase immobile con le luci accese.

«Avrà avuto un malore...» ipotizzai prima che lo sportello del conducente si aprisse. Impossibile non riconoscerlo, e non tanto per la sua andatura, quanto per la faccia passata al torchio.

«Fuori!» urlò Vania aprendo lo sportello. Nell'impeto di uscire rapidamente dall'auto non riuscii a sganciare la cintura di sicurezza. Ci provai più volte ma era come bloccata. Compresi che quei secondi persi mi avrebbero condannata a morte. Quando mi liberai, Alastor aveva già raggiunto il cofano. Vidi la sua mano ossuta sfiorare la mia auto e per un attimo pensai che avrebbe potuto risucchiare la mia vita anche così: tramite il semplice contatto con la carrozzeria. All'improvviso sentii un suono provenire da fuori; sembrava la sirena di un'ambulanza. Durò giusto un attimo ma a quel punto Alastor rallentò il passo: qualcosa aveva catalizzato la sua attenzione. Guardando allo specchietto retrovisore vidi un'auto di colore blu. Stentai a credere ai miei occhi: incredibile ma vero alle mie spalle si era appena fermata una volante della polizia. Per un attimo pensai che fosse il mio giorno fortunato ma subito dopo realizzai che ci sarebbe stata una strage.

«Che succede?» disse l'uomo in divisa, avanzando verso di me. «C'è stato un incidente?». Avrà avuto una trentina d'anni, non di più. Avrei voluto urlargli di andar via, di mettersi in salvo, ma giunto all'altezza del mio sportello si arrestò all'istante. «Tutto bene signore?» domandò non ricevendo alcuna risposta.

«Sì...» rispose Alastor tenendo gli occhi fissi su di me. Quella fu la prima volta che sentii la sua voce rauca.

«Signorina, lei invece?» disse poi rivolgendosi a me attraverso il finestrino. «Sta bene?»

Non ebbi il coraggio di abbassare quel finestrino, era l'unica barriera tra me e Alastor così mi limitai a fare un cenno con la testa. La cosa lo insospettì e così decise di chiamare il collega rimasto in auto. Il collega più anziano e robusto, scese dall'auto con fare scocciato. Passando a fianco della mia auto buttò un'occhiata dentro, così tanto per, proseguendo poi verso l'auto da cui era sceso Alastor.

«Signorina, adesso chiamiamo un'ambulanza, non si muova mi raccomando!» disse nel frattempo il giovane agente. Non sono ferita sono solo in trappola! avrei voluto dirgli. La verità è che eravamo tutti in trappola. Quando l'agente prese in mano la radiotrasmittente, Alastor ricominciò ad avanzare. «Signore non dovrebbe muoversi se è ferito...» gli suggerì l'agente nel tentativo di mettersi in contatto con la centrale. Il collega nel frattempo giunse al finestrino dell'auto grigia. «Signora, tutto bene?» disse avvicinandosi al finestrino del lato del passeggero. Fu a quel punto che si aprì anche l'altro sportello. L'uomo continuò a fissare il lato passeggero in silenzio. Alastor aveva quasi raggiunto il giovane agente impegnato a parlare con la centrale quando il collega più anziano iniziò a guardarsi attorno smarrito, alla ricerca di una via di fuga. Dopo di che iniziò a indietreggiare, via via sempre più spaventato. La sua faccia in pochi istanti si era trasformata in una maschera di terrore. I suoi occhi spalancati e le mascelle serrate davano l'idea dell'orrore a cui stava assistendo. Intrappolato dentro il suo peggior incubo, inciampò cadendo così a terra. Solo allora gridò "aiuto". Fu come se una lama ci attraversasse i timpani. Poi tirò fuori dalla fondina la pistola e con gli occhi spalancati nel nulla, senza nemmeno un attimo di esitazione, si sparò un colpo dritto in testa. Non riuscivo a credere ai miei occhi. Forse mi trovavo anch'io in un incubo. Non stava accadendo davvero. Il giovane agente, una volta sentito il colpo, non riuscì nemmeno a voltarsi. Alastor, con una mano sulla schiena, iniziò a risucchiargli l'anima. Ebbi giusto il tempo di buttare uno sguardo allo specchietto retrovisore: di Vania e Vilma non v'era alcuna traccia. *O adesso o mai più!* mi dissi prima di sentire le loro voci. «Corri, bambina!» erano dentro la mia testa. In uno scatto saltai sul sedile a fianco e uscii dall'auto rischiando di finire a terra. Non accadde per fortuna, visto che una volta fuori dalla mia auto, dall'altra uscì lei, la lurida bastarda a cui Vilma aveva tentato di dare fuoco.

«Alla prima traversa, svolta a sinistra! Siamo qui!» mi disse Vania. Non sarei mai riuscita a raggiungerle. Alastor aveva appena terminato con l'agente e io non sarei riuscita a correre ancora per molto. Sentivo le gambe andare già a fuoco così nella disperazione decisi di svoltare verso l'isola Tiberina. Conoscevo quel posto, ero venuta tante volte con nonno per le sue visite cardiologiche. Da lì avrei potuto prendere le scale che portavano giù al fiume. Forse avevo una speranza, se non di scappare, di nascondermi almeno. Mi chiesi perché nessuna delle due fosse ancora venuta in mio aiuto, ma d'altronde non avrebbero potuto fare nulla se non finire uccise da quel mostro schifoso. Giunta senza più fiato alla piazzetta dell'ospedale mi accorsi che la scalinata per arrivare al fiume era chiusa da un cancello in ferro con tanto di catenaccio. Non avevo più scampo e così, in balia del nulla, continuai a trascinarmi fino al ponte. Qui, in fila, uno dopo l'altro, vi erano una serie di carrelli porta bombole ospedaliere, quelle per l'ossigeno che avevano tenuto in vita nonno nei suoi ultimi giorni. Queste, però, erano più grandi e arrivavano oltre mia altezza. Per un attimo pensai di poterle usare come arma contro di loro ma a occhio dovevano pesare una tonnellata. Abbandonata l'idea mi trascinai oltre e ansimando cominciai a vedere tutto offuscato. Fu allora che iniziarono a fischiarmi le orecchie. Poi, accasciandomi sulle ginocchia, li vidi: stavano arrivando, la mia corsa era giunta al termine. Quando il fischio si fece del tutto assordante sollevai lo sguardo un'ultima volta; seppur in maniera offuscata riuscivo a vederli, ormai erano a pochi passi da me. Avevano smesso di correre anche loro, non era più necessario.

«Buttati, bambina» echeggiò una voce dentro la mia testa quando il fischio iniziò finalmente a cessare. «Ti daremo noi un po' di tempo…» e a quel punto sentii un altro fischio, questa volta però era fuori dalla mia testa. Somigliava a quello di una pentola a pressione e aumentava via via sempre di più. Rapidamente se ne aggiunsero molti altri uguali: venivano dalle bombole. Qualcosa doveva averle aperte. Le loro valvole improvvisamente stavano depressurizzando, sgasando letteralmente come delle bottiglie di Coca – Cola. Al silenzio improvviso che arrivò, seguì il boato di un'esplosione. Riaprendo gli occhi vidi le fiamme di cento draghi arrabbiati sbarrare il passaggio al ponte. Colonne di fuoco si sollevavano dal suolo per una decina di metri. La muraglia di fuoco che si creò in pochi istanti mi costrinse ad allontanarmi trascinandomi carponi finché il calore alla schiena non divenne sopportabile. Questa volta quelle due non si erano proprio regolate: a momenti avrebbero fatto flambé anche me. Così facendo però riuscii a guadagnare tempo. Una volta trovate le forze per tirarmi su, ammirai la barriera di fuoco. I due esseri abominevoli tentavano invano di attraversarla.

«Adesso!» disse la vocina dentro la mia mente. «Sali sul muretto e buttati». Esitai, ma era proprio così: mi stavano davvero dicendo di buttarmi dal ponte. Corsi fino al parapetto sporgendomi giù, sotto di me l'acqua impetuosa a causa del dislivello del letto del fiume. «Buttati, bambina! O adesso o mai più!».

Fu quando le colonne di fuoco iniziarono a spegnersi che compresi che aveva ragione. Guardando il viso deturpato di Alastor, lessi nei suoi occhi infossati una sfrenata voglia di prosciugarmi fino all'ultima goccia, come se davanti a sé ci fosse una grande noce di cocco piena di latte da succhiare. Fu quell'immagine a darmi il coraggio di salire sul parapetto. Il resto a quel punto venne da sé.

INDŪCĔRE ET CORRĬGĔRE

Ci sono cose che la mente umana non riesce nemmeno a immaginare, come svegliarsi una mattina e ritrovarsi in un corpo perfetto o recarsi a lavoro e scoprire di essere la preferita del capo: praticamente fantascienza! Tuffarmi nel Tevere, buttandomi giù da un ponte, era sicuramente un'altra di quelle. Una volta sott'acqua, fu come se qualcuno avesse avviato la centrifuga. Tanta era la foga dell'acqua che non riuscii neanche a capire da che parte salire a galla. Persa in un vortice fatto di bolle e schiuma chimica, pensai di morire annegata. Sempre meglio che morire per mano di Alastor o quella stronza ossigenata, ovviamente!

Quando tirai la testa fuori dall'acqua ricominciando di nuovo a respirare mi accorsi che il mondo aveva finalmente perso qualsiasi fischio. Erano almeno dieci anni che non avevo una crisi d'asma di quel tipo. Da bambina mamma mi aveva regalato un inalatore tutto rosa capace di illuminarsi al buio. Diceva che tutte le principesse avevano uno scettro e che dunque avrei dovuto portarlo sempre con me. Stremata dall'impeto della corrente, trovai un po' di forza per sollevare lo sguardo al ponticello da cui mi ero appena lanciata. Stentavo a crederci! Guardandomi attorno non vidi nessuno. Ero sola. Lasciandomi trascinare dalla corrente, giunsi in prossimità dell'argine dove una banda di gabbiani impettiti aveva assistito a tutta la scena. Mi sembrò di udire di nuovo una voce. Sembrava quella di Vania: forse iniziavo ad avere le allucinazioni, uno dei primi effetti dell'ingestione d'acqua non decontaminata.

«Gabbiani merdosi!» sentii in lontananza Questa volta la voce era forte e chiara. Imbestialiti come tori, i gabbiani iniziarono a sparpagliarsi qua e là.

«Bambina!» Mi trovarono prima ancora che io le vedessi. Erano sulla sponda e agitavano una canna di fiume più alta di loro.

«Sei stata bravissima!» mi sussurrò Vilma afferrandomi per

un braccio. Dovettero tirare in due per farmi uscire dall'acqua ma alla fine ci riuscirono; non erano tipe che si arrendevano facilmente.

«*Madre de Dios,* hai avuto tanto coraggio!». Non ero abituata a sentirmi dire cose del genere.

«Vorrei proprio sapere dove diavolo sta quel *bucaiolo* di Hermes!»

«Non dovevamo vederci con lui a mezzanotte?» domandai con un filo di voce.

«Appunto!» rispose furiosa. Salendo le scale scoprimmo che l'auto grigia era sparita e con lei, per fortuna, anche Alastor e accompagnatrice. La mia, invece, era esattamente dove l'avevamo lasciata, solo che adesso era circondata da quattro volanti della polizia. Erano venute in soccorso dei colleghi che adesso giacevano senza vita sull'asfalto. Eravamo ufficialmente delle assassine. Avrebbero fatto il mio nome al telegiornale, a mia madre le sarebbe preso un infarto. Oltre ai miei documenti in auto era rimasto anche il palmare così non avrei potuto darle nessuna spiegazione. Andammo via rapidamente. Nel tragitto a piedi verso casa avvertii un senso di nausea: gli effetti delle tossine iniziavano a farsi sentire. «Tranquilla, penseremo noi a te!» mi disse Vania per tutto il tragitto.

Dopo avere vomitato un paio di volte agli angoli della strada arrivammo finalmente a casa. Come se fosse tornato improvvisamente l'inverno iniziai a battere i denti come non mai. Non avevo mai sentito così tanto freddo in vita mia. Al fine di rimuovere dalla pelle ogni traccia di tossine residue, mi lavarono più e più volte abbondando con il bagnoschiuma. Non riuscivo a tenere gli occhi aperti così le implorai di portarmi a letto ma loro m'informarono che quella notte avrei dormito lì. Mi distesero sul fondo della vasca da bagno riempendola fino all'orlo con acqua bollente, poi iniziarono a buttarci dentro qualsiasi cosa, come fosse un pentolone per la minestra: latte, vino rosso, calendula e placenta di vacca (Vania ne portava sempre una boccetta con sé per le emergenze).

Intanto che il pentolone iniziava a bollire, la febbre continuò a salire vertiginosamente. I brividi arrivavano all'improvviso, e ogni volta mi sembrava di essere sul punto di morire. Quando la febbre aumentò ulteriormente iniziai a vaneggiare e alla fine sentii le forze andare via del tutto. Poi fu l'oblio. Sprofondai nel nulla, trovandomi attorniata dal buio pesto. Vidi il volto di Mauro, per la prima volta dopo tanti giorni e Nonna Livia venirmi incontro con un vassoio di *profiterole* ricoperti di cioccolato. C'era anche Vania, la vedevo sorridere a due passi da me. Sembrava felice e spensierata, ma quella felicità non durò molto; il suo volto divenne triste pochi istanti dopo. Avrei voluto dirle qualcosa ma non riuscivo a muovermi. Tutto era troppo veloce.

Si dice che quando si è sul punto di morire la vita scorra davanti agli occhi come la pellicola di un film. In questo caso, però, i fotogrammi della pellicola non sembravano quelli della mia vita. Sì, perché all'infuori di Mauro, nonna e qualche porzione di tiramisù alla fragola, non mi sembrò di riconoscere nulla se non quei sogni privi di senso che continuavo a fare da un po'. Vidi di nuovo quella torre: questa volta ero riuscita a raggiungerla. Con i piedi sporchi di polvere ero finita nelle segrete del castello, dove ad attendermi c'era ancora lui: lo scheletro ammanettato e vestito di bianco. Non c'era stato tempo per valutare altro perché un attimo dopo, salendo delle scale ripidissime, ero sbucata in uno spazio all'aperto tutto verde. Sembrava un giardino, abbandonato e immenso. Mi colpirono i tre alberi di pino morti: erano gli stessi del sogno col tramonto e la notte stellata. Erano altissimi e i loro rami seppur sprovvisti di chioma riuscivano comunque a creare un'ampia ombra sotto cui l'erba infestante cresceva indisturbata. Rami secchi di siepi e cespugli si estendevano per centinaia di metri, i roseti ormai abbandonati avevano ancora i fiori secchi attaccati ai rami. Le piante infestanti, che avevano preso possesso delle aiuole, si erano spinte fino a quello che doveva essere il vialetto che conduceva al portone dell'edificio. Era color porpora, anch'esso in evidente stato di abbandono. Nonostante la confusione del mio delirio, abbandonandomi completamente a quelle visioni, riconobbi la musichetta che avevo sentito nei sogni precedenti: era sempre la stessa. Poi finalmente il freddo che mi aveva attraversato le ossa fino a quel momento iniziò a diminuire e con esso svanirono anche i sogni, lentamente, fino a dissolversi nel nulla, finché un dolce tepore non prese il sopravvento. Entrò dagli occhi, attraversandomi le palpebre e, passando per la gola, arrivò prima ai polmoni e poi alle gambe. Nel riaprire gli occhi, vidi i suoi capelli biondi. *Mi ha trovata*, pensai ancora intontita. Incombeva su di me, impedendomi di vedere oltre il suo seno, stringendomi così forte da non riuscire a muovermi. Scovai il suo viso dal basso: somigliava a una di quelle attrici di Hollywood degli anni Venti, dai capelli ondulati e gli occhi di ghiaccio. Stavamo a una vicinanza imbarazzante, eppure non l'avevo mai vista prima. Mi accarezzava i capelli dolcemente mentre io, inerme come un sacco di patate in un tinello, riuscivo solo a percepire le sue ginocchia sotto la nuca. Conoscevo la sua voce e una volta compreso che ci fosse qualcosa di molto strano mi sollevai di scatto.

«*Quidado*!» esclamò col suo accento inconfondibile, «non devi fare movimenti così rapidi, bambina». La voce era certamente la sua. *Ma dov'era finito tutto il resto?* mi domandai voltandomi verso di lei per poi scoprirmi nuda dentro la vasca da bagno.

«*Ahi, mi vida*!» fece a quel punto alzando gli occhi al cielo. «Non avere paura…» aggiunse ridendo. «Sono sempre io!» disse muovendo una ciocca dei suoi capelli.

«Suvvia, è arrivata l'ora di tirarsi su!» urlò Vania dal corridoio. «Basta fare la bella addormentata!». Colei che a quel punto entrò in bagno non era la donna che avevo conosciuto finora. I suoi capelli non erano più di fuoco ma neri come il carbone e legati in delle sottili treccioline. Anche il suo viso era diverso, più magro e squadrato del solito. Qualcosa di selvaggio dominava i tratti del volto cosparso di lentiggini, a mo' di farfalla, dal dorso del naso fino agli zigomi. Per un attimo mi sembrò di vedere una guerriera amazzone.

«Ma che diavolo vi è successo?» dissi sbalordita.

«È solo merito del *mutatio!*» mi risposero.

«È un incantesimo, bambina. Tira fuori la parte nascosta che è in te…»

«Nel caso di Vilma ha tirato fuori la sua versione Barbie!» la interruppe Vania mettendole uno specchietto davanti agli occhi.

«Eccola: Barbie Spia!»

«E tu, invece?» le domandai incuriosita.

«Non l'ho ancora capito!» rispose pensierosa. «Deve c'entrarci qualcosa la mia bisnonna» aggiunse. «O la reincarnazione di qualche trisavola!»

«Ma perché l'avete fatto?»

«Sono due giorni che dormi, bambina. Qualcosa dovevamo pur fare!»

«Due giorni? Ma che dici!»

«Sì, bambina, ti abbiamo preso per i capelli, ma ce l'abbiamo fatta!». Gli effetti delle tossine erano stati peggiori di quanto potessi immaginare. Mi descrissero ciò che era accaduto al mio corpo in maniera dettagliata e lì compresi cosa significasse esattamente l'espressione "non potabile". Dopo aver vomitato, mi ero ricoperta di chiazze rosse che si erano trasformate in bolle e poi in pustole. Il mio battito si era arrestato ben due volte durante le prime ore, ma per fortuna Vilma era stata lì al mio fianco senza mollarmi un solo istante. Vania aveva guarito le ferite alla bocca e alla lingua con i suoi unguenti di bava di lumaca e tramite le candele che bruciano senza mai consumarsi, aveva asciugato tutta l'acqua presente nei miei polmoni. Il motivo per il quale avevano deciso di ricorrere al *mutatio* era stato uno solo: da quel giorno eravamo diventate delle criminali ricercate. La stampa parlava di noi, i telegiornali parlavano di noi. Attraverso gli occhi di Romeo avevano dato un'occhiata in giro mandandolo a spasso per la città: i *video–wall* per le strade e i *monitor* giganti tra i palazzi della Tuscolana non facevano che trasmettere le immagini delle nostre riprese dall'alto, di continuo. La prima persona che mi venne in mente fu la mia futura suocera, o meglio "ex futura suocera", mentre assisteva alla rovina della reputazione della sua famiglia esemplare al notiziario. Dentro di me, in una parte nascosta, a dire il vero neanche tanto nascosta, nacque una sensazione del tutto nuova a cui non riuscii a dare subito un nome. Non era vergona, non era nemmeno timore. Quanto più un senso di sottile piacere. Solo dopo il mio pensiero andò a Mauro e le cose cambiarono. Doveva essersi arrabbiato tanto e adesso stava sicuramente provando vergogna per sé stesso e per la sua famiglia.

«Abbiamo fatto un ottimo lavoro su di te!» mi sussurrò Vilma prima di andar via.

Allarmata mi toccai subito i capelli «In che senso?» le domandai e guardandomi allo specchio di fronte alla vasca mi sembrarono ancora del mio colore.

«*Mira!*» rispose aiutandomi a tirarmi su. Fu a quel punto che vidi la mia immagine riflessa per intero. Mi voltai continuando a guardare le mie forme, incredula, osservandomi di fianco, da dietro, a tre quarti: non riuscivo a crederci. Per accertarmi che non fosse un effetto ottico tolsi subito l'asciugamano: per la prima volta nella mia vita le mie proporzioni erano quelle di una ragazza magra.

Per la felicità, non trattenni le lacrime.

«La banda delle escort e la ragazza grassa. In TV non si parla d'altro!» disse a quel punto Vania. «Dovevamo inventarci qualcosa!».

«Basterà a non farmi riconoscere dalla polizia?».

«Bambina» mi disse Vilma prendendomi sotto braccio, «la prima cosa che devi imparare della magia è avere fiducia». Ai tempi ancora non riuscivo a comprendere a pieno il senso di quelle parole. Uscendo dal bagno, dove avevo trascorso le mie ultime quarantotto ore, aggiunse qualcos'altro: «Dì là c'è una sorpresa che ti aspetta!». Con il solo asciugamano addosso percorsi il corridoio senza riuscire a staccare gli occhi dal mio nuovo girovita. Stentavo a crederci eppure era vero: la zavorra che mi ero portata dietro per tutta la vita era magicamente svanita nel nulla. Per un attimo ebbi come l'impressione di sentirmi osservata: in salotto, nella sua divisa blu e grigia, giocherellando con una carta da poker tra le dita, c'era Tommaso, il ragazzo col codino. Vania doveva averlo posizionato lì già da un bel po' e a quel punto io, in totale imbarazzo, mi fiondai in stanza.

La prima cosa che trovai fu una vestaglia di Vania. La indossai e andai a salutarlo. Non appena mi vide spuntare dal corridoio cominciò a grattarsi la testa nervosamente. Mi resi conto che la vera sorpresa era un'altra. Riconobbi subito la confezione: era il tiramisù alle fragole! Doveva essere stata un'idea di Vilma. A quel punto offrii un po' di dolce anche a lui che, però, disse di essere allergico alle fragole. Era il mio giorno fortunato! Lo spazzolai via tutto e lui continuò a osservarmi per tutto il tempo. Tommaso era stato mandato da Hermes per proteggerci da eventuali visite spiacevoli. A dire il vero, a casa di Vania ci sentivamo in una botte di ferro. Ma restavamo delle ricercate. Ogni tanto sentivamo le sirene della polizia sfrecciare per strada, certe che fossero sulle nostre tracce. Ma non era la polizia a spaventarci quanto tutto il resto. Tommaso ci spiegò che in quelle quarantotto ore la Wicca era riuscita a raccogliere informazioni importanti: si trattava di un gruppo cresciuto velocemente negli ultimi anni. Si facevano chiamare "I Figli di Lilith", il demone femminile della religione mesopotamica, portatore di disgrazie, malattie e morte nonché demone notturno e predatore di bambini. Il loro simbolo era la luna nera poiché, nell'antichità, Lilith veniva rappresentata come un satellite della terra, invisibile compagno della luna. Tra loro figuravano stregoni molto potenti tra cui Alastor e la stronza bionda che avevamo visto durante la cerimonia. I travestimenti avrebbero potuto ingannare la polizia, ma non certo loro. Proprio per questo Hermes aveva escogitato un piano: quella sera avremmo fatto un *innesto*. In pratica dopo aver schermato la nostra aura, Hermes ne avrebbe inserito un piccolo frammento in un altro corpo che così avrebbe fatto da specchietto per le allodole. Un vero e proprio depistaggio da spie russe!

Quella sera Hermes si materializzò nel buio e fece prendere un colpo anche ai gabbiani. Quando vide Vania e Vilma conciate in quel modo, si lasciò andare subito a una grassa risata. Hermes aveva portato con sé una scatola traballante. Dedussi che doveva trattarsi di un animale, probabilmente un coniglio o un gatto. Mi piacque subito l'idea di mettere la mia aura nel corpo sinuoso di un felino che si muoveva svelto per la città. Purtroppo la mia rimase solo un'idea perché quando aprii la scatola uscirono tre pantegane. Ci spiegò che erano ideali in quanto capaci di percorrere chilometri e chilometri al giorno senza stazionare mai troppo a lungo nello stesso posto. "*indūcĕre*" e "*corrĭgĕre*" era tutto ciò che avremmo dovuto pronunciare e i tre animali avrebbero cambiato direzione fino al prossimo comando. Così, con la stessa facilità con cui si toglie un capello da una giacca, quella sera Hermes prelevò una piccola scintilla dalle nostre aure. Una volta terminato l'innesto i tre animaletti apparvero, intontiti come sotto effetto di anestetico. Hermes ci spiegò che l'innesto abbassava il livello di funzionamento del loro sistema nervoso ma che comunque non c'era da preoccuparsi. Volle che fossi io la prima e così, guardandoli dall'alto, pronunciai la formula magica.

«*Indūcĕre*!» dissi, incredula. Improvvisamente la bestiolina al centro, la più grassottella, fece un passo in avanti. Quando Vania e Vilma fecero lo stesso i tre mostriciattoli pelosi si diedero subito alla fuga sparendo per sempre nel buio della notte.

L’ORA DEL DIAVOLO

La formula magica avrebbe tenuto lontani i nostri nemici per un po’. Appurato ciò, dovevo risolvere alcuni problemi. Primo fra tutti, mia madre! Dovevo parlarle. Così decisi che sarei andata a cercarla in ospedale con o senza il permesso della Wicca. Non potevo lasciarle credere che facessi davvero parte di una banda di escort omicide. Quei maledetti droni–robot avevano filmato tutto: i corpi degli agenti riversi per terra, l’esplosione; persino il momento in cui mi ero buttata giù dal ponte. Se mamma avesse visto quei filmati le sarebbe preso un infarto. Tra l’altro – mi ricordai – nella mia auto, rivenuta nel luogo del delitto, c’era anche la mia borsa con il palmare e i documenti. Per fortuna, però, avevamo non una ma ben due coperture: le nostre sembianze, così come le nostre aure, erano state camuffate a dovere.

Quella sera, prima di dileguarsi insieme alle pantegane, Hermes ci aveva fornito qualche informazione in più anche su Angelica: era questo il nome della lurida stronza che ci dava la caccia insieme ad Alastor.

«È una delle figlie di William Woodman» ci spiegò e tutti iniziarono ad annuire, pure i gabbiani appollaiati sopra le antenne sembravano conoscere questo nome. A quanto pare, tale Woodman, insieme ad altri tre sciroccati, nel 1888 aveva fondato a Londra una società segreta con un nome che era tutto un programma: “Ordine Ermetico dell’Alba Dorata”, in cui si praticava una forma di spiritualità che sconfinava con l’occultismo e le arti magiche. Angelica Wilson, nome completo della perfida bionda, attorno al 1998 aveva mosso lì i suoi primi passi ma l’Ordine evidentemente non doveva averla soddisfatta un granché così poco dopo giunse in Italia. Più precisamente a Bologna dove, guarda caso, l’anno dopo scoppiò il caso dei “bambini di Satana”. Non si sa se Angelica facesse parte della setta accusata di violenze e abusi su minori, ma per quel poco che la conoscevo qualcosa mi diceva che a Bologna non c’era andata per imparare a fare i tortellini! Neppure Bologna però riuscì a soddisfare le sue aspettative. Decise di andarsene, facendo perdere le sue tracce. Dalle ricerche della Wicca era emerso che Angelica, una volta abbracciato il culto di Lilith, aveva abbandonato definitivamente l'Ordine per fondare un nuovo gruppo di adorazione dal nome "I nuovi figli della notte".

«Se non è zuppa è pan bagnato!» commentò Vania. Pensando ai poteri della donna, mi vennero i brividi. Era una mentalista. La sua specialità erano i sogni, o meglio, gli incubi indotti a occhi aperti. L'agente si era sparato un colpo in testa per sfuggire alla sua manipolazione mentale. C'era un'unica nota positiva. Il suo potere, per avere efficacia, aveva bisogno di una distanza ravvicinata tra lei e la persona colpita. Ecco perché, per entrare in azione, aveva atteso comodamente in auto che l'agente la raggiungesse, motivo per il quale era chiamata "la vedova nera" in quanto prima di attaccare attende che la preda si avvicini e, solo allora, la conduce alla morte obbligandola a uccidersi.

Pensai a mia madre. Dovevo assolutamente parlare con lei. Prima di correre da lei in ospedale c'era un ultimo dettaglio da conoscere: chi fosse il terzo elemento, la donna anziana con la provetta. Di lei Hermes non era riuscito a vedere nulla. Aveva intravisto solo una casa buia vicino un ospedale e delle mani imbrattate di sangue, senza riuscire a identificare la casa in cui vive. Il fatto che anche la sua aura fosse schermata faceva di lei un elemento cruciale della setta e dunque altrettanto pericoloso. La Wicca ci aveva vietato in maniera assoluta di allontanarci da casa ma io sarei andata da mamma con o senza di loro. Consapevoli di ciò Vilma e Vania avevano accettato a patto che Tommaso fosse venuto con noi.

«Signorì, io non ve lo posso proprio fare questo piacere, mi mette in difficoltà con la Congrega!» si lamentò Tommaso, continuando a darmi del Voi.

«Capisco che non puoi accompagnarci, però ti prego, lasciami andare».

«Signorì, ma voi lo sapete cosa mi succede se la Wicca scopre una cosa del genere?» disse piantonando la porta di casa. «È prevista la pena di morte, lo sapete questo?»

«Piantala di darmi del Voi!» inveii e alla fine, acconsentì. «Va bene, m'arrendo!». Lo abbracciai. Tommaso non era un fustacchione come il Colonnello, ma uno spilungone dal busto esile e tosto come un savoiardo prima di inzupparlo nel mascarpone. Uscendo da casa due volanti della polizia ci sfrecciarono accanto. Per l'ansia non aprimmo bocca fino alla fermata più vicina.

Una volta arrivati ai tornelli ci imbattemmo in una pattuglia dell'esercito. Nessuno di noi, eccetto Tommaso, aveva con sé il biglietto della metro, né tanto meno una carta di credito per comprarne uno. Io avevo lasciato tutte le carte in auto insieme ai documenti. Fu Vania ad aprire quei tornelli ma una vecchietta in fila dopo di noi, con due buste della spesa in mano strapiene e i baffetti decolorati imperlati di sudore si accorse di tutto e, anziché scegliere di tacere, da vera paladina della giustizia ebbe subito qualcosa da ridire. «Le solite straniere che non pagano le tasse...» esclamò a tutta voce. «E poi si lamentano che le cose non funzionano!». Nel sentire le urla della signora, i soldati avanzarono verso di noi.

«Che ti strilli baffona?» le urlò Vania sovrastandola con la voce. Oltraggiata dall'insolenza di Vania la signora incalzò in men che non si dica. Le cose si mettevano male. In una frazione di secondo Tommaso si vide già col cappio al collo. Quella della Wicca non sarebbe stata certo una semplice corda, semmai si sarebbe trattato di un cappio ultra tecnologico, in fibra di carbonio, con regolazione automatica della temperatura e della pressione esercitata intorno al collo. Dov'eravamo arrivati? Ah sì, la signora coi baffi. Era pronta a chiedere l'intervento dei soldati quando le buste che teneva in mano si sfondarono all'improvviso. «M'hai scocciato!» esclamò Vania un attimo prima che le bottiglie di concentrato di barbabietole finissero in frantumi sul pavimento. Quando la chiazza rosso sangue iniziò a espandersi attorno ai suoi piedi, le parole le morirono in bocca ancor prima che riuscisse a pronunciarle. Approfittando dello stupore della donna e della lentezza dei soldati, a grandi passi ci dirigemmo verso l'uscita.

«Rimango sempre *encantada* dal talento di Vania in certe

cose…» mi confessò Vilma prendendo posto. «Trova sempre soluzioni originali». Il treno era quasi vuoto, se non per qualche passeggero qua e là ma Vania andò a sedersi qualche sedile più giù. Approfittai della sua lontananza per confidarmi con Vilma.

«L'ho sognata di nuovo» le dissi con lo sguardo fisso su Vania. «Secondo te come mai?»

«Bambina» disse sorridendomi con i suoi occhioni blu, «hai riposto tante aspettative in lei». Aveva ragione, come sempre. «È che questi sogni così strani… Non riesco proprio a spiegarmeli!». Fu allora che mi accorsi di Tommaso: mi fissava da un po' ma voltandosi di scatto per distogliere lo sguardo mise in mostra il pendente dorato che portava al lobo sinistro. Somigliava a un punteruolo per rompere il ghiaccio. Gli sfiorava la base del collo, lì dove i tatuaggi sbucavano fuori dal colletto della divisa. Il più grande terminava sulla nuca in corrispondenza dell'attaccatura dei capelli. Erano castani, folti e lucenti con i riflessi rossi come fili di rame. Era la prima volta che li vedevo sciolti.

«Questa volta, oltre lo scheletro del castello, ho visto anche un giardino» ripresi. «C'erano degli alberi di pino morti che ho già visto in un altro sogno…»

«Te l'ho già detto, il tuo inconscio in questi giorni sta facendo gli straordinari…» rispose stringendomi la mano. «Concediti un po' di tempo». Sì, avrei solo dovuto aspettare che l'incubo in cui mi ero cacciata finisse.

«E poi sono certa di sentire sempre la stessa…»

«Abbassate un po' il volume!» ci ammonì Tommaso ricordandoci che eravamo delle ricercate. Per fortuna mancavano solo due fermate e finalmente avrei riabbracciato mamma. Non era stato poi così complicato. A un tratto Tommaso ci fece segno di prepararci a scendere e quando gli feci notare che in realtà non era ancora ora diventò rosso come la passata di barbabietole della signora baffuta. Non ero abituata a far arrossire qualcuno: tutto merito del *mutatio!* Non riuscivo ancora a credere di portare una quarantadue. Non era stato difficile trovare qualcosa della mia nuova taglia: una quarantadue! Anche Noha portava la stessa così Vania era andata a racimolare qualcosa nel suo armadio. Tornò con un paio di *jeans* chiari a vita alta, un po' scoloriti.

Profumavano di muschio e gardenie. Quando Vania me li vide addosso per un attimo cambiò espressione. Mi sentii in colpa, forse avrei dovuto evitare. Ma non era il momento di pensare a questo. Eravamo giunti a destinazione. Salimmo in fretta al piano superiore imbattendoci nelle nostre gigantografie. Eravamo ovunque, sui *video–wall* della stazione, sui palmari della gente. Il notiziario sullo schermo vicino l'uscita aveva appena chiuso il servizio che parlava di noi. A seguire le immagini di piazza San Pietro assediata dalle auto della polizia. Doveva essere successo qualcosa in Vaticano. Scoprimmo che era stato trovato morto un cardinale.

«Andiamo!» disse Tommaso controllando l'uscita. Quando finalmente vidi la scritta "Policlinico Casilino" mi sentii a casa.

«Sei sicura che tua mamma sia in servizio?». Quella sera faceva il turno di notte. Oltrepassato il cancello d'ingresso, la prima cosa che notammo in lontananza fu la camionetta dell'esercito parcheggiata tra le ambulanze. Mi ricordai subito quanto mi avesse detto mamma sulla presenza dei militari negli ospedali.

«Non possiamo salire!» feci arrestandomi all'istante.

«Come no?»

«C'è l'esercito in ogni reparto!» risposi. Un'addetta alle pulizie stava spazzando davanti l'ingresso. Decisi di andare sola. Quando mi trovai a due passi da lei, la riconobbi: era Patrizia, c'eravamo incontrate diverse volte, come quella in cui ero venuta in ospedale per portare la cena a mamma, durante una delle nostre diete sincronizzate. Era sempre stata gentile con me.

«Ciao!» le dissi andandole in contro. Ero felice di vedere una faccia amica ma quando alzò lo sguardo sul suo viso mi sembrò di intravedere una smorfia.

«Come posso aiutarla?» rispose scocciata. Non comprendevo il motivo di una reazione così fredda, ma poi ci arrivai, era colpa del *mutatio*. Rimasi stupita, come faceva a non riconoscermi? Non ero mica così diversa in fondo.

«Avrei bisogno di parlare con Emma» risposi restando in incognito. «Si tratta di un'urgenza!»

«Emma?» ripeté. «Chi? l'ostetrica o l'anestesista?»

«L'ostetrica!»

«Ok!» fece continuando a svuotare i posaceneri. «Chi la cerca?».

«Le dica che sono la nipote di Livia, lei capirà!».

«Aspetta qua!» disse senza nemmeno guardarmi negli occhi e rientrando sparì dietro le porte scorrevoli della *reception*. A quel punto feci segno alle altre di raggiungermi, dovevano assolutamente conoscere mamma. La parte più difficile sarebbe stata spiegare a mamma che quelle due sgallettate fossero amiche di nonna ma ormai ero pronta a tutto. Passarono una decina di interminabili minuti prima che le porte si aprissero nuovamente: non era mamma ma un giovane medico col palmare in mano. *E se non capisse che si tratta di me*? pensai dopo un po' ma Vilma, accendendo l'ennesima sigaretta, mi ricordò di avere fiducia. Quando arrivò la riconobbi dal rumore degli zoccoli sull'asfalto. Non uscì dall'ingresso principale ma da dietro. Sbucò all'improvviso dall'angolo dell'edificio. Vedendoci lì ferme impalate si arrestò di scatto strizzando gli occhi. Non mi aveva ancora messo a fuoco e per un attimo temetti che non mi riconoscesse neanche lei.

«Vale!» esclamò sistemandosi gli occhiali. Le corsi in contro e tuffandomi tra le sue braccia scoppiai in lacrime. Sapevo che non avremmo avuto molto tempo a disposizione, così cercai di essere veloce e concisa.

«Ma che hai combinato a'mamma?» m'interruppe. «Sono tre giorni che non dormo!». Mi disse ciò che aveva visto in TV. «Ma sei tu quella che si vede sul ponte?» domandò iniziando a tastarmi ovunque. «Ti sei rotta qualcosa?»

«Sì, ero io» le risposi afferrandole le mani. «Ma sto bene! Adesso ascoltami!»

«Che t'è successo? Ti vedo sciupata, che t'hanno fatto?»

«Ho solo perso quei chili che dobbiamo perdere da una vita!» le risposi tralasciando il resto.

«Ma sei sicura di stare bene? Mi sembri agitata…» aggiunse allungando lo sguardo alle mie spalle.

«Ovvia, ci si presenta da sole noi!» si inserì Vania spostandosi le treccine dagli occhi. «Piacere, Vania. Lei è la

Vilma, siamo due amiche di Livia!». Seguì un momento di silenzio, non era così che sarebbero dovute avvenire le presentazioni.

«Dimmi la verità» disse mamma a quel punto guardando Vilma accendere un'altra sigaretta. «Hai iniziato a drogarti?»

«No mamma, t'ho detto, sto bene!» le riposi prendendole il viso tra le mani. «Io però non ho tanto tempo per spiegarti tutto, quindi devi fidarti di me! Ok?». La lezione di Vilma sulla fiducia alla fine l'avevo imparata. In un modo o nell'altro, le spiegai tutto, tutto ciò che fosse di semplice comprensione e vagamente plausibile. Le raccontai di come avessi conosciuto Vania, della setta che ci voleva morte e di come fossero loro i veri autori degli omicidi. Ci mancò poco che le venisse un infarto così, per tranquillizzarla, le dissi che una squadra speciale dell'esercito ci scortava da giorni per proteggerci e che non c'era nulla da temere. Per darle prova di ciò, feci segno a Tommaso di raggiungerci. Al suo arrivo per mamma fu una specie di folgorazione, un colpo di fulmine.

«Oddio, Gonzalo!» esclamò sfiorando l'infarto per la seconda volta.

«Gonzalo?» ripetemmo in coro. Fu il colpo di scena.

«Mamma, chi è Gonzalo?»

«Gonzalo, l'attore della *fiction* del giovedì sera!» disse togliendosi gli occhiali. Conoscevo i gusti di mamma: aveva un debole per i bellocci col fascino da pirata. Motivo per il quale non gli era mai piaciuto Mauro, sempre così impostato. Tommaso diventò rosso per l'imbarazzo. Si presentò a mamma con garbo e io ne approfittai per abbracciarla ancora un po'. Non era mai passato così tanto tempo senza vederci.

«Ma sei sicura che nonna frequentava queste due?» mi sussurrò all'orecchio fissando la minigonna di Vilma. Come facevo a spiegarle che nonna era in realtà una mezza strega? Poi arrivò il momento di salutarci.

«Già te ne vai?» disse mandandomi il cuore in frantumi.

«Non possiamo stare qui, è pericoloso anche per te...»

«*Un momentito*!» esclamò Vilma «Hermes ha detto di aver visto un ospedale...»

«Sì, riguardo l'abitazione della donna anziana!» confermò Tommaso.

«Potrebbe essersi sbagliato, magari l'ospedale che ha visto non si trova vicino casa della vecchia...»

«Magari ci lavora!» esclamai comprendendo cosa avesse in mente.

«Chissà, la tua mamma allora potrebbe conoscerla...»

«*Me fate capì* qualcosa pure a me?» sbraitò mamma.

«Signora, prenda la mia mano...» le disse Vilma andandole incontro. «La stringa forte a occhi chiusi...» aggiunse. «Le farò visualizzare qualcosa direttamente nella sua mente!»

«Vedi che non mi sbagliavo sulle droghe?»

«Chiuda gli occhi, si fidi di me!»

«Con questa storia della fiducia m'avete scocciato!» l'avvertì prima di chiudere gli occhi. Non poteva sapere che Vilma risolvesse tutto in questo modo. Quando fece come le aveva chiesto, per un attimo ebbi timore che qualcosa potesse spaventarla. Ma mamma non era una che si lasciava turbare facilmente, aveva preso da nonna! Così, dopo qualche momento di silenzio, aprì bocca. «Di qualunque cosa si tratti mi sa che è roba buona!» esclamò facendo ridere tutti. Contenuti gli animi, Vilma iniziò a guidarla. «Giù in fondo, dietro quell'altare, ci sono tre persone, riesce a vederle?»

«Sì, laggiù in fondo» le rispose concentratissima, «uno, due e tre. Le vedo!».

«Perfetto! Ci sono due donne, si concentri su quella più anziana...»

«Hanno un cappuccio in testa! Ah ecco, sì, adesso lo hanno tolto. Dunque, quella più anziana mi sembra quella a sinistra. Il suo viso mi dice qualcosa...» aggiunse tenendoci sulle spine. «Aspetta... ma certo che la conosco!». L'aria intorno a noi si arrestò all'istante.

«Oddio, inizia a girarmi tutto...» ci avvisò iniziando a perdere l'equilibrio, al che Vilma fu costretta a lasciarle subito la mano. Per la gioia di mamma, Tommaso si prestò a sorreggerla. Quando il pallore del suo viso svanì fu allora che mise insieme i pezzi: non ricordava il suo nome ma era certa che avesse lavorato in ospedale per diverso tempo. «Se non mi sbaglio, al penultimo piano, in terapia intensiva...»

Guardandola negli occhi le domandai se ci fosse modo di trovare qualche informazione su quella donna. Ci pensò per bene e poi rispose che forse un modo c'era; bisognava cercare nel *database* dell'ospedale. Le chiesi di portarci subito lì e, per evitare di imbatterci nei militari che piantonavano il secondo piano, ci fece salire per le scale d'emergenza. Così, passando per la lavanderia e la cucina a quell'ora deserti, finalmente arrivammo in amministrazione. I computer sopra le scrivanie erano spenti. *Pensa*, mi dissi cercando di capire cosa fare e a quel punto le domandai quale fosse la postazione del direttore sanitario. Il suo nome era Alfredo Pepe e il suo era l'unico computer in modalità *standby*. Mossi il mouse e quando il pc si riavviò ebbi la prova che i miracoli esistessero! Funzionava, forse la fortuna era dalla nostra parte. Poi arrivò il momento più ansiogeno: quello della password. Dopo vari tentativi, Vania riuscì a eludere la password a modo suo. Ero eccitata, per la prima volta mi sentii di fare il mio lavoro: il giornalismo d'inchiesta mi scorreva nelle vene ed era come una sorta di estasi. Finalmente sentivo di essere utile alla squadra. Dal database risalimmo alle mansioni di tutti i dipendenti e da lì ai reparti di appartenenza. La vecchia stronza si chiamava Donata e aveva prestato servizio in quel reparto dal 2027 al 2036 anno in cui aveva dato le dimissioni. Avevamo non solo il suo nome ma adesso anche un indirizzo di residenza.

«Si va a prenderla a calci in culo!» esclamò Vania mentre mamma e Vilma nel frattempo confabulavano come due amiche di vecchia data. Tra una sigaretta e l'altra Vilma le raccontò tutto quello che era accaduto in quei giorni. Anche quello che sarebbe stato meglio evitare, tipo che Mauro era uno stronzo e che avrei dovuto mollarlo e anche su questo le due si trovarono in perfetta sintonia.

«Ma perché ce l'hanno con voi 'sti maledetti?» ci domandò. «Perché vi temono così tanto?». Nessuno di noi fu in grado di dare una risposta. In effetti brancolavamo nel buio su molti aspetti, sul perché volessero ucciderci e sul motivo per il quale l'arrivo di Vilma fosse stato interpretato come una minaccia.

Insomma, erano tante le cose a cui non sapevamo dare una spiegazione. Cosa sapevamo di loro? Ben poco, se non che, sostanzialmente, offrivano bambini in sacrificio.

«Ma perché?» mi domandai. «Qual è il motivo per cui lo fanno?»

«Per accrescere il loro potere!» rispose Vania alzandosi in piedi. A detta di Vania nel Grimorio Anonimo si trovava un capitolo dedicato al conferimento di poteri magici. Tra i rituali descritti ce n'era uno in particolare, ci spiegò, che prevedeva l'intercessione di Lilith. Veniva celebrato di notte, durante l'ora del diavolo.

«L'ora del diavolo...» sussurrai fissando la tastiera, «quale sarebbe?»

«Tra le tre e le quattro...». Mi ricordava qualcosa. Dopo il parto della cugina di Mauro, eravamo rimasti in salotto seduti sul divano ad attendere notizie dall'ospedale fino alle tre di notte. Il telefono squillò alle tre e diciassette minuti e da quel momento in poi era stata una tragedia per tutti.

«Qual è l'ora in cui la *Decima Piaga* miete più vittime?» domandai a quel punto a mamma.

«Dalle tre in poi qui è il caos!» rispose versandosi un'altra tazza di tè e a quel punto riuscire a credere che si trattasse di semplici coincidenze fu praticamente impossibile.

MĂLĔFĬCĬUM MAXIMUM

Il silenzio in amministrazione fu interrotto dal rumore del bollitore elettrico che mamma, da brava padrona di casa, aveva portato lì per rifocillare i suoi ospiti. Nel silenzio sembrava combaciare tutto: la setta di Lilith, i sacrifici dei bambini, la Decima Piaga. Eppure, non poteva essere così semplice. Mamma aveva detto che in neonatologia il caos iniziava dopo le tre del mattino. Servivano prove a quel punto. Evidenze. Numeri e io avevo un database a disposizione.

«Ci sarà qualche dato qui dentro che ci dica qualcosa in più!» dissi afferrando il *monitor*.

«Il registro dei decessi!» rispose mamma mentre Vilma le accese un'altra sigaretta. «Ma certo!» esclamai. Doveva esserci da qualche parte! Lo trovai. Andando a spulciare gli orari dei decessi, scoprimmo che nel reparto di neonatologia si concentravano per lo più nella fascia oraria che andava dalle due e cinquanta alle quattro del mattino con una coda che giungeva fino alle quattro e dieci circa. Per quanto riguardava le cause, la maggior parte di questi erano stati registrati con la sigla "SC". «*Sine causa*!» disse mamma illuminandoci tutti. Le morti che avvenivano in quella fascia oraria erano tutte senza causa evidente, dunque apparentemente inspiegabili. Comunicammo tutto a Hermes e a quel punto disse che ci avrebbe raggiunto in qualche istante. Quando Hermes si materializzò facendo volare i fogli sopra la scrivania mamma rimase di stucco. Non fece altro che fissare i suoi anelli, imbambolata. Nel frattempo mostrai i dati a Vania. Si ricordò del Grimorio Anonimo e del *mălĕfĭcĭum maximum*, uno degli incantesimi contenuti in esso.

«Stanno accrescendo i loro poteri!» disse Vania passeggiando lungo il corridoio del reparto d'amministrazione, l'unico non piantonato dall'esercito. Qualcosa non lo convinceva, però. «Hanno stretto un patto di sangue…»

«Nel Grimorio» aggiunse Hermes andando avanti e indietro,

«è esplicitato che il sacrificio debba essere umano e che avvenga per mano, anche indiretta, di colui che intende ottenere il maleficio». Quelle parole non fecero altro che aumentare la mia confusione. «Non c'ho capito niente!» dissi alzandomi in piedi.

«Quello che sto cercando di dire è che se la nostra tesi è vera, quei bambini dovrebbero essere stati uccisi da loro...» mi spiegò poggiando le mani sulla scrivania, «non può essere Lilith a prendere la loro vita, le deve essere offerta!»

«Dettagli!» commentò Vania impugnando il tagliacarte della scrivania accanto.

«Il Grimorio parla chiaro...» ribatté lui. «Senza sacrificio, il maleficio non può realizzarsi e la nostra tesi rimane solo una congettura!»

«A meno che...» intervenne Vilma versandosi una tazza di tè, «non riusciamo a fermare i decessi...»

«In che senso?» le domandò mamma già pronta a dare una mano.

«Arrestare i decessi dimostrerebbe l'esistenza del maleficio»

«Allora fermiamoli!» esclamò Vania tutta eccitata. «Diamoci da fare!»

«Potremmo fare un tentativo!» disse Vilma avvicinandosi a Hermes, «non è detto che ci riesca, ma con il tuo aiuto non dovrebbe essere poi così difficile...» aggiunse sistemandogli la giacca da vera affabulatrice.

«Va bene, ditemi come posso aiutarvi!» l'interruppe mamma.

«È semplice!» le ripose Vania. «Bisogna andare sul punto più alto del palazzo: penseranno loro al resto!»

Quella notte Vilma avrebbe usato il suo potere di guaritrice sui bambini presenti in ospedale, nel tentativo di impedire che ci fossero altre morti innocenti. Per farlo aveva bisogno che Hermes la mettesse in comunicazione con le loro auree simultaneamente: solo così avrebbe potuto interrompere la maledizione.

«Quanto manca?» chiese Vania brandendo il tagliacarte: era elettrizzata. Avevamo solo una mezz'ora a disposizione: non c'era tempo da perdere. «Quanti neonati ci sono in questo momento?» domandò a mamma che ancora non aveva idea di ciò che sarebbe accaduto.

«Quattordici» rispose sistemandosi gli occhiali, «più altre cinque in travaglio...»

Erano diciannove le anime da salvare quella notte. Una volta raggiunta la pista d'atterraggio dell'elisoccorso, Vilma ed Hermes si posizionarono uno di fronte all'altra sopra il muretto perimetrale del terrazzo. Tommaso rimase di guardia davanti la porta. Io e Vania, invece, andammo in neonatologia con mamma che ci portò in sala medici, dove ci accolse un profumo di ciambellone al cacao. Era così che mamma portava avanti la sua dieta. Poi ci procurò delle divise. «Le quarantadue sono finite, è rimasta la quaranta» mi disse facendomi l'occhiolino. Ci entrai a fatica ma quando lo indossai mi sentii maledettamente bene.

«Datemi il tempo di capire chi c'è di turno questa notte, nel frattempo evitate di andare in giro!» ci raccomandò. Ora non ci restava che attendere. Nel reparto di neonatologia quella notte non volava una mosca, a parte i passi di qualche infermiere nei corridoi. Nell'attesa che mamma tornasse io e Vania ci guardammo come due soldati in trincea. Io avevo smesso di avere paura e avevo solo voglia di rendermi utile, Vania smaniava dalla voglia di mettere le mani addosso a qualcuno. Poi la porta si aprì.

«Venite!» ci disse parlando a bassa voce, «veloci e senza fiatare!». La seguimmo lungo un corridoio, passammo davanti ai militari di piantonamento arrivando così a un secondo corridoio più piccolo delimitato da una vetrata. Sul vetro erano stati apposti dei cartoni per schermarne la vista. Quando mamma ci fece entrare dalla porta a vetri anch'essa oscurata, la prima cosa che vidi fu una teca di vetro illuminata da un neon. Solo dopo capii che si trattava di un'incubatrice: ci trovavamo nella sala di degenza dei neonati. Ecco perché da fuori non doveva vedersi nulla! Lì dentro c'erano dei piccoli tesori da proteggere da occhi indiscreti e da eventuali rapimenti. La stanza in penombra era illuminata solo da piccole lucette lampeggianti, erano quelle delle apparecchiature che monitoravano i loro parametri vitali. Era davvero strano vedere tanti bambini tutti insieme e così piccoli. Dormivano beati a pancia in su. Uno di loro già palesemente contrariato nei confronti della vita si dimenava continuamente emettendo qualche gemito; doveva aver intuito che l'ora del diavolo era vicina. Poi all'improvviso la luce nella stanza aumentò d'intensità. Non erano le luci né tanto meno i monitor collegati alle incubatrici. Erano state le loro aure ad accendersi iniziando a prendere colore, infiammandosi dolcemente attorno ai loro corpicini. Bianche, gialle e rosa: questi erano i colori delle loro anime ed erano tutte incandescenti, a tratti accecanti. Eravamo in ansia, e per un attimo pensammo che la maledizione fosse già entrata in azione. Eppure i loro visi sembravano sereni. I loro pancini continuavano a gonfiarsi e sgonfiarsi come palloncini mentre i monitor dicevano che i loro battiti, seppur svelti, andavano alla grande. Doveva essere opera di Hermes. Era riuscito a mettere le loro aure in contatto con Vilma, che adesso li stava cullando con il suo potere.

«Si sono accesi come luci di Natale!» commentò mamma che evidentemente non aveva bisogno di nessuna spiegazione.

«Grazie!» le dissi abbracciandola da dietro.

«E di cosa, a'mamma?» rispose stringendomi forte.

«Per non aver fatto troppe domande! Per esserti fidata».

«Con mia figlia non servono domande!». Si era fidata e questo aveva un grande valore per me. Ed era riuscita a farlo nonostante la strampalata compagnia con la quale mi ero catapultata in ospedale. Era la prima regola della magia: bisogna avere fede. Fu in quel preciso istante che la luce della stanza cambiò all'improvviso, affievolendosi quasi del tutto. Alzando gli occhi verso l'orologio scoprii che erano appena scoccate le tre.

«Ci siamo!» mormorò Vania e a quel punto i *monitor* iniziarono a suonare. Quando il medico di turno aprì la porta, imbattendosi in così tanta gente, sgranò gli occhi. Sulla sua testa liscia come un melone vidi riflesse le luci dei *monitor*: erano come impazzite.

«Stanno con me!» rispose mamma con un tono che non ammetteva repliche, così senza potere aggiungere altro non gli restò che fiondarsi sui suoi piccoli pazienti. Come ogni notte per loro stava iniziando la lotta per la sopravvivenza. Qualcuno ce l'avrebbe fatta. Altri non sarebbero sopravvissuti alla notte. Nonostante la sua giovane età il dottore aveva la faccia di chi ne aveva passate tante di notti come quella, impotente. Regolò il flusso delle bombole d'ossigeno, monitorò i tracciati dei loro battiti e, ancora una volta, la sua scienza non aveva nessuna soluzione da offrirgli.

«Andiamo!» ci ordinò mamma, era inutile rimanere lì. Avremmo solo dovuto aspettare. Mamma ci chiese di andare con lei a mangiare una fetta di ciambellone ma Vania preferì tornare in amministrazione. Disse che aveva bisogno di sedersi un attimo: sembrava preoccupata più che stanca così dissi a mamma di non insistere.

«Ma che pensi, che non sapessi niente?» disse tagliando una fetta di ciambellone.

«A che ti riferisci?» le domandai sorpresa.

«A nonna!» rispose. «L'ho sempre saputo che era una mezza fattucchiera». «Lascia perdere i tarocchi, quello era solo un gioco!» aggiunse, con mio grande stupore. «Come pensi che sia guarito nonno quella volta?». Non ero l'unica a sospettarlo, dunque.

«Tanti anni fa mi portò a casa di una sua vecchia amica» proseguì e quella sì che fu una notizia. «Quando ho scoperto di essere incinta» mi spiegò, «non è stato facile, tuo padre se ne lavò le mani sin da subito» continuò accendendo la macchinetta del caffè.

«Un po' per gli sbalzi ormonali, un po' per paura mi convinsi che non sarei mai riuscita a crescere un figlio da sola». Poi con lo sguardo basso sulla macchinetta aggiunse che in quel periodo non era la donna battagliera che conoscevamo tutti. Aveva avuto paura. Paura di non farcela, di non essere all'altezza. Lo sconforto l'aveva fatta sprofondare in una profonda depressione. Non trovava più la forza di alzarsi dal letto e questo la faceva sentire profondamente in colpa. Non sapevo nulla di quanto mi stesse raccontando, mai nessuno a casa aveva fatto riferimento a questa storia. Per la prima volta smisi di vedere mamma come la guerriera che per me era sempre stata e iniziai a vedere la donna, quella che mi aveva cresciuta e che per molto tempo non aveva fatto altro che assicurarsi che fossi una bambina felice.

«Il medico dell'ospedale ci disse che se non fosse cambiato nulla avremmo dovuto prendere in considerazione l'interruzione...» disse abbassando il tono della voce. Il suo senso di colpa mi arrivò addosso con violenza: c'era ancora nonostante fossero passati tanti anni. Stava provando vergogna per non essere stata forte e io lo trovai profondamente ingiusto così la interruppi all'istante. «Eri giovane, papà ti aveva lasciata sola, non devi sentirti in colpa!»

«Invece sì, perché non mi limitai solo a pensarlo...» disse con gli occhi gonfi di lacrime. «Presi pure un appuntamento!». Mamma aveva pensato davvero di sbarazzarsi di me.

«È stata nonna che me l'ha impedito» aggiunse a quel punto e conoscendo nonna non mi sembrò affatto strano. «Una mattina, dopo avermi buttata giù dal letto, mi ordinò di vestirmi e di andare con lei a Trastevere. Era una specie di chiromante» disse asciugandosi le lacrime. «Ci offrì una tisana e poi mi prese per mano: non l'ho mai raccontato a nessuno» aggiunse con la voce tremante, «le luci, i colori, il mondo s'era come impazzito...» tentò di spiegarmi temendo che non capissi e nel frattempo i suoi occhi si accesero di una luce diversa. «È come se il mondo tutto a un tratto si fosse acceso; i raggi del sole...» proseguì provata dall'emozione, «potevo sentirli, toccarli...e poi» si arrestò per prendere fiato. «Da qui» continuò portandosi una mano al petto, «proprio da qui» ripeté ancora incredula, «sono uscite fuori cento, ma che dico cento saranno state cento mila farfalle gialle!». A quel punto prese la mia mano e se la poggiò sul petto: il cuore le batteva all'impazzata; era tutto vero. Quel giorno di tanti anni fa la tristezza la lasciò per sempre, quella doveva essere stata una delle ultime magie di Noha. Ormai avevo imparato a conoscerla dai racconti degli altri, di coloro che avevano avuto la fortuna di incontrarla.

IN TRAPPOLA

Da lì a poco sarebbero arrivati gli addetti alle pulizie così tornammo in amministrazione. Ci fermammo solo alle macchinette automatiche per prendere qualche bottiglietta d'acqua. Camminando per i corridoi dell'ospedale, provai una sensazione del tutto inedita: mi sentivo come rincuorata. A rasserenarmi, la consapevolezza di non essere stata poi così sfortunata, in fondo. Sì, certo, ero cresciuta senza un padre ma in compenso avevo la mamma più bella del mondo. L'unica figura maschile di riferimento della mia vita era stata quella di nonno. Ero sempre stata certa che non avrei mai incontrato un uomo che riuscisse ad avvicinarsi al suo modello. Per questo capii presto che in materia avrei dovuto accontentarmi. Ma anche lì le cose erano andate meglio del previsto: Mauro era stato il mio grande amore, l'unico. E, tralasciando gli ultimi periodi, la nostra era stata una storia importante, basata su rispetto e sincerità. Non sapevo cosa fosse accaduto negli ultimi tempi, ma quella notte per la prima volta sentii che non era poi la fine del mondo.

«Prendiamo l'ascensore!» disse mamma guardandosi attorno, con la divisa da infermiera i militari non mi avrebbero fermata. Vilma ed Hermes si trovavano sul tetto dell'ospedale già da un'ora quando guardai l'orologio: avremmo dovuto attendere ancora un po' per conoscere l'esito del nostro esperimento. A un tratto mi sentivo di nuovo stanca, sopraffatta dalla quella stessa spossatezza che mi aveva messa fuori gioco in auto.

«Sbrighiamoci!» la esortai presa dall'ansia di crollare da un momento all'altro. Avevo assolutamente bisogno di un'altra di quelle caramelline magiche. Quando aprimmo la porta con su scritto "Direzione Sanitaria" la prima cosa che vidi furono gli stivaletti di Vania accanto la scrivania e subito dopo una bacinella d'acqua che aveva trovato chissà dove. I monitor dei computer avevano qualcosa di strano: continuavano ad accendersi e spegnersi a intermittenza. Il resto lo vidi solo una volta entrata:

con le gambe penzoloni e le treccine dritte verso il soffitto, Vania era letteralmente spiaccicata sulla parete dietro la scrivania. Boccheggiando a occhi chiusi cercava di resistere ancora qualche secondo. Non mi accorsi subito di cosa la tenesse fissa alla parete. Affamata d'aria, con le mani cercava di liberarsi dalla morsa che le stringeva il collo. Nello *shock* iniziale riuscii a distinguere una mano cui dietro seguiva polso e avambraccio. Solo dopo scorsi il resto del corpo, si mimetizzava con la parete da cui era venuta fuori calzandola come un guanto. Che diavolo era successo in quella stanza? Guardai la bacinella ancora piena d'acqua: doveva trattarsi di uno dei suoi trucchetti per connettersi con l'aldilà. Che cosa le era passato per la testa? I gomiti di Vania cominciavano già ad affondare nella parete. Non avrebbe resistito ancora per molto: urlai fiondandomi su di lei. Afferrandole le gambe tentai di sollevarle il più possibile. «La scrivania!» gridai a mamma cercando di farla riprendere dallo spavento, «sbrigati, sta soffocando!». Fece quello che le avevo ordinato e, trovando finalmente un punto d'appoggio su cui fare leva, Vania prese di nuovo fiato. Dovevo liberarla. Guardandomi attorno non vidi nulla che potesse esserci utile. Fu allora che Vania tentò di dire qualcosa ma riuscì solo a emettere qualche suono incomprensibile. A quel punto il suo corpo iniziò a sprofondare nell'intonaco così non rimaneva che provare a tirare in direzione opposta.

«Fammi largo!» esclamò mamma alle mie spalle. Voltandomi la vidi impugnare due piastre metalliche collegate tramite dei cavi a una valigetta rossa: l'unico oggetto che era riuscita a trovare era stato un defibrillatore e aveva tutta l'aria di volerlo usare contro quell'essere raccapricciante. Così, arrampicandosi sopra la scrivania, diede fuoco. Fu tutto un turbinio di fumo e scintille e per un attimo sembrò di stare dentro un'acciaieria. Come fuochi d'artificio durante uno spettacolo pirotecnico, le scintille schizzarono ovunque, fino al soffitto cadendo poi sopra le scrivanie. I monitor si spensero all'istante: l'impianto elettrico era andato in cortocircuito. Quando il fumo iniziò a svanire e si spensero le ultime scintille, la vista ci mostrò di nuovo qualcosa di più definito. Di Vania non c'era più traccia.

«L'ha presa!» dissi avvicinandomi a mamma china in cerca dei suoi occhiali da vista. Mi mancò il fiato ma un colpo di tosse al di là della scrivania mi fece tornare a respirare. Distesa con la faccia sul pavimento e le treccine ancora elettrizzate, Vania era solo un po' ammaccata! Furono necessarie ben due bottigliette d'acqua prima che riuscisse a dire qualcosa: «... i abbiamo... zare» sussurrò prima di tentare di nuovo, «li abbiamo fatti incazzare!».

«Che avevi intenzione di fare?» le domandai furiosa, e a quel punto abbassò lo sguardo.

«Ho avuto una sensazione...» rispose con un filo di voce. «Ho sentito una voce. Era come se mi chiamasse...»

«Come scusa? Una voce chiama nel bel mezzo di una guerra con l'aldilà e tu che fai, rispondi?».

«Non potevo ignorarla!» esclamò, «continuava a chiamarmi Vanny! Era così che mi chiamava Noha». Mi gelai all'istante: *la cosa* dall'aldilà le aveva teso una trappola.

«Come fa a sapere una cosa del genere?».

«Non lo so...» rispose bevendo un altro sorso. «Quello che so è che cosa significa!» aggiunse legandosi i capelli. «Che iniziano ad avere paura!»

L'ora del diavolo intanto era terminata. Quando Vilma ed Hermes ci raggiunsero mamma andò a prendere informazioni in neonatologia: dei diciannove ne erano sopravvissuti ben diciotto.

«Gli s'è data una bella ripassata!» commentò Vania. Dunque avevamo la prova. La *Decima Piaga* aveva finalmente una spiegazione: ogni notte la setta offriva vite umane in sacrificio a Lilith.

«Ma in che modo?» esclamò Vilma prendendo un boccata di fumo, non aveva fumato per quasi due ore. Mamma la seguì all'istante, il trucchetto del fuoco la entusiasmava.

«A questo punto c'è solo un modo per scoprirlo» si inserì Hermes.

«Scoprire che ruolo ha la vecchia!» intervenne Tommaso.

«Esatto!» rispose. «Ma adesso è chiaro» aggiunse rivolgendosi a Vilma. «Sei tu il loro obbiettivo; ti temono perché per loro sei come un antidoto...». Per questo ci consigliò di andare alla Wicca, lì non sarebbero mai venuti a cercarci. Nel frattempo le pantegane li avrebbero tenuti occupati ancora per un po'. Una volta che Hermes svanì nel nulla salutai mamma scoppiando in un pianto isterico. «Vedrai che tutto si risolve, a'mamma!» disse stringendomi forte. Poi a turno il suo abbraccio magico toccò anche agli altri. Tommaso la ringraziò per il tè caldo, Vania per averle salvato la vita, mentre Vilma, certa che si sarebbero riviste, le diede appuntamento per una partita di burraco. Lasciammo l'ospedale con una sensazione di morte incombente. Ciononostante ci sentimmo tutti un po' rincuorati, merito dell'accoglienza di mamma: quella notte era stata la mamma di tutti.

Una volta in metro ci ricordammo delle pantegane così, scendendo per le scale mobili, impartimmo loro un nuovo comando. Vista l'ora, la metro era praticamente vuota. Salimmo a bordo e Tommaso venne a sedersi al mio fianco. I nostri corpi erano incredibilmente vicini.

«Come stai?» mi chiese raccogliendosi i capelli.

«Domanda di riserva?»

«È proprio speciale mamma tua!» disse fermando i capelli con il pendente dell'orecchino. Fu quella la prima volta che glielo vidi usare, non sapevo ancora cosa fosse in grado di fare con quello che da lì a poco si sarebbe rivelato a tutti gli effetti un oggetto multitasking.

«Già!» risposi sul punto di ricominciare a piangere.

«Mi ha fatto ricordare la mia. Se n'è andata che facevo ancora le elementari...»

Quelle parole furono una pugnalata allo stomaco. Sapevo cosa significasse. Ci si sentiva sempre a metà. Un male per cui non esiste medicina. Nonna diceva che un giorno, diventando madre, sarei guarita per sempre; allora non poteva sapere che quel giorno probabilmente non sarebbe mai arrivato.

«È stata lei a iscrivermi alla scuola di magia» aggiunse con gli occhi lucidi, «all'insaputa di mio padre ovviamente!»

«Mi dispiace» fu tutto ciò che riuscii a dire con lo sguardo perso in fondo all'ultima carrozza. Tre preti avanzavano in fila indiana uno dopo l'altro. Doveva trattarsi di monaci in realtà, a giudicare dalla tonaca e i sandali. Il primo, il più cicciottello, aveva un folto barbone grigio. Quando furono abbastanza vicini, l'ultimo dei tre catturò la mia attenzione: i suoi tratti erano più delicati degli altri due, sembravano quelli di una donna. Aveva i capelli corti e nerissimi; anche i suoi occhi erano neri. Mi sembrò di notare un leggero strabismo, quasi impercettibile. Mi venne subito in mente Clelia e la fontana delle rane. Dopo un po' la voce di bordo annunciò l'apertura delle porte di destra. Nell'attesa che si aprissero, con la coda dell'occhio vidi qualcosa muoversi alle mie spalle. Non feci in tempo a voltarmi che Tommaso era già entrato in azione afferrando qualcosa dietro l'orecchio destro; erano due carte da poker, le teneva tra indice e medio.

Dopo aver preso la mira in una frazione di secondo, con un colpo secco, le scagliò alla velocità della luce. Non riuscii nemmeno a vederle: tutto ciò che percepii fu il vibrare dell'aria vicino al mio viso. Voltandomi mi trovai faccia a faccia con un uomo barbuto: era uno dei monaci che mi erano passati accanto. I suoi occhi spalancati mi fissavano in modo strano. Feci un passo indietro e fu allora che vidi le due carte conficcate nelle sue carotidi: asso di picche e due di fiori. Il sangue zampillante gli si versò addosso inzuppandogli la tonaca. Con lo sguardo fisso nel vuoto, restai immobile. Alle spalle del monaco vidi gli altri due correre verso di noi. Ci avevano trovato! Sentii qualcuno afferrarmi a un braccio: era Tommaso, che in un attimo mi trascinò alle sue spalle. Quando il secondo monaco fu abbastanza vicino, Tommaso si sfilò il pendente dai capelli e impugnandolo come un punteruolo glielo conficcò dritto in fronte. Rimaneva solo il terzo, quello dai tratti efebici. Nonostante il caldo asfissiante portava alle mani dei guantini in pelle. Non perse tempo a lanciarsi all'attacco assestando subito un paio di colpi che per fortuna Tommaso riuscì a parare abilmente. La cosa la obbligò a tirare fuori il suo asso dalla manica; così sfruttando le oscillazioni del treno, in frenata si sfilò via i guanti. Le unghie smaltate di blu mi confermarono che si trattava di una lei; non avevo ancora idea di cosa fosse capace finché non si aggrappò al regimano a mani nude.

«Fai in modo che non ti tocchi!» urlò Vania mentre le porte si aprivano. In pochi istanti il metallo a contatto con la mano della donna diventò incandescente. Se solo avesse sfiorato qualcuno lo avrebbe marchiato a fuoco per sempre. Si avventò su di noi rabbiosa ma Tommaso riuscì a proteggermi tenendomi alle sue spalle. Dopo il primo e il secondo colpo, il terzo lo colse alla sprovvista facendolo gridare di dolore. Vania tentò di aiutarci con uno dei suoi trucchetti. Il suo scudo protettivo ci fece guadagnare qualche secondo finché lanciandosi nuovamente su di noi lo prese in pieno come la vetrata di un ristorante. Le bastarono un paio di colpi a mandarlo in frantumi ma a quel punto il treno si fermò, le porte si aprirono e prima Vilma e poi Vania scesero dalla carrozza. Avevamo solo qualche secondo prima che le porte si chiudessero di nuovo. Tommaso tentava di proteggermi a qualunque costo e ciò non gli consentiva di muoversi liberamente come avrebbe voluto. L'unico aiuto che avrei potuto dargli era liberarlo da quell'incombenza. Così trovai il coraggio di lanciarmi fuori dalla carrozza. Le porte stavano per richiudersi quado Tommaso poté finalmente andare all'attacco. Fece librare la sua chioma e, con un calcio ben assestato al centro del petto la scaraventò contro la porta d'uscita del lato opposto. La stronza sembrava provata ma a giudicare dai suoi occhi era chiaro che non si sarebbe arresa. Fu allora che mi tornarono in mente nuovamente le rane della fontana al Coppedè. Avevano lo stesso sguardo. Accecata di rabbia la donna puntò i piedi contro il portellone alle sue spalle dandosi la spinta. Dopo il salto iniziale planò a mani aperte su Tommaso che nel frattempo era riuscito a scendere dalla carrozza dandole le spalle. Fu in quel preciso istante che si voltò e quando la donna finì il suo volo, tra le mani arroventate non trovò la testa di Tommaso ma cento punteruoli dorati. Con un abile gioco di prestigio Tommaso li aveva fatti apparire dal nulla: era bastato spostarsi al momento giusto. Il resto la donna l'aveva fatto da sola infilzandoseli nelle mani tutti e cento, il numero giusto per tenerla occupata fino a che le porte non si chiudessero nuovamente.

BUON COMPLEANNO

Lasciammo i binari sani e salvi ma con addosso gli sguardi degli altri passeggeri che erano scesi con noi. Avevano visto tutto. Vania tentò di farci spazio tra la folla continuando a sbraitare: «Che diavolo hanno da guardare?» Dovevamo sbrigarci ad andar via prima che arrivasse la polizia. La folla, ferma a guardarci davanti le scale mobili, ci fece subito largo e, quando Vilma scovò il palmare di uno di questi a riprenderci, ne fece una fiaccola passandogli accanto. In versione Barbie era decisamente più perfida.

Dopo aver camminato per strade secondarie e deserte, con la testa affollata dai pensieri, arrivammo finalmente al palazzo della Wicca. Durante il tragitto non facemmo altro che guardarci alle spalle. La paura era ormai sotto pelle. Una volta alla Wicca, Fatima ci accolse con la faccia tutta seria e le mani dietro la schiena. Nemmeno il nostro nuovo aspetto riuscì a farla scomporre. Da lì a poco avremmo ricevuto una bella strigliata. Avevamo coinvolto Tommaso costringendolo a disobbedire agli ordini. Come se non bastasse Vania aveva aperto le porte all'aldilà mettendo a rischio non solo sé stessa ma l'intero ospedale.

«Chi non muore si rivede!» esordì sistemandosi il turbante. «Ancora tutte intere...»

«Non avremmo dovuto...» confessai, «per quanto riguarda Tommaso...»

«Di chi è stata l'idea?» tuonò senza lasciarmi finire di parlare.

«Mia...» risposi alzando la mano.

«Ottimo lavoro!» esclamò lasciandomi senza parole. Nel dubbio di non aver sentito bene lanciai un'occhiata a Vilma che però evitò di guardarmi. Non avevo fatto nulla di eccezionale in realtà, avevo solo seguito una pista. Quella notte mi ero sentita viva. Non era una cosa che accadeva spesso. Avevo scelto di fare la giornalista per conoscere il mondo, svelare le ingiustizie della società e invece ero finita dietro una scrivania a scrivere di fiere enogastronomiche.

«Il Colonnello vi aspetta!» aggiunse e, per non rovinare tutto, evitammo di aprire bocca. Il Colonnello ci attendeva alla sua scrivania con la tazza fumante tra le mani.

«Buongiorno» disse senza alzare lo sguardo. Sullo schermo le immagini delle ultime notizie da tutto il mondo e una mappa geografica di Roma est. «Ecco l'indirizzo del terzo elemento…» aggiunse studiando il percorso sulla mappa, «stiamo organizzando una spedizione». Avrei fatto qualsiasi cosa per potermi unire alla squadra.

«Non è una buona idea!» mi anticipò il Colonnello sollevando lo sguardo. Il suo potere di anticipare il futuro era davvero snervante. Avrei dovuto provare a convincerlo, ma come? Non potevo giocare la carta del dovere giornalistico, sarebbe stato soltanto peggio. Per paura che spifferassi tutto avrebbero ripulito la mia memoria cancellando ciò che avevo visto in quegli ultimi giorni e a quel punto per me sarebbe stato come non averlo mai vissuto. Sarei tornata alla mia redazione, ai miei articoli all'ultima pagina. Alla mia vita, insomma. Ma quella notte era accaduto qualcosa. Non era legato a ciò che avveniva lì fuori ogni notte. Era accaduto qualcosa dentro me. Ad un tratto sul monitor della scrivania le immagini di Papa Felice. Piazza San Pietro era costellata da striscioni di protesta.

«Che succede in Vaticano?»

«Non sapete nulla?» domandò stupito, «in Vaticano è scoppiata una bomba» aggiunse divertito squadrandoci dalla testa ai piedi. Non capivo se lo divertisse di più il nostro nuovo aspetto o la bufera mediatica abbattutasi sul Vaticano.

«Il cardinale!» esclamai ripensando alla notizia che avevo letto all'uscita della metro. «Hanno trovato morto un cardinale!»

"Le porte degli inferi si sono spalancate. Ma le tenebre non prevarranno!" affermava intanto Papa Felice in uno dei video in riproduzione sul *monitor*.

«Matteo 16,18» commentò Vania suscitando la sorpresa di tutti. Nessuno si sarebbe mai aspettato che conoscesse le sacre scritture. Una morte misteriosa in Vaticano era davvero tanta roba. Per il momento non era stato ancora scoperto nulla, nemmeno le cause del decesso. «La polizia parla di elementi poco chiari…» ci spiegò il Colonnello con uno strano sorrisetto allusivo. L'ipotesi del suicidio avanzata inizialmente era stata poi smentita dagli stessi inquirenti. «Stanno ancora cercando di capire se è davvero possibile uccidersi conficcandosi un tagliacarte in testa!». In effetti aveva tutta l'aria di trattarsi di un omicidio.

«Peccato che durante autopsia non sono stati trovati segni di colluttazione…» aggiunse prima che aprissi bocca. Fu a quel punto che mi tornò in mente l'immagine dell'agente esamine sull'asfalto: si era fatto fuori sparandosi un colpo secco in testa. «Angelica!» esclamai, «è stata opera sua!». Dalle facce di tutti capii che non ero la sola a pensarlo.

«Sì» fece il Colonnello, «potrebbe essere questa una spiegazione. Se così fosse significa che hanno già affondato loro artigli in Vaticano…» aggiunse con tono inquietante. «E quindi» proseguì, «che sono diventati molto potenti».

«Colonnello!» esclamai prendendo la palla al balzo. «Li abbiamo visti uccidere con i nostri occhi, abbiamo affrontato *la cosa* già due volte: ci lasci venire con voi, la nostra presenza potrebbe fare la differenza!». Fissando il monitor rimase a riflettere per un po' prima di rispondere, ovviamente aveva già iniziato a pensarci su ancor prima che glielo chiedessi.

«Va bene» fu il verdetto finale. «Ma Vilma resta qui!». Sapevamo di non valere quanto Vilma per la Wicca ma avevamo il permesso di unirci.

«Tieni bene a mente quello che sto per dirti» fece prima che potessi cantare vittoria. «Xian Lì non ha cuore tenero come Tommaso!» disse mettendomi in guardia. «Se dovessi metterti nei guai, non ci penserà due volte a lasciarti morire!»

Xian Lì a parte, il piano era semplice: raggiungere l'indirizzo della vecchia, penetrare nella sua abitazione e scoprire cosa nascondesse. Il suo ruolo all'interno della setta non era ancora chiaro, non avevamo idea di quali fossero i suoi poteri né se ne avesse uno; insieme ad Alastor e Angelica aveva però preso parte alla messa nera come cerimoniere, il massimo grado della piramide.

Non sapevamo altro di lei, se non quanto avevamo trovato all'interno del database dell'ospedale: il nome, Donata e il suo indirizzo di residenza sulla Tuscolana al numero civico 1048. Xian Lì arrivò nella sua tutina blu e grigia super aderente, la frangetta liscia, lo chignon in testa e nemmeno una ciocca di capelli fuori posto. Col suo passo felpato si avvicinò fuggendo gli sguardi di tutti con la diffidenza di una gatta siamese. Fatima fece di tutto per convincerci a non prendere parte alla spedizione. Il Colonnello diede ordine a Tommaso di andare in moto questa volta, perché ovviamente la Wicca aveva anche un parco auto sotterraneo fornito di ogni mezzo! Ma, per scoraggiarci a unirci a loro, ordinò che Tommaso e Xian andassero insieme: io e Vania ci saremmo arrangiante. Una volta per strada, la prima cosa dotata di ruote su cui ci imbattemmo fu un monopattino verde fluo abbandonato sul marciapiede. Vania faticò un po' prima di riuscire a sbloccarlo. «Maledette diavolerie!» esclamò asciugandosi il sudore dalla fronte ma alla fine ci riuscì. «Si va!» disse mettendolo giù dal cavalletto. Io obiettai immediatamente; in due su un monopattino non saremmo mai arrivate a destinazione. La solita ingenua! Avrei dovuto saperlo ormai che non ci riusciva proprio a resistere alla tentazione di manomettere qualsia oggetto le passasse dalle mani.

Le bastò qualche secondo per truccare i circuiti del monopattino trasformandolo in una specie di mini razzo a propulsione. Giungemmo ad Arco di Travertino in un batter d'occhio, accostandoci a loro con disinvoltura e, come se non ci fosse nulla di strano che dal nostro monopattino uscisse del fumo nero, sorridemmo facendo finta di nulla. Tommaso, per nulla stupito, sorrise come se stesse aspettando di vederci spuntare da un momento all'altro, magari venendo giù con un paracadute. Era ancora buio, quando fregandocene dei semafori, sfrecciammo insieme sulla Tuscolana ancora deserta. Tra le saracinesche ancora abbassate riconobbi l'insegna del cinema Atlantic sporca di smog. La locandina dell'ultimo film in programmazione affissa in bacheca era quella del nono capitolo di Harry Potter, l'ultimo tentativo della cinematografia di rilanciare il cinema a livello mondiale. Mi ricordai della mia ultima volta al cinema. Erano passati tanti anni da allora, ma il profumo che aveva quella sera, chiudendo gli occhi riuscivo ancora a sentirlo. Si era appena trasferito da me e io ero così felice che avevo paura di svegliarmi da un momento all'altro. Ai tempi alzavo gli occhi al cielo fiduciosa, incurante delle scie chimiche di cui parlavano ogni giorno al telegiornale o di quelle radioattive che arrivarono in seguito dall'Ucraina. Tra me e il cielo ai tempi c'era solo qualche nuvola che in nessun modo avrebbe potuto rovinare quel momento.

Fu così che quella notte sfrecciando su un monopattino truccato lungo la Tuscolana sollevai lo sguardo verso l'alto; tra me e il cielo questa volta non c'erano nuvole ma i *video–wall* giganti della pubblicità. Tra le immagini dei nuovi impianti balneari e gli spot propagandistici in vista delle prossime elezioni, c'eravamo anche noi. In perfetto stile western le nostre foto da ricercate criminali venivano riprodotte ventiquattro ore su ventiquattro. Al posto della scritta "*wanted*" in sovrimpressione si leggeva "in caso di avvistamento avvisa le autorità competenti!". Avevano scelto una mia vecchia foto, presa direttamente dai miei social.

«Siamo arrivate!» disse Vania all'altezza del numero civico 1048. Scendendo dalla moto Tommaso fece segno di attendere e avvicinandosi al citofono diede una sbirciatina ai cognomi. Era lì che abitava, all'ultimo piano. Adesso avremmo dovuto intrufolarci e fortunatamente con Vania non sarebbe stato complicato. Prima di lasciare il nostro monopattino, con uno dei suoi trucchetti, Vania si assicurò che nessuno potesse prenderlo dopo di noi. Giunte davanti il portone del palazzo, Xian era già pronta a tirare fuori le sue forcine dallo *chignon* quando Vania l'anticipò passando una mano davanti la serratura. La cosa sembrò indispettire Xian parecchio: a quanto pare non era abituata a farsi risolvere i problemi dagli altri. Era una tipa tosta, tutta d'un pezzo. Prima di salire per le scale in silenzio, Xian mandò avanti Tommaso armato di punteruolo mentre lei si occupò di chiudere la fila. Arrivati al primo pianerottolo sentimmo un rumore provenire dall'alto e subito dopo alcuni passi, lenti e pesanti. Ci arrestammo all'istante e aspettammo che Xian o Tommaso ci dicessero cosa fare. Poteva essere lei, come chiunque altro. Xian ci fece segno di indietreggiare e nel dubbio ci schermò alla vista di chiunque stesse arrivando. Quando in cima al secondo pianerottolo apparve la donna che stavamo cercando, restammo col fiato sospeso. Il colorito olivastro della pelle e i solchi sulla fronte le davano un aspetto trasandato e decrepito. Fu semplice riconoscerla. Ignara della nostra presenza ci passò accanto grattandosi un orecchio con l'unghia del mignolo. A passo lento con la sua borsetta a tracolla raggiunse anche l'ultima rampa dandoci le spalle. Saremmo potuti entrare nel suo appartamento indisturbati ma nessuno di noi mosse il primo passo.

«Seguiamola!» proposi captando le perplessità generali.

«Non sono questi gli ordini!» ripose Xian.

«Buon proseguimento, allora!» esclamò Vania seguendo la donna che nel frattempo era già giunta al portone.

«Potremmo non trovare nulla nel suo appartamento...» tentai di convincerla.

«Non possiamo procedere senza autorizzazione!» sentenziò salendo il primo scalino e a quel punto s'inserì Tommaso: «Avviseremo il Colonnello per strada!».

«Andremmo comunque contro il regolamento...» gli rispose dando un primo segno di cedimento.

«Nella vita non esistono solo i regolamenti!» esclamai tutto d'un fiato dopo di che in quella scala vuota e buia rimbombò il silenzio. Xian rimase zitta a fissarmi così cercai lo sguardo di Tommaso.

«Tu fai come vuoi io vado con loro!» esclamò facendo del suo meglio. In qualche modo funzionò. Quando Xian si arrese, Vania era appena uscita così accelerammo il passo. Una volta fuori la vidi farmi segno da lontano; se non volevamo perderla dovevamo sbrigarci. La pedinammo per qualche chilometro ma grazie a Xian non si accorse di nulla. Qualche traversa dopo si arrestò all'improvviso come se avesse sentito qualcosa alle sue spalle, ci mise qualche istante a convincersi che non ci fosse nulla, o per lo meno nulla che il suo cervello plagiato potesse vedere. Dopo una decina di passi si fermò di nuovo: questa volta davanti un vecchio portone fatiscente. Dopo aver dato una sbirciatina a destra e a sinistra tirò fuori un mazzo di chiavi dalla borsa. Quella sulla Tuscolana non era la sua unica abitazione. Una volta entrata, Tommaso fermò il portone con un piede. Ci pensò Xian a farle credere che si fosse richiuso. Quando la donna entrò in ascensore a noi non restò che salire a piedi e questa volta fu Xian ad andare avanti per prima.

«Speriamo non ci tocchi salire fino all'ultimo!» disse Vania col fiatone già alla seconda rampa.

Xian la fulminò subito con uno sguardo «Fate silenzio!» Aveva proprio la sindrome della prima della classe.

«Uh mammina, come la fa lunga!» sbraitò Vania facendo in modo che la sentisse. L'ascensore, com'era prevedibile, si fermò all'ultimo piano così accelerammo cercando di non fare troppo rumore. Xian non fece in tempo a imprimerle l'ennesima illusione che la porta di casa si chiuse prima che arrivassimo all'ultimo piano. Per fortuna Vania avrebbe aperto quella porta con un semplice gesto, ma prima di farlo attese che Xian la guardasse, solo allora si decise a darsi una mossa e un attimo dopo, con aria soddisfatta, invitò Xian a entrare. Lo scambio di sguardi tra loro durò poco, per fortuna. Aprendo la porta fummo assaliti dall'odore di spazzatura.

Ci trovammo in un corridoio dalle pareti ammuffite. In fondo si accedeva a un'altra stanza, probabilmente la cucina. Xian ci fece segno di attendere lì in corridoio e a quel punto proseguì alla ricerca della donna per darle un'altra dose della sua arte illusoria. Quando la scovò fece segno di avvicinarci. Avanzando lungo il corridoio l'aria si fece irrespirabile. L'odore di spazzatura e il caldo asfissiante di quell'ultimo piano mi fecero venire il voltastomaco. La donna a quel punto ci venne incontro a passo lento per poi dirigersi in salotto. La seguimmo. Al centro del salotto due poltrone bianche in pelle: avevano qualcosa di strano. Sembravano diverse eppure erano praticamente identiche. Una delle due aveva lo schienale ricurvo e i braccioli sfiancati; sembrava che ci fosse cresciuto sopra un elefante. Ebbi una strana sensazione, incomprensibile ma comunque angosciante. Una cosa però era certa: quella casa mi metteva i brividi. Andando avanti la donna ci condusse a un secondo corridoio, più buio. A giudicare dalla temperatura ci trovavamo nella zona dell'appartamento meno esposta. Lì doveva esserci la camera da letto. Non mi sbagliavo. Quando la porta si aprì nella penombra riconobbi la sagoma di un armadio bianco con i pomelli rosa e i piedi di quello che doveva essere un letto. La stanza aveva tutta l'aria di essere la cameretta di una bambina. Quando la donna lentamente raggiunse il centro della stanza capii che si trattava di un letto matrimoniale. Entrando in quella stanza buia un odore acre di medicinali iniziò a pizzicarmi il naso. L'odore di disinfettante completò il quadro così che per un attimo mi sembrò di trovarmi in ospedale da mamma. Poi un suono chiaro, squillante. Lo riconobbi all'istante: era il suono dei *monitor* del reparto di neonatologia. In questo caso, però, doveva trattarsi di una persona anziana, magari un parente della donna. Quando la donna finì di "circumnavigare" il letto ci trovammo di fronte un ammasso di carne informe. Inizialmente non riuscii a comprendere se si trattasse di un uomo o una donna. Doveva trovarsi lì chissà da quanto tempo; la sua forma disumana turbò fino all'ultima cellula del mio corpo, come un secchio d'acqua ghiacciata sulla schiena. L'ammasso di carne senza vita giaceva su quel materasso come carne macinata appena tirata fuori dal budello. Non era semplicemente disteso, il suo corpo era come incastonata nel materasso, in un tutt'uno con i cuscini schiacciati dal peso di quei pezzi di carne lividi che aveva al posto delle gambe. Le unghie dei piedi erano bluastre, cresciute indisturbate come funghi sopra una fetta di salame dimenticata dentro il frigorifero: mi disgustarono a tal punto da obbligarmi a volgere lo sguardo altrove. Le lenzuola puzzavano di rancido anche da lontano. Mentre il suo ventre ribolliva mosso dai movimenti oscillatori della gabbia toracica la nausea arrivò su alla gola fino a bagnarmi la lingua. Quel respiro affannoso non lo avrei mai più dimenticato. Era come se l'aria una volta entrata dalla bocca non riuscisse a trovare la strada per arrivare ai polmoni, arrestandosi ogni volta a livello del collo. Proseguendo in quello spettacolo dell'orrore, arrivammo alla sommità, la vetta della montagna in lenta decomposizione che stazionava lì, su quel tugurio, da un tempo indecifrabile. Ciò che mi turbò maggiormente fu il viso, ultimo pezzo di quel corpo dimenticato. Gonfio, tumefatto, livido. Il tubicino trasparente per l'ossigeno, ancorato al naso da un cerotto, doveva segnarle le guance da molto tempo. I capelli lunghi le coprivano la fronte fino agli occhi, socchiusi in un sonno che sembrava eterno, mentre la bocca era spalancata come se si fosse appena vista allo specchio.

Il primo vero conato arrivò quando per un attimo mi sembrò di vedere una mosca sul mento; per fortuna si trattava solo di un neo, di quelli ruvidi e sporgenti. Per evitare di vomitare tentai di distogliere lo sguardo guardandomi attorno. Su una parete della cameretta vidi una vecchia foto di una bambina cicciottella in salopette, sorridente alla festa del suo compleanno. Quel giorno, sul colletto della camicia, aveva messo un fiocco tutto rosa. Al suo fianco un uomo e una donna, dalle facce cupe. Sulla torta capeggiava una scritta rosa "Auguri Ginevra" e otto candeline. Fu solo allora che vidi quel piccolo puntino nero sul mento. Facendo qualche passo in più non ebbi più dubbi, era lo stesso neo del corpo martoriato abbandonato su quel materasso, solo più piccolo e meno sporgente. L'anziana donna nel frattempo aveva raggiunto il monitor a cui erano collegati i tubicini che fuoriuscivano da quel corpo martoriato. Mettendo le mani qua e là regolò la pressione dell'ossigeno e il flusso della flebo. Seguendo il tubicino bianco arrivai fino al punto in cui faceva ingresso nel suo corpo tramite la vena dell'avambraccio. A completare quello spettacolo raccapricciante ci pensò la vecchia infilzandole sul braccio un altro ago così da riempire una sacca di plastica del suo sangue. Fu allora che mi tornò in mente la provetta di sangue vista durante la cerimonia. La sacca continuò a riempirsi di rosso finché non divenne marrone. Ero sul punto di vomitare ma degli strani versi alle mie spalle mi distrassero. Evidentemente non ero la sola a provare ribrezzo e temendo che la vecchia ci scoprisse mi voltai di scatto: Vania era rimasta indietro, sul corridoio. A giudicare dalla faccia qualcosa non andava; i suoi occhi erano socchiusi e la bocca semiaperta. Le andai incontro facendomi spazio tra gli altri due. La testa bassa e le braccia penzoloni non promettevano nulla di buono.

«Vania...» le sussurrai senza ottenere alcuna risposta e a

quel punto dubitai che riuscisse a sentirmi, così provai a scuoterla afferrandola per una spalla. Il suo corpo non oppose alcuna resistenza, sembrava di gomma. Fu allora che in modo sconnesso iniziò a pronunciare qualche parola: «No…no…» biascicò un paio di volte. Sembrava dormisse, come se all'improvviso fosse caduta in un sonno profondo. «Vania!» riprovai strattonandole un braccio. Nulla da fare, Vania non era più con noi. Mi voltai in cerca di aiuto. Chiesi una mano a Tommaso con uno sguardo, non sapevo ancora cosa le stesse accadendo ma qualunque cosa fosse da lì a poco ci avrebbe fatto uscire allo scoperto. Poi il suo viso iniziò a trasformarsi in una smorfia di dolore; qualcosa aveva iniziato a dilaniarla da dentro. Si metteva male, malissimo. Quando Tommaso ci raggiunse sgranò subito gli occhi. «Aiutami!» gli dissi con il solo uso del labiale e lui a quel punto la prese in braccio: il corpo di Vania aveva la consistenza di uno straccio vecchio. Xian, allarmata, ci lanciò un'occhiata ma Tommaso la tranquillizzò fingendo che fosse tutto sotto controllo. Non appena la tirò su Vania sprofondò tra le braccia lunghe di Tommaso, accartocciandosi su sé stessa come un sacco vuoto. Per evitare che la vecchia ci sentisse, uscimmo sul pianerottolo e accostammo la porta.

«Che diavolo le prende?» mi domandò poggiandola sul pavimento.

«Non lo so…» risposi togliendole i capelli dal viso. «Vania, ti prego, rispondimi!»

«…non sono stata io…» vaneggiò all'improvviso.

«Sta sognando» disse Tommaso poggiando a terra il suo punteruolo. Io continuai a scuoterla.

«Non volevo, non volevo!» ripeteva e nella sua voce sentii il terrore di chi è sotto accusa. «Mi avresti odiato per sempre…» poi iniziò a piangere a dirotto. «Era tuo padre!». Fu allora che ci arrivai: Vania stava parlando con Noha, o almeno così credeva! «Smettila…ti prego…» la implorava con la voce rotta dal pianto. La supplicò di smettere ancora, in modo straziante finché non si spense nuovamente. Quando tutto sembrava finito, riprese a muoversi portando le mani alle orecchie. «Smettila!» urlò cercando di tapparsele.

«Vania, calmati! Non è reale!» continuai a dirle inutilmente. «È solo nella tua testa!».

Non riuscendo a far smettere la voce nella sua testa iniziò a tirarsi i lobi delle orecchie. «Vania, fermati!» le dissi afferrandole le mani. Nonostante provassimo a tenerla ferma riusciva a divincolarsi sfuggendo alla nostra presa. «Basta!» urlò stremata e aprendo nuovamente gli occhi rimase immobile fissando il pavimento. Scoprimmo troppo tardi che ciò che fissava era in realtà il punteruolo di Tommaso. Lo afferrò in uno scatto e a quel punto tentò di conficcarselo in un orecchio.

«Fermati!» gridai, buttandomi su di lei. Quando Tommaso riuscì a strapparglielo di mano si placò all'improvviso come se qualcuno le avesse appena staccato la spina. Ci guardammo increduli, convinti che da un momento all'altro avrebbe ricominciato. Prima di cantare vittoria Tommaso volle accertarsi che fosse ancora viva. Non riuscì nemmeno a controllarle il battito cardiaco che di colpo si arrestò con la bocca spalancata e gli occhi di chi sta soffocando. Mi sembrò di trovarmi in un incubo. Dopo Vania adesso era il turno di Tommaso. Non ebbi nemmeno il tempo di pronunciare il suo nome che, portandosi una mano al collo, lo vidi cadere a terra fissandomi con gli occhi sbarrati. Non avevo idea di cose stesse accadendo, sapevo solo che avrei dovuto fare qualcosa per tentare di salvarli. Ma cosa? In quel preciso istante sentii dei passi alle mie spalle. Qualcuno aveva appena terminato di salire gli ultimi gradini mettendo piede nel pianerottolo. Pronta a trovarmi di fronte un membro della setta mandato lì a ucciderci, trovai il coraggio di voltarmi. Il suo viso e quell'espressione da cane bastonato erano ricordi ancora vividi nella mia mente nonostante fossero passati molti anni. «Papà!» esclamai sorpresa e il suono di quella parola in un istante mi fece dimenticare tutto il resto.

Una volta sul pianerottolo, girò su sé stesso volgendo lo sguardo alla finestra. Mi alzai per andargli incontro. Con le mani in tasca e lo sguardo perso all'orizzonte continuò a darmi le spalle. Quando gli fui abbastanza vicino notai che era ancora identico a come lo ricordavo; la postura e il modo di camminare erano gli stessi di allora. Di quando lo avevo visto attraversare la strada per raggiungere l'auto e sparire per sempre dalla mia vita. Ero riuscita a trovarlo grazie a ciò che mi aveva raccontato mamma: si chiamava Gianni, faceva l'infermiere e viveva a Pomezia, questo era tutto ciò che sapevo di lui. Con l'aiuto di nonna l'avevo cercato sui social e alla fine ero riuscita a contattarlo. Il mio messaggio doveva averlo scioccato: ci mise due mesi a rispondere. Il giorno che arrivò la sua risposta mi mancò il respiro. Fu lui a darmi appuntamento in quel bar di Pomezia. Avevo ancora la mia prima auto, era tutta gialla. L'avevo comprata con i soldi che ero riuscita a mettere da parte con la borsa di studio. Quel giorno mi rifiutò senza nemmeno mostrare il minimo dispiacere o senso di colpa; non un'emozione che lasciasse trapelare un minimo di umanità a cui appigliarmi per non sentirmi una perfetta nullità. Mio padre mi aveva dato appuntamento per rifiutarmi, per dirmi che non c'era spazio per me nella sua vita. Andai via umiliata. Per anni mi portai addosso quella sensazione: l'idea che si fosse preso gioco di me. *Non può essere lui* mi dissi col cuore in gola e a qualche passo da lui, mi arrestai. Fu allora che si voltò dicendomi: «Vale! Finalmente t'ho trovato! Dov'eri?» aggiunse con gli occhi lucidi. Non capivo cosa intendesse dire né perché mi cercasse. «Vale...»

«Perché mi stai cercando?»

«Il compleanno!» rispose poggiandomi una mano sul viso. «Non ti ho fatto gli auguri, perdonami Valeria!». Le sue parole mi confusero, così mossi un altro passo verso di lui. «Vieni qua Vale! Fatti abbracciare!». Un'emozione inedita mi zampillò dentro: sorpresa, gioia, dolore. Qualunque sensazione fosse, non riuscii a contenerla. Forse ero semplicemente felice che alla fine mi avesse cercato. *Ma perché era lì?* mi domandai all'ultimo passo da lui. Che ci faceva mio padre al quinto piano di quel palazzo? C'era qualcosa di strano! Come faceva a essere sempre lo stesso? Erano passati diciotto anni eppure era identico all'uomo che avevo incontrato quel giorno. Portava anche gli stessi vestiti: una polo rossa e un jeans chiaro. Ma soprattutto, perché continuava a chiamarmi "Vale"?

Poi finalmente ci arrivai: quello non era mio padre, ma il suo ricordo! Qualcuno si stava prendendo gioco di me. Dopo Vania e

Tommaso adesso era toccato a me e io non potevo assolutamente permettere che accadesse di nuovo! Fu allora che la vidi. Lì, al posto di mio padre, adesso, c'era una nuova figura. Mi dava le spalle all'angolo di una stanza vuota e buia. La riconobbi dai suoi lunghi capelli neri. Il pianerottolo era sparito e adesso c'eravamo solo io e lei in un silenzio denso e angosciante. Continuava a nascondere il viso in un angolo buio, lì dove qualcuno l'aveva messa in castigo per poi dimenticarsene. Provai ad avvicinarmi e lei sbirciò un paio di volte con la coda dell'occhio agitandosi, a ogni mio passo, via via sempre di più. I pantaloni a zampa di elefante mi fecero ricordare i miei: erano neri, vellutati, gli unici che riuscissero a camuffare il volume dei miei fianchi, decisamente troppo ingombranti per quell'età. Mi rividi nella sua voglia di sparire dietro l'intonaco, quella voglia incontrollabile di mimetizzarmi con la carta da parati. Andava così ogni volta che i grandi parlavano del mio peso. Dicevano che ero troppo cresciuta per la mia età, che dovevo masticare lentamente e mangiare meno panettone. Sapevo perfettamente cosa avesse passato, conoscevo le sue paure. Sentivo tutto il suo dolore. La paura che avevo avuto fino a quel momento sparì e ciò che rimase fu la voglia di abbracciarla. Quando mossi il primo passo iniziò ad agitarsi ulteriormente muovendosi in modo strano, contorcendosi come colta da una crisi epilettica finché, arrestandosi all'improvviso, non si voltò mostrandomi il suo viso. Ebbi giusto il tempo di riconoscere il neo sul mento prima che spalancasse la bocca come un animale che attacca per difendersi. Il buio fitto delle sue fauci e i suoi occhi neri mi terrorizzarono a tal punto da farmi tornare indietro. Quando la stanza buia sparì, mi ritrovai catapultata nuovamente sul pianerottolo del quinto piano. Il vuoto sotto i miei piedi mi colse alla sprovvista ma di riflesso riuscii ad aggrapparmi al davanzale della finestra. Ero finita lì da sola, come sotto l'effetto di un'allucinazione. Qualche secondo in più e sarei finita di sotto. Mi sentivo come se fossi stata estromessa, buttata fuori da quell'illusione, come un rigetto dopo il trapianto di un organo. A ogni modo non ero finita sfracellata sul marciapiedi. Adesso non restava che rientrare cercando di evitare di finire giù. Provai a muovermi lentamente tirando su la gamba sospesa nel vuoto. Ci riuscii scoprendo un'agilità mai sperimentata. Tutto merito della mia nuova taglia quarantadue! Quando finalmente misi piede sul pianerottolo vidi Vania muoversi, il suo viso e i suoi occhi erano tornati quelli di sempre. «Vania!» esclamai correndole incontro e a quel punto anche Tommaso inizio a muoversi rotolando sul pavimento senza riuscire a smettere di tossire.

«Maremma maiala!» mormorò Vania guardandosi in torno. Una volta tornata in sé raggiunsi Tommaso che nel frattempo era corso alla finestra a prendere aria. «Xian!» esclamò tornando a respirare. Rientrammo e non appena sul corridoio trovammo Xian riversa per terra. Aveva tentato di fuggire ma non aveva fatto in tempo. La donna non era nei paraggi per fortuna, probabilmente non aveva ancora finito di mungere la vacca. Sembrava che non si fosse accorta di niente. Dopo averle tastato il collo Tommaso riprese di nuovo fiato. Era ancora viva. Poi la luce del salotto iniziò ad accendersi e spegnersi a intermittenza e il pavimento a tremare sotto i nostri piedi: era arrivato il momento di andar via! Scappammo, portando via Xian ancora incosciente. Non appena mettemmo piede sul pianerottolo, le vibrazioni del pavimento cessarono del tutto. Fu allora che lo capimmo: Ginevra, ci aveva appena cacciato via da casa sua.

CORRI

Sin da bambina ho dimostrato una naturale inclinazione all'ascolto: la comprensione probabilmente è sempre stata la mia unica dote. Anche quando non c'era granché da comprendere. "Tutta colpa della sua empatia!" mi disse il dottor Martin in una delle nostre prime sedute. Fu lui a spiegarmi come fosse tutto legato al rifiuto subito da parte di mio padre. Secondo lui infatti quell'esperienza aveva scatenato in me un profondo senso di inadeguatezza. Fu qui probabilmente che nacque in me il bisogno di prestare attenzione agli altri. Cosa che però negli anni generò non pochi problemi. Tra amiche egocentriche, fidanzati distratti e colleghi stronzi da tollerare era stata una continua prova di resistenza. Troppo buona per qualcuno, codarda per qualcun'altro. Io mi sono sempre considerata solo molto attenta a ciò che sta dietro le scelte degli altri, delle forze primordiali che ci spingono a fare o meno qualcosa; della natura profondamente irrazionale del nostro istinto. Della vita degli altri mi era sempre interessato tutto: da dove fossero partiti e come fossero arrivati fin lì. Conoscere desideri e paure di chiunque mi trovassi di fronte era per me fonte di nutrimento. A volte mi sembrava di percepire una sorta di connessione, un aggancio. Sentivo mancare il respiro, una pressione alla bocca dello stomaco, come il vuoto dato dalle turbolenze in aereo. Ogni volta era come perdere quota per poi ritrovarmi sintonizzata a una nuova frequenza. Su quel pianerottolo del quinto piano quella mattina con *la cosa* era accaduto lo stesso. Ero riuscita a vedere oltre quell'ammasso di carne in putrefazione e a quel punto aveva cercato di sbarazzarsi di noi.

«Perché la tengono imprigionata in quel modo?».

«Hai visto cos'è capace di fare?» rispose Vania. «Quell'essere mostruoso è in grado di manipolare la mente fino a indurre alla morte. È lei che dà in pasto a Lilith tutte quelle anime innocenti!». Su questo non c'era più alcun dubbio. Ma avevo sentito qualcosa in lei: tanto dolore e una rabbia smisurata.

«Ginevra!» le dissi avvicinandomi all'orecchio.

«Eh?» fece lei non afferrando le mie parole.

«Si chiama Ginevra!» ribadii ma questo non sembrò importarle più di tanto. «Come stai?» le domandai a quel punto sapendo che avrebbe mentito.

«Bene!» rispose come se qualche minuto prima non fosse stata sul punto di infilzarsi un punteruolo nell'orecchio. Non aveva voluto parlarne, neanche quando, indossando i *jeans* di Noha, le erano venuti gli occhi lucidi. Non eravamo riuscite ad affrontare il discorso, né lei né io e ciò mi dava il nervoso. Quindi questa volta decisi di andare dritta al punto. «Come è stato rivederla?». Preferì non rispondere e il vento continuò a scuoterle le treccine. Mi arresi. Quando si metteva di traverso non c'era speranza. L'adrenalina iniziava a lasciare il posto alla stanchezza così poggiando le testa sulla sua schiena chiusi gli occhi per un istante: quando li riaprii mi accorsi d'essere arrivate già in centro. Vilma ci aspettava alla Wicca insieme al Colonnello. Con le prime luci dell'alba quella notte infinita aveva finalmente deciso di volgere a termine.

Xian e Tommaso procedevano lentamente qualche metro più avanti: quella notte aveva strapazzato anche loro. Lungo tutto il tragitto Tommaso non ci perse di vista un momento. Continuava a voltarsi e ogni volta il suo sguardo mi restava attaccato sulla pelle. Giunti alle terme di Caracalla, l'aria fredda proveniente dai ruderi monumentali ci arrivò addosso come brezza marina. Quando Tommaso si voltò nuovamente, mi sfuggì un sorriso. Mi piacevano i suoi modi, le sue accortezze, i suoi occhiolini. Il mio sorriso però dovette stranirlo vista l'espressione che gli si stampò in faccia all'improvviso. Che fosse un tipo timido fu chiaro sin dal nostro primo incontro alla Wicca. Quel giorno aveva abbassato subito lo sguardo, ancor prima che lo facessi io. Era stato uno dei pochi a battermi sul tempo. Eppure quella di adesso non sembrava un'espressione di imbarazzo, né di vergogna. Semmai di stupore, mista paura e ci mise un istante a convertirsi in una smorfia di vero terrore. *Che succede adesso?* pensai e voltandomi trovai la risposta. Qualcosa di indefinibile ci stava seguendo e lo faceva sollevando l'asfalto a pochi metri dalla ruota posteriore del monopattino. Si muoveva sotto terra come un pesce che sfiora il pelo dell'acqua. Non potevo sapere di che bestia rara si trattasse, ma di certo qualunque cosa fosse da lì a poco ci avrebbe raggiunto spazzandoci via come birilli.

«Corri!».

«*Icché fu?*» esclamò inserendo il turbo mentre Tommaso da lontano continuava a urlarci di non fermarci per nessun motivo.

«Accelera!»

«Chi ci segue?»

«Non lo so, ma tu non fermarti!». Quando mi voltai per vedere quanti centimetri ci separassero dalla morte, il pesce d'acqua dolce si era già trasformato in uno squalo.

«Sta crescendo!» le dissi tenendomi forte.

«Che accidenti significa?» mi fece lei, confusa.

«Non lo so» le risposi, «so solo che cammina sottoterra ed è a un palmo dal mio culo!»

Eravamo quasi all'incrocio quando vidi un drone della polizia sfracellato al suolo, qualcuno non voleva che rimanessero prove. Al rumore dell'asfalto scrostato si aggiunse quello metallico di ferraglie arrugginite. Me ne accorsi con la coda dell'occhio: prima toccò al lampione che ci lasciammo alle spalle poi al semaforo all'incrocio. Li vidi accartocciarsi su sé stessi, come stuzzicadenti usati. Per non spaventarla ulteriormente non dissi nulla, era più utile continuare a urlarle di accelerare. Lo fece e un attimo dopo ci ritrovammo nel mezzo dell'incrocio. L'avvallamento del manto stradale, in quel punto, fu tale da farci balzare qualche metro in là. Avvenne tutto così velocemente che non riuscimmo a vedere l'auto bianca che sfrecciò davanti ai nostri occhi. Planammo e un attimo dopo ci ritrovammo a tutta velocità in direzione dell'enorme fossato del circo Massimo. Per l'ennesima volta vidi la mia vita scorrermi davanti agli occhi. Il primo giorno di scuola, il primo bacio, il primo tiramisù alla fragola. Il film della mia vita fu interrotto nell'istante in cui riuscii a voltarmi per guardare indietro. Adesso a sollevare il manto stradale dietro di noi si alzava un'onda oceanica fatta di asfalto e terriccio. Atterrammo poco dopo e il monopattino ebbe la peggio infossandosi sul terriccio sabbioso. Ricoperta di asfalto e sabbia, la balena alle calcagna tornò al suolo, fondendosi col terreno dell'arena in maniera incredibilmente morbida. A noi invece toccò rotolare per una decina di metri, la giusta distanza per prendere atto che da quel posto non saremmo più uscite vive. La corsa si arrestò in una nuvola di polvere. Cercai di capire quale pezzo mi fossi rotta nella caduta: le gambe sembravano intorpidite, le braccia stentavano a rispondere. Finalmente riuscii a muovere una mano, poi entrambe le braccia. A parte qualche graffio ero ancora intera. Adesso non restava che capire dove fosse finita l'orca assassina. E Vania. Sollevandomi sulle ginocchia scoprii che era stata scaraventata al centro dell'arena. Era immobile. Mi agitai e non vedendo più nessun cetaceo di terra emergere dal sottosuolo, iniziai a correre. Forse aveva bisogno di aiuto. Mi guardai attorno. Tommaso e Xian avevano appena lanciato la moto a terra e adesso correvano verso di noi. Fu allora che lo vidi e all'inizio pensai che fosse l'effetto della caduta.

Dovevo aver battuto la testa eppure, lassù in alto, sembrava esserci proprio la sagoma di un uomo, anziano, in posa meditativa. Era sospeso, sul nulla, appollaiato su sé stesso, con le gambe incrociate in una sorta di estasi meditativa, gli occhi spiritati e il volto proteso verso il cielo. Un mucchio di massi e macerie ruotavano attorno a lui come sorretti da una forza magnetica. Il suo corpo sembrava il centro di un campo gravitazionale. I massi descrivevano sempre le stesse orbite, sempre alla stessa velocità, come elettroni che ruotano continuamente attorno al nucleo di un atomo. Vania riversa a terra sotto di lui continuava a non dare segni di vita. Con quel po' di fiato che mi rimaneva provai a chiamarla e finalmente sollevò la testa. Non ebbe però il tempo di tirarsi su che la terra iniziò a tremarci sotto i piedi. Non sarei mai riuscita a raggiungerla e, in quell'istante, a pochi passi da me il terreno iniziò a sprofondare venendo risucchiato dal basso, come se al centro della terra qualcuno avesse appena acceso l'aspirapolvere. In pochi istanti tra me e Vania si aprirono due voragini. Attendendo la fine delle scosse continuammo a guardarci immobili; la terra sembrava non smettere più di tremare. Non ci rimaneva che tentare di scappare, così ricominciai a correre. Bisognava assolutamente uscire dall'arena, in breve si sarebbe trasformata in un colabrodo. Vidi Tommaso arrestarsi di colpo, aspettava che lo raggiungessi. Mi guardava con gli occhi di chi non riesce a trovare il modo migliore di rischiare la vita, voleva salvarmi ma non sapeva come fare. Intanto il suolo continuava a franare ovunque. Fu allora che lo vidi tornare indietro: forse aveva trovato un modo! Una volta raggiunta la sua moto la sollevò da terra e ci montò sopra. Accelerando la ruota posteriore slittò sul terriccio polveroso ma, sicuro come un gladiatore, ci mise un attimo a raggiungermi.

«Sali!» urlò passandomi a fianco e, afferrandomi al volo, mi ritrovai sulla sella della moto con le braccia avvinghiate al collo di Tommaso. «Mi strozzi!» disse mantenendo l'equilibrio e a quel punto partì strizzando al massimo il motore. Divincolandosi tra le voragini che nel frattempo continuavano a spuntare sotto i nostri occhi, fuggimmo via senza una meta.

«Vania!» urlai vedendola in lontananza sul ciglio di un cratere.

Improvvisamente Tommaso inclinò la moto su un fianco «Tieniti forte!».

«Che fai?»

«Andiamo a prenderla!» rispose, dopo di che iniziò il testacoda. La notizia mi riempì il cuore di gioia fino a che non conobbi il resto del piano. «Stringiti forte!».

«Come?» gli domandai sperando di avere frainteso le sue intenzioni dopo di che iniziò a muoversi come se stesse per fare qualcosa di molto imprudente.

«Reggi!» mi ordinò e, senza che nemmeno me ne accorgessi, mi afferrò i polsi portandomi le mani sul manubrio.

«Ti sei impazzito?» strillai non appena sollevò il sedere dalla sella.

«Tu reggi il manubrio mentre io tento di acchiapparla al volo!». Era una follia, come tutto il resto d'altronde. *Ok,* mi dissi, *dovevo solo reggere un manubrio.* Non poteva essere così difficile, bastava solo non pensare al fatto che andassimo a duecento chilometri all'ora e che avrebbe dovuto afferrare Vania al volo. Senza contare ovviamente le voragini che continuavano a formarsi ovunque. Ci avvicinammo a lei in una manciata di secondi e Vania, intercettando le intenzioni di Tommaso, si sporse su un lato con le braccia spalancate dopo di che chiuse gli occhi affidandosi al fato. Sfrecciammo al suo fianco e nel frattempo Tommaso piombò su di lei come un rapace. L'arena era già tappezzata di crateri ovunque quando riuscimmo a portarla in salvo.

«Boia!» esclamò montando in sella dietro di me.

«Reggetevi!» c'interruppe il nostro eroe riprendendo il controllo del manubrio. Poi inaspettatamente la terra smise di tremare. Sapevamo che non era finita lì. In lontananza, sulla scalinata, scovammo Xian nel bel mezzo di un combattimento. Riconobbi subito la sua avversaria dal modo in cui sferrava i suoi colpi. Aveva una mano ancora fasciata mentre con l'altra brandiva un pugnale a tratti incandescente. A quel punto l'onda anomala iniziò a riprendere forma lentamente, riaffiorando da sotto terra: Moby Dick stava tornando a galla. Da zero a cento chilometri orari, la nostra corsa ebbe di nuovo inizio.

«È il vecchio lassù!» strillò Vania puntando il dito all'ammasso di sassi sospeso in aria.

«C'è solo un modo per uscirne vivi!» esclamò Tommaso lanciandosi in un altro testacoda. «Scendete!» e una volta a terra, accelerò fino a fondere il motore. Fu allora che compresi cosa avesse in mente: avrebbe sfruttato l'onda come una rampa di lancio. Come in un duello all'ultimo sangue lui e la cosa che strusciava sottoterra si affrontarono venendosi incontro al centro dell'arena, sollevando una nebbia fatta di fumo e polvere. Avrei voluto chiudere gli occhi ma era tutto così surreale che non potevo perdermi quello spettacolo. Quando la moto si staccò dal suolo iniziando il decollo, Tommaso abbandonò il manubrio liberandosi in aria. La traiettoria era quella giusta: puntava dritto al vecchio. In volo verso quell'ammasso di sassi volteggianti, Tommaso sfidò qualsiasi legge della fisica: a quel punto mancava solo l'ultima mossa.

Al momento giusto, con un colpo secco, Tommaso sventagliò una raffica di punteruoli d'oro contro il vecchio ma uno dopo l'altro finirono per schiantarsi contro lo scudo fatto di massi rotanti. Un attimo dopo che la moto si sfracellasse al suolo, atterrò prendendo atto di come il suo rocambolesco tentativo non fosse servito a nulla. L'onda intanto continuava a venire dritta verso di noi, indisturbata. Eravamo spacciate ma l'istinto ci disse comunque di correre. Fu in quel preciso istante che lo sentimmo arrivare. Nonostante il rumore dell'onda dietro di noi, il boato del motore giunse alle nostre orecchie come la tromba dell'esercito amico. Quando spuntarono, lui e la sua moto nera scintillante sembravano un'unica cosa, parti integranti dello stesso organismo, per metà uomo e per metà macchina. Come un pilota che abbandona il proprio veicolo durante l'avaria, così il Colonnello con un salto si liberò della sua moto. Atterrando poi sui suoi arti in titanio ammortizzati si lanciò in una corsa a ostacoli tra crateri e macerie puntando dritto al centro dell'arena. Cosa avrebbe mai potuto inventarsi per superare quella barriera inespugnabile fatta di massi e zolle rotanti? Attraversarla era praticamente impossibile. Ma il Colonnello saltò e le sue protesi molleggianti lo lanciarono così in alto da superare il vecchio stregone. Immerso in quella specie di trance meditativa il vecchio dagli occhi strabuzzati non mostrò il minimo stupore. Fu al momento della discesa che il Colonnello giocò le sue carte sfruttando a pieno quei pochi istanti prima di svelare la sua mossa. La soluzione, come al solito per lui, si trovava nel futuro più prossimo. Dopo averlo visto, riconobbe immediatamente il momento giusto, come in una rivelazione. Fu allora che la sua mano trovò lo spazio sufficiente, l'insenatura che gli consentì di inserirsi tra le macerie rotanti giungendo fino al collo del vecchio stregone. Non più sorretto da alcuna forza gravitazionale lo scudo di massi iniziò a scomporsi cadendo giù a pezzi. Il corpo dello stregone fu l'ultimo a toccare il suolo; il Colonnello infatti continuò a stringerlo nella sua morsa finché non fu certo che avesse smesso di respirare. Solo allora mollò la presa lasciandolo cadere al suolo. Il suo corpo esile si accartocciò su sé stesso e fu incredibile credere a come quel corpicino minuto potesse contenere un così grande potere. Così grande che tutto il resto passò in secondo piano. Tutto, Xian compresa, che solo allora ci ricordammo di aver lasciato in pessima compagnia. Per fortuna ci aveva pensato Tommaso ad accorrere in suo aiuto. Fu comunque troppo tardi: al suo arrivo Xian era già a terra. La donna rana era riuscita a ferire Xian ustionandole il viso, piantandole poi il suo pugnale rovente sull'addome. Xian si era così accasciata al suolo ma alla disfatta del suo alleato, la donna rana non era riuscita a finirla, preferendo fuggire via prima dell'arrivo dei rinforzi. Una volta raggiunta le ferite al viso ci lasciarono senza parole. Nonostante il dolore lancinante, riversa a terra a occhi chiusi Xian non si lasciò scappare nemmeno una lacrima. Mi domandai dove trovasse quella forza e soprattutto che ne sarebbe stata della sua pelle di porcellana.

«Vilma può guarirla!» dissi rivolgendomi al Colonnello e lui ordinò a Tommaso di dargli una mano.

«Aspettate!» esclamò Vania tirando fuori qualcosa dalla tasca dei pantaloni. «Rimettetela giù!». Si trattava di un sacchettino in juta, quando lo agitò si sentì uno sciabordio di sabbia. Ne versò il contenuto su una mano e a quel punto tanti chicchi neri grandi come semi di sesamo le riempirono il palmo rimanendole appiccicati tra le dita.

«Che roba è?» le domandò Tommaso preoccupato.

«Semi di Pilosella!» rispose facendoli cadere sulle ferite sanguinanti. Immediatamente i semi iniziarono a schiudersi uno dopo l'altro e germogliando in un piccolo filo d'erba ricoprirono quasi per intero il volto di Xian. Rimasero scoperti solo occhi, naso e bocca così la bambola di porcellana si trasformò nella donna barbuta.

«I semi della Pilosella germogliano a contatto col sangue» ci spiegò per tranquillizzarci, «rimarginano le ferite e attenuano il dolore». A quel punto Xian riaprì gli occhi. «L'aiuterà durante il viaggio! Adesso sbrigatevi, Vilma vi aspetta!»

PRESAGI

Quante cose possono accadere in una sola notte? Tante. Stavolta, però, ne erano accadute davvero troppe. *La cosa* era entrata nelle nostre menti tendendo a ognuno di noi una trappola, poi un sicario della setta era quasi riuscito a farci fuori. Il Colonnello era arrivato in nostro soccorso ma ciononostante Xian era rimasta gravemente ferita. Per fortuna si sarebbe presa cura di lei Vilma, lei sapeva sempre cosa fare. Una volta arrivati alla Wicca, il Colonnello e Tommaso la portarono subito in infermeria. Non appena le porte dell'ascensore si chiusero, da una porta in fondo al corridoio con aria circospetta uscì Vilma accompagnata da una scia di fumo.

«Ah… stai qua?» le domandai pensando che si trovasse già in infermeria.

«Bambina!» disse con l'aria di chi è stata colta di sorpresa. Quando le chiesi spiegazioni confessò senza che la mettessi alle strette. «D'accordo» ammise. «Mi stavo nascondendo!»

«In bagno? Non siamo mica a scuola!»

«Peggio!» esclamò. «Qui non si può fumare da nessuna parte!».

«Xian è arrivata» la informai. «La stanno portando in infermeria». Ci lasciammo e a quel punto mi perforò lo stomaco una voragine così grande che in confronto quelle viste al circo Massimo erano delle buche da golf. Un disperato bisogno di cibo assalì ogni mio pensiero bloccando qualsiasi forma di ragionamento. Tra tutti quei piani doveva pur esserci un bar o un ristorante.

«Trentunesimo piano…» disse una vocina alle mie spalle. Quando mi voltai scoprii che si trattava di Fatima. La lettura del pensiero mi metteva profondamente a disagio così la ringraziai e attesi che l'ascensore si aprisse.

«Stai dimostrando un grande coraggio…» aggiunse in maniera del tutto inaspettata.

«Chi? io?» feci, incredula.

«E non solo...» proseguì con sguardo severo, «riesci sempre a vedere oltre...». Sentii il rossore divamparmi il viso. Fortunatamente l'ascensore arrivò e muovendo un passo all'indietro svanii come un gambero dietro le porte dell'ascensore. Non ero abituata a quel genere di cose, non mi piaceva quando si parlava di me. Yves mi accolse col suo baffo sorridente.

«Al trentunesimo!» dissi provando un leggero imbarazzo.

«Oh, certamente!» rispose senza fare domande ma non appena le porte si chiusero con i suoi modi garbati volle accertarsi che stessi bene. Come se non fossi sfuggita alla morte già un paio di volte quella notte, risposi di star bene e lui, da vero gentleman, finse di crederci.

Quando le porte si aprirono, davanti ai miei occhi si delineò uno scenario più che eccezionale.

Una moltitudine di banconi bianchi si perdevano in lontananza allineati in file parallele interminabili. Su ognuno di questi le varie portate erano disposte in maniera più che ordinata, ossessiva a dire il vero. Ce n'era per tutti i gusti: un bancone era interamente dedicato alla pasta asciutta, un altro al riso e al *cous cous*. Seguivano quelli dei secondi, uno di carne, l'altro di pesce. Quanto alla frutta, ve n'era uno per ogni stagione. C'erano pure le arance che non vedevo da una vita, i fiori di zagara ormai, non resistevano più di qualche ora. Per un attimo mi sembrò di essere finita in uno dei miei sogni. Tutto quel cibo stava cominciando a darmi alla testa quando improvvisamente, in lontananza, qualcosa di meravigliosamente rosa richiamò la mia attenzione. Superai il bancone della frutta guardandomi attorno e una volta appurato che non ci fosse nessuno accelerai.

Quando arrivai a destinazione non riuscii a credere ai miei occhi: torte, tortelli, budini, babà, pasticcini ripieni. I miei occhi non sapevano proprio dove posarsi; biscotti, panettoni, soufflé al cioccolato, *krapfen* farciti alla crema. Un po' più in là lo sguardo si posò su uno *strudel* di mele, accanto dei muffin arancioni, dovevano essere all'arancia, castagnole ricoperte di zucchero, una cassata gigante tutta verde, piramidi di torrone bianco a cubetti; per un attimo pensai di poter impazzire. Era un delirio di zucchero a velo, l'olimpo degli iperglicemici. Poi dietro il ciambellone al cacao scorsi una *cheesecake* al limone, una alla fragola e più in fondo una torta alle mandorle e cannoli al pistacchio. C'erano addirittura i maritozzi traboccanti di panna! Ero davvero sul punto di impazzire quando finalmente la raggiunsi: stava dietro ad un pandoro innevato ed era decisamente la più "fragolosa" di tutte. Non dimenticherò mai il rosa *shocking* della sua mousse e le due fragoline sapientemente adagiate sopra a formare un piccolo cuore. Così soffice e perfetta, il dolce più invitante che avessi visto in vita mia. Dovevo averne subito una fetta. Mi avvicinai e con le mani tremanti ne tagliai una minuscola fetta. Ripensandoci, ne tagliai subito un'altra più grande. Le guardai, combattuta e, prima che arrivassero i sensi di colpa, decisi di prenderle entrambe. Quando affondai il cucchiaino la sua bontà si manifestò in tutta la sua superbia, fu un'esplosione di gusto. Altro che mensa: quello era il paradiso, anzi no l'inferno! *Non sarei mai dovuta venire,* pensai aprendo la porta al rimorso. C'era d'aspettarselo che non fosse qualcosa di ordinario. Tutto alla Wicca era eccezionale. Persino un ripostiglio poteva avere qualcosa di strabiliante, figuriamoci la mensa. Ma, buttando l'occhio al giro vita, la mia quarantadue mi disse di fregarmene.

«Pink lady...» disse una voce possente alle mie spalle, «Mia preferita!». L'accento era inconfondibile.

«Colonn...» fu ciò che uscì dalla mia bocca intasata dalla *mousse* alla fragola. «Che ci fa qui?»

«Anch'io ho bisogno di nutrirmi...» rispose facendomi sentire un imbecille ma per fortuna avevo già spazzolato tutto quando il Colonnello mi fece andare di traverso l'ultimo boccone. Pronta a scappare poggiai il piattino sul bancone.

«Buon appetito!» dissi a quel punto prima di sgattaiolare via.

«Perché tanta fretta?» domandò senza alzare lo sguardo prima che riuscissi a muovere il primo passo. «Pedinare terzo elemento...» aggiunse poi sbirciando qua e là indeciso su cosa scegliere. «È stata una tua idea, vero?»

Ci siamo! pensai iniziando a sudare.

«Sì...» risposi abbassando lo sguardo prima che il suo si abbattesse su di me.

«Allora…cosa mi consigli?» aggiunse indicando la distesa di prelibatezze sotto i nostri occhi.

«La *pink lady* è da capogiro!» risposi sperando di potermi finalmente congedare.

«Hmm» fece al primo assaggio. «Non si smentiscono mai qui!» poi alzando lo sguardo aggiunse «morbida fuori, succosa dentro» e come al solito i suoi occhi mi fecero sentire a disagio.

«Ok…» esclamai all'improvviso fingendo che qualcuno mi avesse appena parlato nella mente, «arrivo subito!». Il Colonnello continuò a fissarmi seguendo una a una le mie espressioni. Non capii mai se quella volta ci cascò davvero, o mi lasciò andar via mosso da pura compassione. In ascensore Yves mi accolse nuovamente come se non ci vedessimo da mesi, sorridendo. Che sorridesse lo si capiva dai baffi: iniziavano a muoversi, aprendosi a ventaglio.

«Mi scusi se mi permetto, signorina Valeria» esordì una volta che le porte si chiusero. «La vedo provata, non sarebbe forse il caso di riposare?

«Magari!» risposi sognante.

«Che aspetta, allora?» aggiunse trepidante, con la faccia di chi sta per svelarti un segreto.

«Non ci credo!»

«Sììì!» fece lui in preda a un fremito di felicità. Non poteva certo mancare un piano per gli alloggi; alla Wicca ce n'era uno per ogni necessità; questa volta era il sessantottesimo. Fu Yves ad accompagnarmi. I corridoi erano bui, a illuminarli dei *led* sul pavimento. Le camere, numerate solo con numeri dispari, iniziavano con la 313. Noi ci fermammo alla 333.

Una volta davanti la porta Yves mi saluto augurandomi sogni d'oro. Non fu necessaria una chiave né un codice segreto, né tanto meno una scheda magnetica: la porta si aprì non appena afferrai la maniglia. Anche qui la luce era soffusa: proveniva dall'alto e infondeva una gran voglia di dormire. A parte il letto e quella che presumibilmente doveva essere la porta del bagno, la camera era praticamente vuota, non c'era nulla, nemmeno un armadio né un comodino.

Avevo proprio bisogno di riposare. Il profumo di lavanda

sprigionato dai cuscini mi fece tornare in mente l'accademia di musica. Chissà che idea si era fatto Mauro dopo tutti quei giorni. Ormai ero una latitante a tutti gli effetti. Girandomi di fianco, passai una mano sul copriletto, era lo stesso blu della divisa di Tommaso. Ero contenta di averlo conosciuto, mi trasmetteva delle buone sensazioni. Ciò mi fece sentire in colpa nei confronti di Mauro. Non lo avevo mai tradito, neanche con il pensiero. I miei pensieri non erano più quelli di un tempo, però. Chissà se in quegli ultimi giorni aveva tentato di mettersi in contatto con me in qualche modo. *Avrebbe dovuto?* mi domandai e a quel punto mi accorsi di avere una grande confusione in testa. Gli zuccheri iniziavano a dare i primi effetti, soprattutto alle palpebre che, improvvisamente, erano diventate pesanti come valigie da imbarcare. Convenni che in fondo un po' gli mancassi, anche se non mi sarei stupita se mi avesse già dimenticata. Non era passato molto tempo ma quei giorni, anzi quelle notti, avrebbero potuto contenere una vita intera. Più di una in realtà. Ero confusa, non sapevo più cosa aspettarmi da lui, né cosa sperare. Il torpore giunse inesorabile senza neanche darmi il tempo di mettermi sotto le lenzuola.

Fu allora che sentii quello strano rumore. Sembrava che qualcuno stesse grattando alla porta. Mi alzai di scatto e aprendo la porta della camera il rumore cessò all'improvviso. Mi affacciai sul corridoio per dare una sbirciatina e tutto ciò che trovai fu solo un gran silenzio. Forse me l'ero immaginato, dopotutto in testa avevo ancora il rumore dell'asfalto. Tornai a letto e un attimo prima di toccare il cuscino lo sentii nuovamente, questa volta a un ritmo più incalzante. Non veniva da fuori, ma dal bagno. Quando aprii la porta, non vidi nulla finché non abbassai lo sguardo. Non mi sarei mai aspettata di imbattermi ancora una volta in Romeo! Mi guardava con due occhioni neri, così grandi che riuscii a specchiarmici nelle sue pupille dilatate. Non ebbi il tempo di pronunciare il suo nome che subito sgattaiolò sotto le mie gambe.

«Dove vai?» ma voltandomi mi resi conto che era già sparito. Senza accorgermene avevo lasciato la porta della camera aperta. Gli corsi dietro a piedi scalzi scoprendo che le luci del corridoio erano spente. «Romeo!» lo chiamai evitando di alzare troppo la voce per non disturbare. «Torna indietro!» ma indifferente continuò a sgattaiolare via. Preoccupata, lo seguii. In fondo al corridoio vidi una luce: era quella dell'ascensore. A un tratto ebbi come la sensazione di camminare sul bagnato tanto che per non scivolare fui costretta a reggermi con i polpastrelli sulla parete. «Mortacci tua, Romeo!»

Doveva esserci stato un problema con le tubature, per questo il sessantottesimo piano era rimasto al buio, era andato in corto l'impianto elettrico. Giunta davanti l'ascensore vidi qualcosa di veramente insolito: Yves non era lì ad attendermi come al solito. Non ebbi il tempo di realizzare che Romeo iniziò a miagolare, sembrava irrequieto. Non potevo perderlo, quel posto era un vero labirinto, avrebbe finito per smarrirsi in qualche dimensione parallela. Vania non me lo avrebbe mai perdonato. Una volta dentro l'ascensore, le porte si chiusero all'istante e quando si riaprirono il tutto avvenne senza il consueto "din". Non capii subito in che piano ci trovassimo, se non per qualche isola d'erba superstite qua e là, il prato che avevo visto qualche giorno prima adesso era praticamente inesistente. Sebbene la cosa fosse di per sé già abbastanza inquietante fu comunque nulla a confronto del cielo nero che gli gravitava sopra: funesti nuvoloni neri formavano una specie di vortice, venendo poi risucchiati dentro l'occhio del ciclone come per l'effetto di una gigantesca forza di gravità, un buco nero. Non avevo mai visto niente di così spaventoso. Se l'apocalisse fosse mai arrivata certamente quello sarebbe stato l'inizio. Romeo, a differenza mia, non sembrava affatto turbato, sin da subito cominciò a girare a zonzo smuovendo l'erba secca che, sgretolandosi, iniziò a disperdersi nel vento finendo poi risucchiata in quell'enorme buco nero sospeso sopra le nostre teste. Il vento era così forte da spostarmi i capelli e qualcosa mi diceva che sarebbe aumentato ancora fino a sollevare da terra anche noi. Bisognava andar via ma Romeo sembrava sparito nel nulla. Poi per fortuna mi sfiorò una gamba con la coda. Lo vidi lì ai miei piedi che mi fissava come se volesse dirmi qualcosa. Fu allora che mi accorsi delle macchie di sangue che avevo sui piedi; non era acqua dunque quella nel corridoio.

«Andiamo» dissi tentando di prenderlo in braccio ma proprio a quel punto iniziò a soffiarmi contro colpendomi ripetutamente con la zampetta a una gamba. Mi svegliai, in un bagno di sudore. Vania era seduta ai piedi del letto e a giudicare dal modo in cui si avventava sulla mia caviglia doveva stare lì da un po'.

«Oh!» fece con gli occhi spalancati «*icché ti piglia*?». I suoi capelli erano tornati di fuoco, le treccine erano sparite del tutto. La trisavola di Vania era di nuovo in pace. Il *mutatio* aveva dunque una data di scadenza, ma dando un'occhiata generale mi tranquillizzai: la quarantadue non mi aveva ancora abbandonato.

«Ho fatto un sogno orribile!» dissi prendendo contatto con la realtà.

«Più che un sogno sembrava una crisi epilettica!»

«Ho sognato Romeo...» la cosa sembrò stranirla. «Non è la prima volta...» le spiegai tirandomi su. «L'ho già sognato altre volte, correva verso di me, su una spiaggia...»

«Avrai sognato un gatto qualunque...» minimizzò alzandosi in piedi, «chi ti dice che sia proprio lui?»

«Era tutto nero e aveva una zampetta posteriore bianca...»

«Va avanti...» disse tornando a sedere.

«L'ho seguito e così siamo arrivati all'ultimo piano...»

«Che hai visto?» domandò preoccupata.

«La fine del mondo!» risposi tagliando corto. «È stato terribile!»

Si alzò di nuovo.

«La cosa strana è che ogni volta sembra voglia dirmi qualcosa!»

«Non è detto che non sia così...» sussurrò dandomi le spalle.

«In che senso?»

«I sogni sono messaggi, informazioni provenienti dal tuo inconscio...» aggiunse pensierosa.

«Ah, bene! Sono settimane che faccio sogni assurdi, ho sognato anche te!»

«Racconta...» disse prendendo di nuovo posto.

«Come faccio a descriverteli? Continuo a fare sogni molto strani, pieni di colori, in dei luoghi bellissimi mai visitati: l'ultimo è un castello a strapiombo sulla roccia, con una torre a base esagonale e uno scheletro nascosto nei sotterranei».

«Uno scheletro?». Mi ascoltava senza perdere una parola.

«Sì, è così strano...» proseguii. «Ha qualcosa addosso, una veste e delle manette ai polsi». Al di là dei suoi occhi caramello a quel punto mi sembrò di vedere l'anima di Vania precipitare nel vuoto. Non riusciva più a stare ferma, così si alzò nuovamente.

«Stiamo per morire tutti, vero?» esclamai tirandomi su ma lei, con lo sguardo perso nel vuoto, continuò ad andare avanti e indietro per la stanza. «Che ti prende adesso?» le domandai, ma Vania sembrava aver perso la parola.

La implorai: «Vania, ti prego, parlami!»

«Non è possibile...» sussurrò sbattendo le palpebre, «non è possibile...». La supplicai di spiegarsi meglio. «Pentagonale!» disse a quel punto camminando verso la porta del bagno. «La torre» riprese tornando indietro. «Non è esagonale» aggiunse cercando di mantenere la calma. «Ma pentagonale!». Pensandoci meglio la torre aveva cinque lati. «La dama» riprese sedendosi su un angolo del letto. «La dama!»

Iniziava a vaneggiare.

«Vania, stenditi un attimo» le dissi preoccupata ma all'improvviso sembrava non riuscisse più a sentirmi. Era più pallida del solito, sembrava che le mancasse l'aria. «La dama...» ripeté ancora una volta a occhi chiusi. «La dama bianca!». Fu allora che le afferrai la faccia tra le mani e la obbligai a guardarmi negli occhi. «Spiegami cosa vuoi dire». Funzionò.

«Lo scheletro che hai visto si trova nel castello di Poggio Catino».

«Poggio Catino?» non avevo mai sentito quel nome.

«Sì...» rispose abbassando lo sguardo certa di non riuscire a sostenere il peso delle sue parole. «È il paese d'origine di Noha». Quel nome mi scoppiò in testa come un petardo. Non potevo crederci, cosa c'entrava Noha con i miei sogni?

«Hai detto di aver sognato Romeo...» continuò lasciandomi sospesa, «quel gatto prima che mio era suo!». L'aveva trovato in un cassonetto, ma questo me l'aveva già detto Vilma. Continuava a sfuggirmi qualcosa. In una frazione di secondo riavvolsi la matassa e andai a ritroso nei miei sogni, passando nuovamente per la vallata polverosa, camminando sulla spiaggia dal tramonto mozzafiato dove avevo visto Romeo la prima volta, fino alla riva del fiume dal fondale colorato dove avevo visto salire a galla il mio passato. Tra i miei ricordi avevo visto anche Vania, di spalle, delle maioliche e una cucina gialla.

«Aspetta un attimo!» esclamai non appena le cose iniziarono a prendere forma. «Che ci fai tu tra i miei ricordi?»

Per un attimo restò in silenzio, sapeva già in che direzione stessimo andando. «Eri di spalle in cucina, ed eri bellissima» aggiunsi ripensando al sogno. «La luce che entrava dalla finestra ti accendeva i capelli di rosso, non dicevi nulla, sorridevi ed eri felice». I suoi occhi iniziarono a luccicare, come se stessero rivivendo quel momento.

«Un momento!» sussurrai con la testa sul punto di esplodermi. «Forse si tratta della cucina di casa tua!» le dissi con il cuore in gola. «È gialla e ci sono delle ceramiche azzurre su una parete».

«Il giallo, era il suo colore preferito!» rispose, ed io sentii i brividi lungo la schiena.

«Vania, non sono mai entrata nella tua cucina…» sussurrai come se stessi confessando un segreto. Ne ero certa: non avevo mai messo piede in quella cucina, non lo facevo mai! Che le evitassi, lo sapevano tutti. In quella di Clelia ci misi piede per la prima volta solo dopo un anno che frequentavo casa sua. Con Mauro avevo battuto ogni record: dopo sole due settimane di conoscenza. Mi aveva trascinato lì con la forza per fare colazione insieme.

«Com'è possibile?» le domandai certa che lei avesse una qualche spiegazione. «Se non è un mio ricordo, allora di chi è?». Non riuscì a rispondermi, non riusciva a crederci. Era passato così tanto tempo, aveva sofferto tanto, troppo. Aveva sentito la sua mancanza fino al punto di soffocare. Vania era una sopravvissuta, una che, pur continuando a respirare, aveva smesso di vivere da un pezzo, da quel maledetto giorno in cui Noha aveva iniziato a star male spegnendosi lentamente. Aveva conservato Noha nei suoi ricordi più belli, tra i ricordi della vita vera, l'unica che avesse vissuto, quella insieme a lei. Questo le aveva consentito di andare avanti senza impazzire, solo così era riuscita a non farla finita. Noha le aveva insegnato qualcosa di veramente importante, qualcosa che era all'origine del suo potere: ex malo bonum. In quegli anni insieme le aveva trasmesso un principio fondamentale: "ne vale sempre la pena, a prescindere da tutto!". Reduce da quella lezione, Vania aveva continuato a esserle fedele in tutto, anche in questo. Eppure adesso stava accadendo qualcosa di incredibile, di sconvolgente. I miei sogni sembravano ricondurre tutti a lei. Come succede unendo le tessere di un puzzle inaspettatamente era venuta fuori l'immagine di Noha. I colori, le luci, gli skyline mozzafiato, i panorami incantevoli; improvvisamente mi accorsi di come quei sogni parlassero di lei e del suo potere, erano fatti della sua stessa sostanza. Avevo ragione, dunque: quei sogni non erano i miei. Era stata lei a plasmarli, mentre io mi ero solo ritrovata lì a fare da attrice non protagonista. Quanto a Romeo era il suo fedele messaggero. Ma perché? mi domandai. Forse Noha in qualche modo stava cercando di comunicarmi qualcosa. «Questo significa…» provai a dire senza però riuscirci. Non ne ebbi il coraggio, non avrebbe retto.

«Cosa significa può dircelo solo Romeo!» affermò spalancando gli occhi. Eravamo giunte alla stessa conclusione ma adesso in lei lo sconcerto stava facendo posto a qualcos'altro: un flebile barlume di speranza e un briciolo di follia, perché a volte la speranza è niente senza un po' di follia.

LA BIBLIOTECA

Il nostro messaggero arrivò zampettando. Immerso nel miraggio dato dall'asfalto bollente apparve come una macchiolina scura. Non ci fu verso di convincerla ad aspettarlo al fresco, Vania preferì attenderlo sotto il sole cocente. Alla sola vista in lontananza, ebbe un sussulto scattando in piedi all'istante, non l'avevo mai vita così agitata. Il povero Romeo era sfinito, sulle sue zampette felpate aveva percorso più di quattro chilometri. Quando arrivò boccheggiando non ebbe nemmeno la forza di salire il primo gradino. Era stata Vania a guidarlo fin lì e lui, da bravo micio, aveva obbedito mettendosi subito in cammino. Che fosse più di un semplice animale di compagnia era abbastanza chiaro. Era stata Noha ad ammaestrarlo, plasmandolo con la sua magia. Romeo aveva dimostrato da subito un'ottima predisposizione alla magia e, addestrandolo sin da cucciolo, con l'uso della telepatia era riuscita a raggiungere il pieno controllo del suo corpo come fosse un suo prolungamento. Anche Romeo era stato male durante il periodo in cui Noha aveva sofferto di più, tanto che Vania per un po' aveva creduto che fossero ormai in simbiosi, due organismi di un'unica anima. Così, alla fine, di Noha non le rimase che lui. Dopo le coccole del caso, Vania prendendolo in braccio lo portò subito in quella che inizialmente era la mia camera. Una volta messo giù era schizzato dritto verso la porta del bagno e trovandola chiusa aveva iniziato a grattare. Avevo già visto quella scena. Così, per farlo smettere, corsi subito ad aprirgli la porta. Quando il sensore della luce in bagno scattò Romeo era già salito sul lavandino.

«Povera bestia, c'avrà una seta boia!». Non servì che ci precipitassimo ad aprire il rubinetto, grazie al sensore automatico Romeo fece tutto da solo. Non ci restò che osservarlo in silenzio come si osserva un messia venuto da lontano. Quando finì di dissetarsi, leccandosi i baffi anche lui ci guardò per qualche istante prima di balzare giù per terra.

«Vieni dalla mamma!» gli disse Vania correndogli dietro. Romeo non sembrava particolarmente entusiasta di trovarsi lì e una volta percorso l'intero perimetro della stanza alla ricerca di una via di fuga andò a nascondersi sotto il letto. «Romeo, fermati!» esclamò inginocchiandosi. «Sei proprio un citrullo!». Infilandosi sotto il letto riuscì ad acchiapparlo. Quando Vania venne fuori tenendolo per la zampetta, la faccia di Romeo era un mix di disperazione e rassegnazione.

«Non ci s'ha mica tempo da perdere!» lo ammonì e a quel punto Romeo, con le orecchie basse e il terrore negli occhi, si arrese. Senza opporre alcuna resistenza si lasciò trascinare per il pavimento come un prigioniero di guerra. «L'hai capito o no che abbiamo bisogno di te?» lo rimproverò prendendolo in braccio. Quel giorno Romeo sembrava non avere la minima intenzione di collaborare, così Vania decise di dare inizio ai suoi sortilegi. Romeo sarebbe stato il tramite per metterci in contatto con l'aldilà. Il tutto sarebbe avvenuto tramite le sue pupille che al momento opportuno ci avrebbero svelato la verità: la strada per arrivare a Noha. Una sorta di sfera di cristallo, insomma. Non era la prima volta per Romeo, l'avevano già fatto solo che quella volta era stata Noha a dirigere la cosa. Forse per questo Vania sembrava così nervosa. L'ostaggio iniziò a ribellarsi da subito. «*Sta bono!*» lo sgridò tentando di bloccarlo tra le ginocchia. Forse eravamo state ingenue a credere che saremmo riuscite a ricavare qualcosa.

«Non c'è proprio verso con te oggi!». Quando riuscì a liberarsi Romeo sgusciò via come una trota impazzita. «Basta! Mi hai scocciato! Adesso t*e lo fo vedere io a te*!» urlò contro il fuggitivo che, intanto, era andato a nascondersi in bagno, raggomitolandosi ai piedi della vasca. «Questa volta te la sei proprio cercata!» aggiunse furiosa e, scrollandosi via i peli che le aveva lasciato addosso, puntò verso il bagno. «Adesso si fa le cose per benino io e te!».

«L'acqua!» dissi fissando Romeo vicino la vasca da bagno.

«Sì, brava!» esclamò. «Fa da conduttore, come il ferro per il fuoco!» aggiunse aprendo i rubinetti a tutta birra. Fu allora che mi tornò in mente la sensazione di bagnato sulla schiena e il peso di

Romeo addosso la prima volta che lo avevo visto dal vivo, al mio risveglio nella vasca da bagno.

«Ma certo, l'acqua!» ribadii. «Come quel giorno nella vasca!». Per questo si era fiondato in bagno salendo sul lavandino. Romeo aveva già provato a darci qualche indizio. Corsi subito in bagno passandole accanto.

«*Icché tu fai?*» esclamò vedendomi entrare nella vasca.

«So io cosa fare!» dissi sicura come non ero mai stata in vita mia.

Non ci volle molto prima che Romeo drizzasse le orecchie. Con un balzo salì sulla vasca e attento a non cadere a mollo iniziò la sua sfilata lungo il bordo. Coi baffi dritti come antenne si avvicinò a me. Quando le sue pupille iniziarono a dilatarsi i suoi occhi diventarono neri e profondi, come quelli che avevo visto in sogno. Sembravano di vetro. Da quel momento in poi fece tutto da solo: continuò ad avvicinarsi annusando il mio odore fino a sfiorarmi il naso, il suo era freddo e umido. Iniziò a farmi le fusa e nel silenzio il rumore proveniente dalle sue corde vocali rimbombò per tutta la stanza. L'acqua era arrivata all'altezza del bacino quando con uno scatto Romeo salì su di me solleticandomi con i baffi. Affondando le zampette sul seno prese posto accovacciandosi faccia a faccia. Ci guardammo intensamente, lui con aria sorniona, io nell'attesa che accadesse qualcosa. Persi l'uno negli occhi dell'altro scovai nei suoi il mio riflesso. Fu allora che dietro di esso vidi muoversi qualcosa, come se all'improvviso un soffio di vento avesse mosso il velo d'acqua di una pozza stagnante. Dal fondale dei suoi occhi salì a galla qualcosa, non era sabbia ma polvere, la stessa della vallata che avevo visto in sogno, la stessa che mi aveva condotto al castello. Poi vidi anche il castello, e in un attimo mi ritrovai a sorvolare sopra la torre pentagonale. Dimenticando dove mi trovassi il mio cuore iniziò a battere all'impazzata, come se potessi davvero precipitare da un momento all'altro. Ma ciò non avvenne e l'immagine sbiadì tra le lacrime che bagnavano la superficie dei suoi occhi. Al posto del castello adesso c'era un riflesso, l'immagine sbiadita di qualcosa che affiorava dal basso. Sembrava un lenzuolo. Una stoffa, argentata, un po' sgualcita.

Sventolava come una bandiera. Per un istante mi sembrò di vedere su di essa due macchie scure: quando riuscii a mettere a fuoco ciò che venne fuori furono le sagome di due rapaci alati con artigli spiegati ben in vista e un'aureola in testa ma a quel punto le palpebre di Romeo si chiusero cancellando tutto come un'onda sul bagnasciuga.

«Oh!» fece Vania. «Mi senti?». La sentivo blaterare in lontananza, eppure era lì china sul bordo della vasca mentre continuava ad accanirsi sui miei timpani.

«Sì, ti sento!» mormorai intontita dalle botte che intanto continuava a darmi sul braccio. «Perché urli?» le domandai tornando lucida. Infastidito dalle nostre urla, Romeo si congedò andando a rifugiarsi sotto il letto.

«Credo di aver visto qualcosa...» le dissi tirandomi su.

«Lo spero! Sei stata in catalessi per dieci minuti!»

Non pensavo fosse passato così tanto tempo, mi sentivo solo molto stanca.

«Ti sta indicando la strada...» mi spiegò Vania quando le descrissi ciò che avevo appena visto.

«Sì, ma io non vedo nessuna strada!» le risposi. «La dama bianca, il castello portano a Poggio Catino...Ma poi?»

«Sei sicura di non aver visto nient'altro?». Era la terza volta che me lo chiedeva e per la terza volta risposi di sì. Comprendevo la sua agitazione. Dal momento in cui si era paventata l'ipotesi che Noha, da qualche parte nell'iperuranio, stesse cercando di mettersi in contatto con noi non stava più nella pelle. Continuava a fare avanti e indietro per la camera, Romeo la seguiva con lo sguardo e quella sua solita aria di sufficienza mentre io, ancora tutta bagnata dalla vita in giù, cercavo di trovare un'interpretazione a ciò che avevo visto durante la visione. «Due aquile» dissi scoraggiata. «Ti dicono qualcosa?»

Vania non aveva mai visto né sentito parlare di aquile. «Ma poi perché due?» pensai buttandomi sul letto quasi sul punto di arrendermi. «Un momento!» dissi disegnandole sul soffitto sopra di me con un dito. Non erano in volo ma erte su sé stesse, fiere, regali. «Ma certo!» esclamai. «Uno stemma!». Al mio entusiasmo però non fece seguito quello di Vania al che tentai di spiegarmi meglio: «Potrebbero essere il simbolo di uno stemma nobiliare!»

«Sì, può essere…» rispose visibilmente scettica. La strada non poteva essere che quella giusta, me lo sentivo. Fu Vania a ricordarmi della biblioteca: lì avremmo potuto trovare qualcosa. Ci fiondammo all'istante. «Fai il bravo!» si raccomandò con Romeo prima di uscire e lui la ricambiò con la sua solita vena polemica.

Dopo averci accolto come al solito con un sorriso, Yves ci portò subito a destinazione. L'ingresso della biblioteca era piuttosto buio, il pavimento a scacchi si intravedeva appena. Inaspettatamente la casella su cui mettemmo piede uscendo dall'ascensore si illuminò di una luce bianca così andando avanti riuscimmo a vedere via via sempre di più. Le scaffalature sembravano infinite. Ancora non conoscevo il segreto della biblioteca della Wicca, l'unica in cui i volumi non andavano cercati. Già, perché erano loro a trovare te. La biblioteca sapeva! Che si trattasse di leggende medievali, pozioni, incantesimi o malefici, lei sapeva sempre consigliare il giusto testo per l'occasione. Me l'ero immaginata umida e polverosa e invece fu un vero shock far scorrere un dito su una delle mensole senza riscuotere il minimo granello di polvere. Ma d'altronde alla Wicca ci si poteva aspettare di tutto. Una volta terminato il giro tra le corsie, su una scrivania trovammo qualcosa. *Status Animarum,* era una sorta di albero genealogico delle famiglie di tutta Europa. Era voluminoso e piuttosto pesante. Il secondo volume invece era proprio ciò di cui avevamo bisogno, un'enciclopedia Araldica. Iniziammo subito da quello sfogliandolo attentamente pagina per pagina venendo così travolti da una quantità infinita di stemmi, simboli reali e armi appartenute a casate nobiliari più o meno famose: i Borgia, i Medici, i Lancaster, c'erano per sino i Tudor e ovviamente anche gli York. Ci imbattemmo sulle armature dei Savoia, di Pipino il Breve e quelle di Carlo Magno. Poi iniziammo a fare sul serio così andammo alla ricerca della famiglia Rampelli, era questo il cognome del padre di Noha secondo i ricordi di Vania.

«Ne sei proprio certa?» continuai a chiederle in modo

insistente.

«Se me lo chiedi di nuovo giuro che m'alzo *e me ne vo*!» disse strappandomi il libro dalle mani. «Non sono mica così suonata!». La ricerca fu vana, di aquile nemmeno una piuma.

«Sei sicura che non fossero leoncini?» mi domandò esausta. «Pure loro hanno gli artigli!»

«Esiste anche la Famiglia Rampello!» esclamai augurandomi di aver trovato la soluzione. Con due quadrati rossi e due bianchi lo stemma dei Rampello era ancora più anonimo di quello dei Rampelli!

«È inutile!» commentò accasciandosi sulla sedia. Ero quasi sul punto di arrendermi anch'io quando Vania con prepotenza mi prese le mani. «Chiudi gli occhi e pensa intensamente a quelle aquile!» disse stringendole forti.

«Intensamente come?» domandai per paura di sbagliare.

«Tu fallo e basta!».

Obbedii. Non successe un bel nulla, neanche dopo essermi concentrata. Nulla di nulla, finché una folata di vento non mi sfiorò il collo sfogliando una dopo l'altra le pagine del libro.

«Che animale ti sembra questo?». Quando riaprii gli occhi finalmente le vidi, l'una sopra l'altra, con gli artigli in vista e le ali spiegate. Il fondo color argento, era diviso da due bande oblique, una rossa e l'altra verde. Era quella l'immagine che avevo visto. Poi, però, sorse un problema. Avevamo trovato le aquile ma il libro diceva chiaramente che gli stemmi raffigurati erano quelli della famiglia Olgiati.

«Olgiati?» esclamò Vania delusa. La cosa stupì anche me. Eppure ero certa fosse quello lo stemma che avevo visto negli occhi di Romeo. Non sapendo cosa pensare, decisi che fosse ora di far entrare in scena il secondo volume. Sfogliando le prime pagine prendemmo atto che si trattava di una specie di gigantesco albero genealogico. La cosa che mi colpì fu l'infinità di linee tracciate sulla carta, correvano da una pagina all'altra sparendo improvvisamente per poi riapparire qualche pagina dopo. A giudicare dai diversi caratteri utilizzati, doveva trattarsi di un vero manoscritto.

Le discendenze assumevano l'aspetto di grappoli d'uva dove

ogni acino rappresentava la discendenza dei vari capostipiti di quella famiglia. Come prima cosa cercammo l'albero genealogico degli Olgiati: non era un albero ma una foresta. Le pagine pullulavano di nomi e date e le linee si intersecavano più volte per via dei numerosi matrimoni che i diversi membri avevano contratto in vita. Era chiaro si trattasse di una famiglia estremamente nobile, di vecchio lignaggio, con secoli e secoli di storia alle spalle. Nelle vene degli Olgiati scorreva sangue blu! Leggemmo a uno a uno tutti i matrimoni contratti dagli Olgiati nei secoli, ma il nome dei Rampelli continuò a essere il grande assente. Fu a quel punto che andammo direttamente alla ricerca dell'albero dei Rampelli: lì avremmo dovuto trovare per forza qualcosa. Seguendo la loro discendenza, in tutto poco più di una decina di generazioni giungemmo a un certo Alfonso Rampelli, nato nel 1913. Secondo Vania, era lui il padre di Noha. Accanto al suo nome scritto in grassetto il nome della congiunta Cantelmo, ovvero la madre di Noha di cui Vania non ricordava più il nome. «Mariapia!» esclamò, «ecco come si chiamava!» Eravamo riusciti a trovare i genitori di Noha ma di Olgiati, nella discendenza, non c'era traccia! Mariapia Cantelmo era la nostra unica possibilità di scoprire qualcosa. Trovai l'albero dei Cantelmo facilmente, le loro origini erano senza dubbio molto più antiche dei Rampelli e fu come vincere alla lotteria quando ad un tratto i miei occhi si posarono su quei caratteri striminziti:

1878 C, V. Cantelmo – I. Olgiati

Carlo Valerio Cantelmo nel 1878 aveva sposato una certa Irene Olgiati e dalla loro unione erano nati Alberto e Mariapia Cantelmi. «Bingo!» urlai alzandomi in piedi. «La madre di Noha era un Olgiati!»

Vania non riuscì a crederci finché non appurò con i suoi stessi occhi. «Così è una Olgiati…» sussurrò incredula. «Lo sapevo che il suo potere aveva origini antiche!»

Fu a quel punto che nei suoi occhi accadde qualcosa: non era né gioia né tristezza ma vero e proprio sgomento. «Allora è lei!». Quella che era una speranza si era appena trasformato in una certezza. Aveva vissuto per più di trentasei anni senza Noha, e adesso aveva appena avuto la prova che stesse cercando un modo per mettersi in contatto con lei.

«Non è a me che vuole dire qualcosa…» le dissi guardandola negli occhi. «Mi sta usando solo per arrivare a te!». Le mie parole le fecero tremare le mani e come una bambina che non sa attraversare la strada mi chiese: «E adesso?»

«Adesso dobbiamo interpellare l'oracolo…» le dissi.

«L'oracolo?» domandò.

«Il sig. Google!» le svelai uscendo dalla biblioteca.

Da qualche parte, Noha aveva cercato di mettersi in contatto con Vania e per farlo si stava servendo di me. Ogni cosa sembrava avere di nuovo un senso, i miei sogni strampalati dai colori fluorescenti, quei ricordi che non avevo mai vissuto, la dama bianca e Romeo che come un piccione viaggiatore planato all'improvviso dentro casa continuava a imbucarsi nei miei sogni. Adesso era tutto più chiaro, tutto tranne ciò che Noha voleva da noi.

«Hai idea su cosa stia tentando di dirti?» le domandai attendendo che l'ascensore si aprisse.

«Se lo sapessi non sarei qui a correrti dietro!» fece lei, piccata. «E adesso?»

«Basterà chiedere a Yves vedrai che saprà aiutarci!». Tutto quello che ci serviva era un pc e una connessione a internet. Prima di aiutarci, Yves ci fece promettere che sarebbe rimasto un segreto. Quando arrivammo nell'aula multimediale trovammo una sorpresa.

«Un uccellino mi ha detto che eravate dirette qui» disse con la solita faccia da salame lesso. «È proprio vero che quando il gatto non c'è i topi ballano!» aggiunse insinuando che fossimo entrate senza alcun permesso. Era vero.

«Già!» rispose Vania squadrandolo da capo a piedi.

«Come sta Xian?» gli domandai facendo finta di nulla.

«Si riprenderà!» rispose sbottonandosi la giacca e a quel punto con fare sprezzante si accomodò sulla scrivania del Colonnello rovesciando la sua tazza da tè per terra. «Ops!» fece fingendosi dispiaciuto. «Se fosse stato qui l'avrebbe raccolta ancor prima che arrivasse a terra…» aggiunse alzando gli occhi al soffitto.

Un cinguettio inaspettato interruppe il suo siparietto prima del previsto. Sembrava il canto di un uccello di bosco e aumentava via via sempre di più. A giudicare dalla sua faccia doveva trattarsi del suo palmare. «Scusate…».

«Il corteggiatore solitario…» commentò Vania disgustata. «Autostima non ne manca, vedo!». Allora non sapevo che il corteggiatore solitario fosse una bestia assai rara. Si dice che al mondo ne esistano solo sei esemplari, e che ne nasca uno ogni tredici anni. La sua caratteristica, oltre al canto inconfondibile, consiste nella difficoltà nell'avvistarlo per via della sua capacità di muoversi alla velocità della luce. La leggenda narra che sia così bello che chiunque abbia la fortuna o la sfortuna di avvistarlo, venga colto da un malore istantaneo.

«Scusa, vado un attimo a vomitare!» esclamò Vania girandosi di spalle.

«*Mon amour*» bisbigliò allontanandosi da noi «*je t'appellerai plus tard*». Chiunque ci fosse dall'altra parte non doveva essere in vena di rinvii così per non farsi perforare un timpano fu costretto ad allontanare il palmare dall'orecchio. Io e Vania nel frattempo iniziammo a prendere posto. La scrivania del Colonnello era una specie di navicella spaziale.

«Insomma chi è questo sig. Google?» fece Vania.

«Un vecchio amico!» le risposi e sul punto di iniziare a digitare, sullo schermo si aprì una finestra con le ultime notizie: "Moria di pini secolari nella capitale. Natura agli sgoccioli." La notizia mi arrivò addosso come un tir. Pensandoci bene, c'era d'aspettarselo. Ormai era chiaro che l'ondata di morte abbattutasi sul pianeta facesse parte del progetto della setta. Il *water poisoning* era stato solo il preludio di quello che *la cosa* sarebbe arrivata a fare. Quanto era accaduto in quegli ultimi giorni aveva indispettito la setta e adesso ne avremmo pagato tutti le conseguenze; i pini erano soltanto i primi.

«Poggio Catino?» ci sorprese Hermes sbirciando alle nostre spalle. «Cosa ci sarà mai di così interessante a Poggio Catino?»

«Stiamo cercando informazioni su una famiglia» risposi

prima che Vania lo mandasse al diavolo.

«La famiglia Olgiati… e come mai?»

«Ci vuoi aiutare o sei qui solo per fare domande?» lo seccai cogliendolo alla sprovvista e da quel momento in poi iniziò a rendersi utile. «La famiglia Olgiati è una delle più antiche casate nobiliari, nonostante le origini Milanesi le loro conquiste verso sud nel tempo li hanno condotti fino al centro Italia fondando citta e roccaforti». Ci spiegò salendo subito in cattedra. Sul monitor nel frattempo le immagini del castello scorrevano al ritmo del mio indice.

«Quando, nel 1614, Settimio Olgiati divenne signore di Poggio Catino, il castello venne completamente rinnovato assumendo l'aspetto attuale con la sua caratteristica torre pentagonale». Hermes sembrava averci preso gusto. «Sfortunatamente con la fine della dominazione degli Olgiati il castello passò di mano in mano attraverso una lunga serie di proprietari» spiegò facendo una piccola pausa. «Fu il suo ultimo proprietario a scoprire nei sotterranei del castello i resti di uno scheletro» aggiunse. «Da allora circolano numerose leggende sulla storia di quello scheletro» concluse stupendosi della nostra attenzione. «"La dama bianca", la chiamarono i giornali di allora». Quando trovai il link di un articolo del lontano 2018 sul ritrovamento della dama bianca, le foto dello scheletro ammanettato mostrarono esattamente ciò che avevo visto in sogno. Lo scheletro era seduto su una pietra a forma di cubo. «Sono state dette tante cose su questa storia» aggiunse svogliato. «Non vorrete che mi dilunghi ancora molto, spero!»

«Cosa c'entrano gli Olgiati con Noha?» gli domandò Vania alzandosi in piedi.

«Ah, Noha!» fece lui. «Ecco perché…»

«Sappiamo che era una Olgiati» mi inserii.

«E tu cosa vuoi saperne di queste cose?» mi rispose guardandomi dall'alto.

«Non lo dico io, lo dice il suo albero genealogico!»

«Ah però! E hai fatto tutto da sola?» disse cercando di provocarmi.

«Oh» fece Vania andandogli sotto, «tu m'hai proprio

stufato!» aggiunse guardandolo fisso negli occhi nella speranza che muovesse un dito per primo. Ma a quel punto Hermes tirò fuori un sorrisetto all'angolino della bocca. L'avrebbe mandata fuori di testa se avesse continuato a sogghignare in quel modo. «Ok» disse prima che la furia di Vania divampasse, «visto che siete arrivate fin qui da sole, vi dirò il resto!»

Fu allora che Vania a malincuore ritirò indietro gli artigli.

«La famiglia Olgiati» ricominciò schiarendosi la voce, «non è stata soltanto una famiglia di condottieri valorosi e nobili cortigiane dei salotti più ambiti. Nel 1800 la famiglia Olgiati non è più la famiglia potente che era stata in passato ma diviene molto di più di una semplice casata aristocratica: è infatti durante un viaggio a Parigi che gli ultimi Olgiati detennero il dominio di Poggio Catino, entrando in contatto con l'aristocrazia americana. I Winthrop, una famiglia di colonizzatori del Massachusetts affascinati dal continente europeo, non ci pensarono due volte ad accettare l'invito di trascorrere un breve soggiorno nella bella Italia» proseguì. «Non erano ancora decaduti i privilegi feudatari degli Olgiati quando i Winthrop arrivarono a Poggio Catino con tanto di servitù tra cui Annett, la schiava alla quale la signora Winthrop non poteva proprio fare a meno. Pare che la Winthrop avesse una passione per la cartomanzia e un'ossessione per il futuro, così Annett era costretta a leggerle le carte almeno una volta al giorno!».

Il racconto di Hermes si arrestò e io mi domandai cosa c'entrasse Noha in questa storia. «Annett non era una semplice cartomante» riprese subito dopo.

«Una strega Vudù!» si inserì Vania lasciandomi senza parole.

«Durante il soggiorno improvvisamente la signora Winthrop iniziò a stare male, allettandosi per settimane che poi divennero mesi. Non fece mai più ritorno in America e lo stesso accadde ad Annett che, misteriosamente, rimase a Poggio Catino a lavorare per gli Olgiati e fu allora che il seme della magia nera germogliò tra le radici della famiglia».

A quel punto Hermes fu interrotto da una voce in testa.

«Arrivo!» disse senza pensarci due volte e prima di andar via ci informò che Xian era fuori pericolo. Vilma ce l'aveva fatta ancora una volta. Quando restammo sole, tornammo subito agli Olgiati e alla magia nera.

«Cosa significa tutto questo?» le domandai con la testa in fiamme.

«Il vudù è una magia molto potente» disse Vania con la morte nel cuore, qualcosa le stava facendo tremare persino la voce. «Si possono fare cose impensabili…»

«Tipo?» le chiesi, curiosa.

«Imprigionare l'anima di qualcuno per secoli!» mi rispose.

«Com'è possibile una cosa del genere?».

«Un'anima può vivere in eterno…» mi spiegò Vania, «anche nelle condizioni peggiori, nella sofferenza più assoluta».

«Ma chi avrebbe potuto fare una cosa del genere?» mi domandai pensando ad alta voce. «I suoi genitori» mi risposi mentre Vania, distrutta, tornò a sedersi nuovamente. Noha sapeva che la sua ora era vicina, così qualche giorno prima di spegnersi definitivamente, all'insaputa di Vania, era partita per Poggio Catino. Fino a quel giorno Vania aveva creduto che Noha avesse scelto di morire a casa sua, lontano da lei per evitarle quell'ultimo dolore. Ma le cose non erano andate così; il suo spirito era stato imprigionato da qualche parte. Tutto quel passato le esplose dentro svuotandola di ogni energia.

«Allora ci sta chiedendo aiuto!» esclamai. «Vuole che andiamo da lei». *Ma dove?* Mi sentivo di nuovo confusa.

«Lo stemma!» dissi. «Dobbiamo cercare lo stemma degli Olgiati; sarà quello che ci farà capire che saremo nel posto giusto. Il castello: cominciamo da lì!».

Iniziammo a passare in rassegna una a una tutte le foto del castello che trovammo sul *web*: una torre, un pesce, ma nessuna aquila. Fu allora che mi tornò in mente il casale rosso che avevo visto in uno dei miei ultimi sogni, quello con il giardino abbandonato.

«È quella la casa di Noha! L'ho vista in sogno!» esclamai e a quel punto non servì che aggiungessi altro.

POLVERE DI STELLE

Partimmo quella sera, dopo aver raccontato tutto a Vilma. Uscì dall'infermeria distrutta, era stata lì tutto il giorno con Xian, tenendola in vita per i capelli ma alla fine la ferita all'addome aveva smesso di sanguinare. Fu la prima volta che la vidi così scompigliata, le era costato molta fatica e adesso aveva solo bisogno di dormire per recuperare un po' di energie.

«Dove credi di andare?» la rimproverò Vania «Non ti reggi in piedi!»

«*Tonterias*!» si ribellò tirando fuori una sigaretta.

«Sei più utile qui…» le dissi sperando di farla ragionare e a quel punto ci incamminammo.

«Perché proprio a te? Perché non ha tentato di mettersi in contatto con me o Vania?» disse non appena ci voltammo per andare via. «Quel giorno, alla chiesa delle anime del purgatorio, avrebbe potuto farlo!» aggiunse. «E se fosse una trappola?»

«È lei!» tagliò corto Vania dandole un abbraccio. Fu allora che Vilma scoppiò in lacrime. «Ditele che mi manca *muchisimo!*»

Non appena mettemmo piede fuori dalla Wicca un vento caldo ci sfiorò il viso. Sembrava in arrivo qualcosa di terribile ma oramai non ci avrebbe fermato più nulla, saremmo andate a Poggio Catino a ogni costo. Questa volta optammo per un mezzo di trasporto più convenzionale: come al solito ci avrebbe pensato Vania. Non mancavano auto da manomettere in città. Ne trovammo subito una in carica a una colonnina, il modello era identico alla mia, questa però era nera come il cielo di quella sera. Per tutto il tragitto non aprimmo bocca. Vania non disse una parola neanche quando in autostrada ci imbattemmo in uno stormo di uccelli morti sull'asfalto. Quella sera anche la vegetazione sembrava avere qualcosa di strano. Mi dissi che era colpa dell'afa.

«Un po' di musica?» le domandai non sapendo cos'altro dire.

«Metti il giornale radio!» rispose guardando fuori dal finestrino.

"...Divieto di avvicinamento alle sponde del Tevere. Divieto assoluto anche sulla somministrazione di cibi e bevande nelle vicinanze del fiume. Numerose le proteste dei commercianti di Trastevere e dei gestori delle attività di ristorazione..."

«Che diavolo sta succedendo?».

«Sarà l'Apocalisse...» disse con un certo distacco, come se la cosa non la riguardasse.

«A cosa pensi?».

«A nulla!» rispose scocciata. «A parte il fatto che sono passati quasi quarant'anni...»

«È normale aver paura...» dissi timidamente tentando di infonderle un po' di coraggio. «Al tuo posto, avrei già fatto inversione di marcia!»

«È una vita che non trovo pace, che la notte non prendo sonno...» mi confidò, lasciandosi andare. «Ogni notte spero che venga a trovarmi in sogno, che mi dia un segno, qualsiasi cosa per dirmi che è lì da qualche parte». Le sue parole mi fecero sentire tremendamente in colpa, Noha aveva scelto di venire nei miei sogni anziché nei suoi.

«E invece, alla fine, ha deciso di parlare a te!» tuonò. «Una perfetta sconosciuta!»

«Non so come sia possibile...» le dissi mortificata e a quel punto scoppiò a ridere.

«Ma che fai, ti giustifichi?» esclamò. «Tu sei *grulla* davvero!»

La strada quella notte scivolò sotto le nostre ruote come seta sui polpastrelli.

«Siamo già arrivate?» dissi vedendo la segnaletica stradale di Poggio Catino.

«Ricorda» disse con fare serafico, «nella corsa è il copilota che fa la differenza!». Non capii mai se quella notte in autostrada avesse dato una spintarella all'auto oppure no. A ogni modo arrivammo a destinazione prima del previsto. Il paese era deserto ma la temperatura era decisamente più sopportabile rispetto all'afa che lasciammo in città: anche gli alberi sembravano meno sofferenti. Parcheggiata l'auto proseguimmo a piedi anche se in realtà non avevamo idea su dove andare. Passo dopo passo, uno strano senso di agitazione iniziò a crescere dentro di me. Addentrandoci verso il centro, l'ansia aumentò. Vania disse che mi stavo lasciando suggestionare così provai a ignorarla concentrandomi su ciò che stavamo cercando: lo stemma con le aquile. Ovunque lo avessimo trovato, Noha sarebbe stata lì. Percorremmo un paio di chilometri a piedi prima di iniziare a scoraggiarci.

«Dobbiamo cercarla al castello!» continuava a ripetere.

«Non è lì!» le rispondevo io. «Me lo sento!».

«E quand'è che sei diventata una sensitiva?». La mandai al diavolo e proseguii per la discesa.

«Sai che ti dico?» disse arrestando il passo. «Vado da sola!». *La solita testona,* pensai fingendo di ignorarla ma a quel punto da una stradina, correndo a rotta di collo, sbucò una bambina con un cerchietto in testa e tanti boccoli neri. Sembrava inseguire qualcosa. Quando si fermò ebbi l'impressione che tenesse tra le mani qualcosa di estremamente delicato. Senza saperne il motivo, decisi di raggiungerla.

«Guarda!» mi disse alzando la testa. «L'ho trovata io!» aggiunse mostrandomi le mani socchiuse a proteggere il suo tesoro.

«Come ti chiami?» le domandai chinandomi su di lei.

«Alice!» rispose continuando a sbirciare tra le sue dita.

«Cos'hai lì dentro?» le chiesi prendendole le mani e a quel punto le schiuse.

«Una farfalla!». Non era una farfalla, in realtà ma una grossa falena tutta gialla. Non ne avevo mai viste di quel colore. Era bellissima e una volta libera agitò le ali liberando per aria una sorta di polverina dorata. «Polvere di stelle!» mi spiegò mettendomene un po' su una mano. La falena si mosse e con le sue zampette verdi iniziò ad arrampicarsi sulla mano di Alice avvicinandosi alla mia.

«No!» fece Alice. «È mia!». Prima che sgattaiolasse via, qualcosa dentro cominciò a spingere affinché aprissi bocca. «Alice, ti va di aiutarmi?» dissi tutto d'un fiato e la pressione allo stomaco diminuì. Dopo averci pensato un po', Alice annuì.

«Sto cercando una casa tutta rossa» le bisbigliai a un orecchio. «Sai dirmi dove posso trovarla?»

Alice continuò a giocare con la sua falena come se non mi avesse sentito, così ritentai. «Ha un giardino immenso con degli alberi altissimi». Ma anche questa volta Alice non ebbe proprio nulla da dirmi. Poi con le mani ricoperte di polvere di stelle ricominciò a correre sparendo dietro il palazzo da cui l'avevo vista arrivare. «Il giardino degli alberi fantasmi!» urlò all'improvviso e così, voltandomi di scatto, al di là del muro del palazzo, vidi sporgere la sua testolina piena di boccoli. Sorridendomi aspettò che le dicessi qualcosa.

«Allora sai di cosa parlo!» esultai e a quel punto Alice fece segno con un dito e, liberando un po' di polvere di stelle per aria, mi indicò la direzione. Dopo di che sparì. Chiamai subito Vania. Era già arrivata in cima alla salita ma, vedendomi agitata, mi raggiunse in un attimo. Le raccontai della falena e della polvere di stelle e per qualche motivo la convinsi. Ci incamminammo per la direzione che mi aveva indicato la piccola Alice e improvvisamente ci imbattemmo in una grossa siepe. Alle spalle di questa si trovava un alto muro di cinta fatto di grossi massi, tutt'attorno il nulla.

«Che si fa adesso?» disse aspettandosi da me una risposta. Aldilà del muro, nel buio assoluto, mi sembrò di intravedere delle colonne. Non essendone certa indietreggiai e, alzandomi sulle punte, provai a guardare nuovamente. Erano tre ma una di queste era inclinata rispetto le altre. Fu allora che capii che non si trattava di colonne e andai subito in iperventilazione.

«Meglio tornare indietro!» esclamò Vania ma con quel poco di fiato che avevo in gola la convinsi a montare sulle mie spalle.

«Che vedi?» le domandai in fibrillazione.

«Un bel nulla!» esclamò. «Sembra ci sia qualcosa lì in fondo… non si vede un granché!»

«Che altro vedi?»

«Un giardino forse, ma più che un giardino…» aggiunse prima di pronunciare la parola magica. «Sembra un cimitero di alberi!».

«Ok, scendi!» le ordinai andando giù. «Siamo arrivate!».

Non sembrò credermi più di tanto ma fortunatamente non proferì parola. In religioso silenzio girammo attorno al muro di cinta scoprendo a nostre spese che il giardino aveva più o meno le dimensioni di un campo di calcio. Nel buio pesto finalmente arrivammo a un enorme cancello chiuso con una grossa catena e un lucchetto. La riconobbi all'istante: l'edera infestante, il viale nascosto dall'erba alta, i tre tronchi di pino che nel buio avevo scambiato per delle colonne. Poi l'edificio a due piani: era il casolare che avevo visto nei miei sogni. Per procedere non servì che dicessi nulla, le bastò vedere l'espressione del mio volto. Forzato il lucchetto con le sue manine fatate entrò per prima facendosi largo tra i cespugli secchi. Prese dall'entusiasmo ci addentrammo rapidamente aprendoci via via il passaggio tra l'erba alta. «Maremma impestata!» esclamava venendo punta da qualche spina ogni tanto. «Attenta alle ortiche!» mi avvisò. Tra roveti secchi e ortiche arrabbiate alla fine riuscimmo a raggiungere il portone senza troppi graffi.

«Aspetta!» le dissi prima che lo aprisse. Alzando lo sguardo verso lo stipite della porta, le feci segno di scostare l'edera che aveva preso possesso della facciata. Ed eccole lì le aquile degli Olgiati, con le corone e gli artigli spiegati. Ci abbracciammo e, quando l'entusiasmo rientrò, ci guardammo negli occhi: era ora, era finalmente arrivato il momento di aprire quella porta ed entrare. Vania esitò un istante prima di forzare la serratura, l'ultima che la separava dalla verità. Così tentai di infonderle coraggio poggiando la mia mano sulla sua, come D'Artagnan e i tre moschettieri, tutti per uno, uno per tutti, solo che noi eravamo solo in due: la terza l'avevamo lasciata alla Wicca! Fu a quel punto che, nel prendere coraggio, sentii il potere di Vania espandersi sotto la mia mano. La porta si aprì e nel buio trovammo la forza di entrare. Era buio pesto, riuscii appena a intravedere una scala in legno ricoperta da fogliame e dell'altra edera, la stessa che aveva infestato la facciata dell'edificio. La scala portava al primo piano. Al centro dell'ingresso mi sembrò di vedere altra vegetazione, un cespuglio questa volta, qualcosa era cresciuto sul parquet ma la luce era scarsa e così non riuscii a distinguere altro. Una volta dentro, la porta si chiuse alle nostre spalle, facendo un tonfo micidiale da rimanerci morte stecchite. Quando anche quel poco di luce proveniente dall'esterno svanì fu buio totale. «Ci sei?» domandai impaurita.

«Aspetta, cerco l'interruttore...» rispose brancolando nel buio.

«Sì, l'interruttore, figurati se...» non feci in tempo a finire la frase che Vania fece un'altra delle sue magie: il lampadario all'ingresso e quelli sulla parete del corrimano si accesero uno dopo l'altro. Qualunque cosa avesse fatto stava funzionando alla grande. La casa iniziò a illuminarsi lentamente. Alla nostra destra la luce soffusa lasciò intravedere un ampio salone dal soffitto altissimo. L'arredamento all'ingresso – uno specchio dalla cornice in legno e un porta abiti a parete con la vernice screpolata – doveva essere dell'epoca in cui l'edificio era stato costruito, non prima degli inizi del Novecento. Sul comò, ricoperto da strati di polvere, un telefono nero a disco. Quando l'intensità della luce aumentò tra il fogliame all'ingresso scovammo degli oleandri bianchi. Sollevando lo sguardo ci trovammo di fronte a qualcosa mai visto prima: l'edera non si arrestava all'ingresso ma, come una carta da parati, tappezzava l'intero piano terra dirigendosi poi tramite la scala al piano soprastante. Entrando in quella che doveva essere la sala da pranzo una specie di giardino incantato si svelò sotto i nostri occhi. In prossimità delle pareti la vegetazione che un tempo cresceva rigogliosa nel giardino che circondava l'edificio, si era fatta spazio tra le fondamenta, sotto terra, infiltrandosi all'interno della casa. Le radici avevano oltrepassato il parquet a spina di pesce sollevandolo fino a squarciarlo in diversi punti dando vita così a nuovi alberi e arbusti. Negli anni alcuni di questi avevano raggiunto la sommità dei soffitti. Il giardino rigoglioso che un tempo si trovava all'esterno era praticamente imploso dentro casa. Gli alberi di pino dominavano la scena essendo i più alti e imponenti; i rami più grossi erano riusciti a scardinare le travi al soffitto. Al di sotto di questi una varietà di alberi avevano trovato posto creando nell'insieme una sorta di bosco domestico. Aceri dal tronco bianchissimo, poi mandorli e ciliegi; i rami lunghissimi di un fico fuoriuscivano dal caminetto sfiorando il suolo, insieme al tronco ricurvo di una palma che come il collo di una giraffa riusciva a raggiungere le cime più alte dei pini. Al suo fianco due alberi di magnolie e un nespolo. Un ulivo dalle caviglie grosse aveva occupato il centro della scena sorgendo al centro della sala da pranzo, spostando così il tavolo ormai interamente ricoperto da muschio e salvia. Felci e peonie si aprivano verso l'alto per poi ricadere rigogliose sul prato che, quasi ovunque ormai, aveva preso il posto del vecchio parquet. Le travi superstiti in alto erano state colonizzate da una grande varietà di orchidee bianche, rosa e lillà che, rimanendo sospese a mezz'aria, davano un effetto scenico degno del più curato giardino orientale. Un tappeto di aghi di pino ricopriva il pavimento del corridoio che dalla sala da pranzo conduceva alle altre camere. La vegetazione qui si faceva ancora più fitta e rigogliosa per via dei cespugli di camelie rosse che ne impedivano l'ingresso. I cornicioni delle porte erano stati interamente colonizzati da rampicanti e rose bianche. L'atmosfera di quel bosco fatato mi tolse il fiato più volte. Qualunque cosa fosse accaduta in quella casa una era certa: Noha era passata da lì. Persino il ramo di quercia, che aveva infranto il vetro della finestra cadendo dentro la stanza in fondo al corridoio, aveva trovato l'habitat ideale per attecchire e germogliare prosperoso.

Scostando con forza una porta a cui un gelsomino si era avvinghiato tenacemente, accedemmo a uno dei bagni dove un limone solitario aveva trovato la sua dimensione ideale. Giungendo in cucina scoprimmo, per pura casualità, che era in stato d'assedio da parte di una schiera di cipressi cresciuti uno affianco all'altro e che nel tempo erano riusciti a scardinare i pensili dalla parete. Il resto della cucina era stato inglobato da una vite dai rami tortuosi che, raggomitolandosi su loro stessi, avevano avviluppato tutto. Completato il giro, tornammo indietro e col naso all'insù continuammo ad ammirare l'opera di Noha. A completare l'incanto di quel posto fatato che nei decenni si era auto-alimentato come un piccolo ecosistema, ci pensò qualche lucciola qua e là, visibile agli angoli più bui della casa. Inciampando su un arrampicante che pendeva da un ramo, un'infinità di falene gialle, come quelle della piccola Alice, si alzarono in volo spostandosi da una trave all'altra. Abbassando gli occhi mi accorsi di come in quel paradiso terrestre fosse cresciuto indisturbato anche una sorta di sottobosco fatto di piccole margherite bianche e fragoline di bosco. Era una vita che non le vedevo.

«Oh mio Dio!» dissi non trovando altre parole per descrivere la bellezza che si era appena svelata ai nostri occhi. Vania invece non proferì parola e continuò a guardarsi attorno, incredula. Dopo tanti anni i suoi occhi stavano di nuovo assaporando le meraviglie di Noha, di quell'amore che qualcuno le aveva tolto all'improvviso. Per un attimo pensai che il suo cuore non avrebbe retto.

«È opera sua, vero?» le domandai per aiutarla a venire fuori dallo stato di *shock.* Non riusciva ad aprir bocca ma in compenso mi guardò e dai sui occhi capii che era tutto sotto controllo. Dovevo solo aspettare che il suo cuore smettesse di battere all'impazzata. I pensieri sarebbero tornati in ordine da soli. Adesso era il momento di attendere al suo fianco in silenzio, in modo che sapesse di non essere sola. La presi per mano senza dire nulla. Le mani fredde grondavano sudore e il suo battito non aveva ancora alcuna intenzione di placarsi. Poi un suono interruppe il silenzio di quell'emozione così violenta. Proveniva dal piano di sopra. Più che un rumore sembrava il fruscio di un apparecchio elettrico entrato in funzione all'improvviso. Ci dirigemmo subito su per le scale scricchiolanti, scavalcando ora un ramo d'edera ora di oleandro. Per qualche motivo non provammo alcuna paura. Aggrappandomi al passamano mi ferii con le spine di un rametto di rose che dal piano terra correva fino al primo piano. Una volta su, le tavole del *parquet* iniziarono a scricchiolare e guardandoci attorno ci trovammo nel bel mezzo di un campo di girasoli, dagli steli più alti di noi che da qualche ora si erano addormentati a testa bassa. In fondo, in un angolo, il monitor di una vecchia TV accesa. A causa dell'assenza di segnale, lo schermo in bianco e nero continuava a "frizzare" producendo un fruscio discontinuo. All'improvviso il mosaico iniziò a dissolversi. Ci guardammo spaesate, non avevamo la minima idea di cosa sarebbe accaduto. Non appena il monitor si stabilizzò, mi sembrò di intravedere qualcosa: le immagini sfocate divennero via via più nitide. Fu a quel punto che il ronzio che ci aveva riempito le orecchie fino a quell'istante fece posto al suono di una melodia. Dopo qualche salto di frequenza quando il segnale tornò più vivo e intenso mi sembrò di riconoscerla, non era una fra tante ma la stessa che avevo sentito in sogno molte volte. Finalmente la riconobbi. Le prime note al piano furono inconfondibili. Poi la sua voce unica, quella di Patty Smith.

«Because the night!» esclamai risolvendo finalmente il *rebus.* Era la loro canzone. Intanto sul monitor sfarfallante passarono le immagini di Vania in bianco e nero. Fu tutto incredibilmente romantico e straziante allo stesso tempo. Magico. Nel tentativo di avvicinarsi allo schermo, le gambe di Vania non ressero all'emozione così la vidi andare giù battendo le ginocchia sul parquet. Illuminata da quello sfarfallio di luce bianca con una mano protesa allo schermo trovò finalmente la forza di lasciarsi andare a quel pianto disperato trattenuto ormai da troppo tempo. Non vi era più dubbio: lo spirito di Noha era ancora lì in quella casa e le stava parlando, nel modo migliore che fosse riuscita a trovare, il più dolce che le fosse concesso. Doveva aver immaginato quel momento da un tempo immemorabile e nell'attesa che Vania la trovasse, ogni notte aveva mandato in onda i miei sogni, mettendo in scena tramonti mozzafiato e scenari incantati e, per accertarsi della riuscita, aveva chiesto una mano anche a Romeo. Alla fine ce l'aveva fatta, era riuscita a trovare Vania e adesso erano di nuovo insieme. A sigillare quel momento una falena gialla cadde giù dall'alto posandosi leggera sulla spalla di Vania. Assistetti a tutto come una spettatrice, con gli occhi gonfi di lacrime certa che il futuro non mi avrebbe riservato mai nulla di più romantico. Ma poiché dietro l'angolo c'è sempre qualcuno pronto a rovinare tutto, quella sera, proprio sul più bello, sentimmo un tonfo al piano di sotto. La falena volò via all'istante e ciò non sembrò proprio un ottimo segno. Finita la musica e gli effetti speciali Vania trovò la forza di alzarsi in piedi asciugandosi le lacrime. «Cos'è stato?»

«Veniva da giù» le risposi prima che arrivasse il secondo colpo. Qualcuno stava cercando di buttare giù il portone.

«Dobbiamo andare!» esclamò guardandosi attorno in cerca di una via di fuga. Quella scena mi sembrò di averla già vista. Vania non ebbe il tempo di raggiungere la finestra che il portone cadde giù, sopra gli oleandri bianchi. Chiunque fosse non si palesò subito. Quando entrò lo riconobbi dal modo in cui mise il piede sulla porta divelta al suolo. Alastor era tornato e non era solo: alle sue spalle, un uomo più giovane e più alto di lui. La prima cosa che notai fu la testa lucida come una palla da *bowling*, il fodero in cuoio legato alla cinta dei pantaloni la seconda. Quando sollevando lo sguardo ci trovò, fu allora che vidi i due divaricatori d'acciaio ai lobi delle orecchie e il pizzetto nero a punta. Senza perdere tempo con i convenevoli l'uomo sfoderò la spada dal fodero e iniziò a correre. A quel punto Vania tentò di aprire una finestra. La vegetazione sulla scala ci avrebbe fatto guadagnare tempo, pensai. Ma l'uomo fece presto a smentirmi sparendo e riapparendo da un gradino all'altro rapidamente; eravamo spacciate.

Imponendo le sue mani in direzione dell'uomo Vania riuscì a fare un altro dei suoi miracoli. Una volta giunto all'ultimo gradino, la barriera protettiva di Vania gli impedì di avventarsi su di noi. Oltraggiato da quella mossa iniziò ad accanirsi sullo scudo invisibile colpendolo ripetutamente. Le scintille volarono alte per tutta la scala. Con un paio di colpi ben assestati scaricò tutta la sua rabbia omicida riempendolo di crepe come un parabrezza preso a sassate. La fisicità dirompente dell'uomo mi paralizzò e un attimo dopo sentii le gambe cedere al peso del mio corpo. Era chiaro che non ci avrebbe messo molto a mandare lo scudo in frantumi. Improvvisamente la TV alle mie spalle si accese. La luce accecò l'uomo costringendolo a indietreggiare di qualche gradino. Noha era con noi, anche se il trucchetto della luce non ci avrebbe protetto per molto. Non appena riacquistò la vista, l'uomo tornò alla carica: bastò un ultimo colpo e lo scudo andò in mille pezzi. In quel bagliore lo vidi in tutta la sua stazza, il suo sguardo era quello di chi sa cosa significhi uccidere qualcuno.

Fu in quell'istante che sentii la *sua* voce. «Vai giù!» mi ordinò.

Non avendo altra scelta chiusi gli occhi e obbedii. Dopo un

rumore stridente, i cocci di vetro iniziarono a cadere sulla mia schiena a manciate. Incredibilmente ero ancora viva. Quando trovai il coraggio di aprire gli occhi, le gambe dell'uomo furono tutto ciò che vidi. Non capii cosa stesse aspettando e a quel punto sollevai lo sguardo: la sua lama conficcata sul televisore continuava a sbriciolare lo schermo. Con lo guardo fisso nel vuoto e la bocca socchiusa tremava come colto da una crisi epilettica. L'uomo era rimasto folgorato sul colpo. La sua spada continuò a emettere scintille ancora per un po' prima che, indietreggiando sotto il peso del suo corpo, la sfilasse dal monitor. Non appena raggiunse il pavimento, il tonfo sancì la fine di un incubo. Vania mi raggiunse un istante dopo. «Andiamo!» mi disse chinandosi su di me ma destino volle che per lei fosse troppo tardi. Quel mostro di Alastor ci raggiunse all'improvviso spuntando alle sue spalle. Avvenne tutto così velocemente che Vania non riuscì nemmeno a capire che fosse giunta la sua ora. Non servì a nulla urlare a squarciagola, la mano di Alastor la raggiunse afferrandola per una caviglia. Quando i suoi occhi caramello diventarono di cera smisi di respirare. Non era giusto. Non ora. Non adesso che aveva ritrovato la sua Noha nel battito d'ali di una falena. Eravamo arrivate fin lì da sole, avevamo fatto di tutto perché accadesse l'impossibile e ora che l'impossibile era divenuto realtà, quel maledetto mostro le stava strappando l'anima lasciandola svuotata di tutto, anche dei ricordi che l'avevano tenuta in vita fino ad allora. Dopo sarebbe toccato a me. Nonostante l'orrore mi serrasse la gola non riuscii a staccarmi da lei. A cosa sarebbe servito provare a fuggire?

In quella frazione d'attimo infinito una vibrazione si diffuse su tutto il *parquet* del pianerottolo. Anche Alastor dovette accorgersene, perché proprio in quell'istante una smorfia di sorpresa gli spense la goduria che stava cominciando a prendere forma sul suo viso. Sotto quella specie d'onda di assestamento che travolse il pianerottolo, le tavole del *parquet* iniziarono a sollevarsi come i tasselli di un *puzzle*, sprofondando sotto i suoi piedi come sabbie mobili. Fu allora che mollò la presa. A quel punto Vania cadde su di me e spingendo sui talloni indietreggiai portandola via da quel mostro schifoso. Il suo corpo sembrava vuoto come quello di una bambola di pezza ma, sperando in una sua ripresa, continuai a stringerla forte a me. La sorpresa arrivò non appena, sollevando la testa, vidi Alastor incastonato nel pianerottolo. Per quanto si dimenasse, tentando di venir fuori da quella trappola di legno, non riuscì a muoversi di un millimetro.

Il suo corpo, murato in tutto il suo spessore tra le tavole di legno, era più ripugnante che mai. Solo un braccio era rimasto libero, lo stesso con cui aveva risucchiato l'anima di Vania. Il resto del corpo era intrappolato nel *parquet*, come se, una volta terminato il gioco di prestigio, le carte del mazzo si fossero disposte nuovamente in ordine. Il vero colpo di magia arrivò quando dall'alto uno sciame di falene piombò alla velocità della luce puntando il lurido bastardo. Il resto fu uno spettacolo raccapricciante. Lo sciame si intrufolò nella testa di Alastor sfruttando tutte le vie d'accesso che trovò a disposizione: bocca, occhi e orecchie. L'ingorgo, dato da quei piccoli insetti, durò qualche secondo, ma quando furono prese d'assalto anche le narici, la testa di Alastor finì per essere "farcita" del tutto. Le piccole creature fatte di polvere di stelle sapevano esattamente cosa fare. Quando la scia luminosa finì di farsi spazio all'interno del suo cranio, Alastor sembrava sul punto di esplodere: avrebbe sprigionato polvere di stelle come coriandoli. Poi la sua testa cadde all'indietro e il suo sguardo divenne quello di uno a cui è stato svuotato il cervello con un cucchiaino, come un uovo alla *coque*.

LA LUNA NERA

Svuotato dall'interno come un animale da impagliare, la bestia che ci dava la caccia da giorni non sarebbe più venuto a cercarci. Non ci fu tempo per esultare. Quando tutto sembrava finito il peso di Vania addosso mi ricordò che il peggio era appena iniziato. Non sapendo cosa fare tentai di tirarmi su posizionando Vania su un fianco. Vedere il suo corpicino riverso sul pavimento con gli occhi di cera mi gelò il sangue. Fu a quel punto che mi tornarono in mente le facce del poliziotto e degli spacciatori, tumefatte e livide. Eppure il viso di Vania sembrava diverso dal loro. Forse quel maledetto mostro non era arrivato fino in fondo, non ne aveva avuto il tempo. Forse c'era ancora una possibilità. Potevo fare qualcosa, ma cosa? Un senso di vuoto mi strinse la gola, così cercai le sue mani di riflesso, prima una poi l'altra. Le strinsi portandole al volto: erano ancora calde. Quelle mani avevano fatto tanto per me, non sarei mai riuscita a rassegnarmi all'idea di averla persa per sempre. «Ti prego, non lasciarmi!» le sussurrai quando improvvisamente una luce calda illuminò il pavimento attorno a noi. Erano di nuovo loro, alzando lo sguardo le vidi scendere lentamente come foglie d'autunno. Per lasciare che giungessero a destinazione indietreggiai e in un attimo il corpo di Vania sparì sotto un manto di polvere di stelle. Erano tantissime, centinaia, forse migliaia: fu in quell'istante che la luce abbagliante delle loro ali aumentò saturando la stanza. Sapeva che ce l'avrei fatta a condurla da lei. In quel biancore accecante la consapevolezza che Noha lo pensasse sin dall'inizio divenne in me una certezza.

«Noha» sussurrai guardandomi attorno alla ricerca di qualcosa oltre la nebbia. Perdendomi poi in quel vuoto fatto di luce, i miei sensi iniziarono a intorpidirsi. La stanza del primo piano, il corridoio, tutto era lontano nello spazio e nel tempo. Ebbi la sensazione di poter sentire qualsiasi cosa, ma in una maniera diversa dal solito: il battito d'ali di quei piccoli esserini, il sangue ancora caldo di Alastor, la linfa scorrere lungo i tronchi degli alberi, ogni foglia, ogni petalo, il cuore di Vania che a quel punto ricominciò a battere, il profumo dei suoi capelli. Uno strano calore iniziò a espandersi in me, la sua forza vitale pulsava come un secondo battito. Ma proprio sul più bello, quel tepore svanì e insieme allo smarrimento arrivò anche il freddo. La lasciai andar via. Quando tornai a essere io e io soltanto, alla vista della mia misera condizione quale essere di questo mondo, fui assalita da una orribile sensazione di mediocrità. Per lo sgomento sentii mancarmi l'aria e, aprendo di colpo gli occhi, rividi il mondo così come lo avevo sempre visto fino ad allora. Vania sembrava essere sparita. Quando tutti i sensi tornarono in funzione, fu allora che sentii stringermi forte in un abbraccio. Mi sembrò di conoscere da sempre il peso del suo corpo.

«Sei viva!» esclamai afferrandole la testa tra le mani.

«Ah, sei tu…».

La delusione che lessi nei suoi occhi fu identica a quella che avevo provato non appena Noha aveva lasciato il mio corpo.

«Sei riuscita a parlarle?» le chiesi di getto.

«Per un attimo» rispose abbassando lo sguardo. «Era dentro di te»

«È stato bellissimo!» le dissi non contenendo l'emozione.

«Lo so…» rispose voltandosi di spalle nel tentativo di nascondere l'invidia che provò in quel momento.

«Hanno intrappolato la sua anima qui con un incantesimo, mi ha usato solo per arrivare a te…»

«*Santa madre de Dios!*» sentimmo all'improvviso dietro di noi. «Vilma!» esclamammo in coro. «Dove sta?» domandò dando le spalle ai corpi dei due luridi bastardi. Io e Vania ci guardammo alla ricerca delle parole giuste.

«Avanti, ditemi dove si trova!»

«È qui…» le risposi.

«*Claro*!» esclamò aprendo la porta del bagno dove un'agave gigante aveva preso posto dentro la vasca da bagno, «ho sentito la sua aura dalla Wicca!»

«È qui da trentasei anni» aggiunsi attendendo una sua reazione.

«Cosa?» fece voltandosi di scatto.

«Già!» si inserì Vania, «è sempre stata qui ...»

Solo allora scovò il corpo dei due uomini sul pianerottolo «*Santa Virgen de los pecadores*!» Le raccontammo tutto, di come i due ci avessero seguito fin lì e del ben servito che Noha gli aveva riservato. «Alla fine il suo potere è cresciuto...» sussurrò constatando la misera fine di Alastor. «*Vete a la mierda jiho de puta!*» aggiunse mollandogli un calcio in testa.

«È diventato enorme!» le confermò Vania e il viso di Vilma improvvisamente si oscurò.

«A proposito...» disse cercando le parole giuste. «Sta succedendo qualcosa...»

«Parla!» la esortai.

«L'oscurità della cosa sta aumentando enormemente». Dopo di che vuotò il sacco: «La Wicca ha scoperto che stanno tentando di aprire una porta...»

«Una porta?» ripeté Vania sconvolta e dalla sua faccia dedussi che fosse qualcosa di molto grave. «Dove?»

«Al Colosseo!» rispose dopo qualche secondo di esitazione.

«Scusate, mi spiegate cos'è questa porta?»

«Punti di passaggio con l'aldilà...» mi spiegò Vilma. «Ma il passaggio» aggiunse poi con tono minaccioso, «può avvenire in un senso e nell'altro». Sentii il sangue gelarsi nelle vene.

«Dobbiamo sbrigarci» esclamò Vania ed ebbi come l'impressione che le frullasse in testa qualcosa. «Forse so cosa hanno in mente!»

Prima di scendere le scale ebbi un attimo di esitazione. «Aspettate! Viene anche lei!» e a quel punto mi guardarono come se fossi impazzita. «Lei può guarirla!»

«Bambina» disse Vilma tornando indietro. «Non possiamo spezzare l'incantesimo che la tiene qui»

«Non serve spezzare alcun incantesimo» le spiegai, convinta di ciò che dicevo. «La porterò io dentro di me!»

«Ti ha dato di volta il cervello?» esclamò Vania, sconvolta.

«Bambina, potrebbe essere pericoloso ...»

«Devi avere fiducia in lei!» dissi rivolgendomi a Vania.

«Non se ne parla, è troppo rischioso!»

«Pensa a quella volta in piscina...» aggiunsi senza sapere di cosa parlassi, «anche quella volta fu rischioso...» continuai come un burattino nelle mani di Noha. «Ma alla fine ti sei fidata di lei!».

«*Santa madre*!» esclamò Vilma incredula e a quel punto lasciammo casa di Noha. Prima di salire in auto Vania mi chiese di passarle le chiavi. «Sto bene, posso guidare senza alcun problema!» la rassicurai. A dire il vero non mi ero mai sentita così bene ma Vania fu irremovibile.

Lungo il viaggio aggiornammo Vilma su quanto fosse accaduto nelle ultime ore: dall'attacco al circo Massimo in cui Xian era rimasta ferita fino al modo in cui Noha aveva fatto fuori Alastor salvando poi la vita a Vania; dei sogni attraverso cui aveva tentato di condurmi a lei, delle sue origini nobili e dei riti vudù con cui il padre l'aveva intrappolata per l'eternità. Le spiegai ciò che avevo provato nel momento in cui Noha mi era entrata dentro, senza però trovare le parole giuste. Vania non proferì parola. Sigillata ermeticamente nel suo silenzio continuò a guardarmi incredula: non riusciva a credere che Noha fosse davvero dentro di me.

«Cosa è successo in piscina?» le domandai cercando di farle aprir bocca. Quel pomeriggio di tanti anni fa un bambino era annegato all'improvviso sotto gli occhi di tutti. Il bagnino non era riuscito a salvarlo in tempo. Quando Noha le disse che avrebbe potuto riportarlo in vita, Vania si era mostrata subito contraria. Sarebbe stato troppo pericoloso, davanti tutta quella gente, poi! Quella volta Noha le aveva chiesto di fidarsi giurandole che sarebbe andato tutto nel verso giusto.

«È sempre stata così coraggiosa!» commentò Vilma. «Ho sempre saputo che il suo potere sarebbe diventato immenso». Guardando fuori dal finestrino mi resi conto di come tutto stesse andando alla velocità della luce. Erano successe cose incredibili, per rivivere ciò che ci era accaduto in quei pochi giorni non sarebbe bastata una vita intera. Fu allora che mi tornò in mente Mauro. Qual era stata l'ultima volta che avevo pensato a lui? Farlo adesso mi sembrò così strano. Assorte nei nostri pensieri, a un certo punto ci ricordammo che il mondo stava per andare a rotoli.

«Che follia!» esclamò Vania di colpo. «Aprire una porta: come si può fare una cosa così stupida?»

«Mi sembra di sentire già la puzza di zolfo...» mormorò Vilma.

«Hanno deciso di fare in fretta...» aggiunse l'altra premendo il piede sull'acceleratore. «Moriranno tantissime persone innocenti...»

«Ne sei sicura?» le domandai pensando a mamma.

«Sicura?» sbottò. «Qui si tratta di un sacrificio in scala globale...»

«Un sacrificio?» balbettai.

«Chiaro!» esclamò accanendosi sul cambio automatico. «Questa volta vogliono fare le cose in grande! Per questo cercano di aprire la porta, per aumentare il numero d'anime da dare in pasto a Lilith!». Era tutto così assurdo che per l'ennesima volta da quando Vania era entrata nella mia vita pensai di trovarmi in un sogno, anzi in un incubo.

«Ma perché non gli bastano quelle che ha preso finora?» domandai dall'alto della mia ingenuità.

«Purtroppo no» rispose. «Sono due miliardi di anni che non ci dorme la notte!»

Fu abbassando lo sguardo che me ne accorsi: l'incantesimo del mutatio era svanito. Ero di nuovo io. Quando presi atto che ogni cosa era tornata al suo posto tornò anche il senso di inadeguatezza che mi accompagnava da una vita. Era arrivato il momento di dire addio alla versione magra e determinata di me stessa. Sapevo che sarebbe accaduto ma mi ero illusa che fosse più semplice di quanto potessi immaginare. Nel momento in cui abbandonai per sempre l'idea della nuova me di quegli ultimi giorni, al di là del finestrino, qualcosa catturò la mia attenzione: gli alberi sembravano spariti nel nulla. L'intera vegetazione che avevamo incontrato all'andata, lungo i campi che costeggiavano l'autostrada, era scomparsa. «Gli alberi...» dissi con un filo di voce abbassando il finestrino.

«Oh mamma! Sono morti tutti!» esclamò Vania togliendo il piede dall'acceleratore. Di fronte ai nostri occhi si aprì un'ecatombe di tronchi e rami spogli, ridotti all'osso. Il potere della *cosa* stava aumentando. «Sbrighiamoci!» esclamò Vilma così Vania spinse di nuovo il piede sull'acceleratore. Arrivate alle porte della città ci accolse un cielo nero mai visto prima: l'Apocalisse stava aspettando noi per iniziare!

«*Santa madre…*» sussurrò Vilma sporgendosi dal finestrino mentre a me tornò in mente l'immagine del cielo inquietante che avevo visto in sogno. Dal nulla lo schermo del cruscotto si accese facendoci prendere un colpo. «Eccole, ce le abbiamo!» strillarono gli altoparlanti un attimo prima che apparisse il primo piano di Fatima. «Scusate l'intrusione ma vista l'emergenza non è stato possibile fare altrimenti».

Fatima non era una che perdeva tempo con i convenevoli così arrivammo subito al dunque: la catastrofe era alle porte. Tutto ciò che sapevamo fino a quel momento era che gli esponenti della setta avessero venduto la loro anima a Lilith. Di Lilith, invece, sapevamo soltanto che era un demone con una spiccata vocazione per l'infanticidio, così quella notte Fatima ritenne opportuno fare un piccolo *excursus* su di lei. Lilith vantava un *curriculum* niente male: la sua figura era presente in quasi tutte le religioni. Se non per una singola citazione biblica in cui il suo nome viene però tradotto come "strega" quella Cristiana l'aveva praticamente cancellata. Per l'alfabeto di *Ben Sira*, antico scritto ebraico in voga nel Medioevo, era stata lei la vera *first lady* della storia. Con Adamo le cose non andavano un granché e, anziché riprodursi come gli era stato ordinato, non facevano altro che litigare su qualsiasi cosa. Da antesignana delle femministe, Lilith si rifiutò fermamente di giacere con lui sostenendo che erano stati creati entrambi dalla terra e, pronunciando il nome di Dio invano, volò via nel vento. Adamo, che era un uomo vecchio stampo, non riuscì a digerire un affronto simile, proprio lui poi che era il primo uomo sulla terra, così chiese che Lilith fosse riaccolta all'Eden. Dio mandò a quel punto tre angeli a cercarla: Senoy, Sansenoy e Semangelof. Quando i tre dal nome di un elettrodomestico la trovarono, la minacciarono dicendo che se non fosse tornata, ogni notte sarebbero morti cento dei suoi figli. Ma Lilith che non era certo una che si faceva spaventare facilmente, rifiutò l'offerta sostenendo di aver giaciuto ormai molte volte con altri demoni e, per essere lasciata in pace, affermò di essere stata creata per fare del male ai nascituri. "Se son maschi – avrebbe detto a quel punto – fino all'ottavo giorno, se son femmine avrò potere su di loro fino al ventesimo."

Fu solo allora che entrò in scena Eva. Ma questa volta Dio si guardò bene di utilizzare una costola diversa da quella usata la prima volta! Secondo la *Kabbalah* quando gli angeli avevano minacciato di uccidere i suoi figli, Lilith li avrebbe supplicati di non farlo giurando che non avrebbe mai toccato i discendenti di Eva se solo qualcuno fosse riuscito a pronunciare i nomi dei tre angeli correttamente. Sempre secondo la *Kabbalah*, a quel punto Lilith si sarebbe trasformata in un satellite invisibile della terra, prendendo il nome di Luna Nera, iniziando così ad agire contro gli uomini in maniera infima, seducendoli di notte, in sogno, portando loro malattie di ogni tipo e rapendo l'anima dei nuovi nati. Adesso, dopo millenni di latitanza, Lilith aveva stretto un patto con gli uomini: anime in cambio dell'immortalità. L'accordo era stato stretto sulla sofferenza di un'innocente: Ginevra.

All'arrivo di Vilma in città, gli esponenti della setta avevano visto i loro piani andare in fumo e così, dopo i numerosi tentativi per farci fuori, avevano deciso di darsi una mossa.

«Il Grimorio d'Aradia!» la interruppe Vania urtandola come un tir contro un passeggino. «Tocca cercare lì!»

Infastidita dall'interruzione, Fatima entrò subito nel dettaglio. «A pagina 789 del Grimorio di Aradia...» esordì, «si trova una profezia antichissima» aggiunse salendo di nuovo in cattedra. «L'ascesa al trono di Lilith» incalzò. Secondo la profezia, solo una volta strappate un numero di anime superiore a quello dei figli di Eva, Lilith sarebbe diventata regina dell'oscurità così da non doversi più nascondere. «Conosco a memoria tutte le pagine del Grimorio...» aggiunse facendo poi una piccola pausa. «Ma in nessuna di queste si parla di ciò che avverrebbe se la profezia si avverasse davvero. È solo uno il testo in cui si ipotizza uno scenario simile...»

«Le Invocazioni Diaboliche di Papa Onorio...» s'inserì Vilma da dietro.

«Esatto!» disse Fatima, impressionata. Papa Onorio III era

stato un papa *sui generis*. A lui viene fatto risalire un grimorio magico che secondo quanto preannunciato dalla Bolla papale che introduce il testo doveva servire a scacciare via i demoni maligni. In realtà, il libro non è altro che un concentrato di formule e rituali esoterici per l'invocazione di spiriti, tra questi ve ne era uno che riguarda proprio Lilith e la sua ascesa a regina delle tenebre. Lo scenario descritto da Papa Onorio era abbastanza agghiacciante. "Il sole sarà così spento da una Luna crescente" recitò Fatima facendomi venire i brividi. "E non sarà più notte e giorno ma un'unica grande notte. Cento a quel punto saranno gli anni che separeranno gli ultimi figli di Eva dall'oblio eterno."

«L'estinzione!» disse Vania facendo piombare l'auto nel silenzio.

Con il cuore nero come il cielo sopra di noi, entrammo in città: era diversa da quella che avevamo lasciato qualche ora prima. Il verde degli alberi era stato cancellato del tutto. Al suo posto tronchi spogli rimasti in piedi rivelavano le loro forme contorte, fatte di radici, rami scheletriche ed estremità ossute. Le aiuole e i terrazzi erano ormai svuotati di ogni colore. Le piazze spoglie sembravano improvvisamente precipitate in un silenzio freddo e spaventoso. Per capire se quel silenzio fosse davvero reale, abbassai il finestrino così che un vento caldo mi si appiccicò in faccia. Un gruppo di gabbiani stava facendo a brandelli un animaletto vicino un cassonetto. Un topo, forse. La pozza di sangue sotto il corpo della povera bestia, dal ventre squartato, mi fece ripensare ai miei piedi imbrattati di sangue. Fu a quel punto che mi sembrò di riconoscere una delle tre pantegane che avevamo assoldato per depistare la setta. La città tutta stava soffocando in un buio asfissiante. Per strada le auto avanzavano lentamente con gli abbaglianti accesi, il cielo non era mai stato così buio. Nonostante i lampioni, il buio denso tappava lo sguardo come una lastra di marmo sopra una lapide. Eravamo spacciati.

«Ci sarà un modo per fermarli!» dissi a quel punto prendendo la parola. «Siete pur sempre la Wicca, santo cielo!»

«Una squadra è già partita per il Colosseo» rispose Fatima dopo un momento di esitazione. «Nel frattempo abbiamo reclutato rinforzi da tutta Europa, alcuni sono già in viaggio»

«Ma perché proprio il Colosseo?» domandai stupita.

«Avevano bisogno di un posto che fosse quanto più vicino all'inferno, in tanti lì sono passati all'altro mondo!»

«Ci sarà una carneficina» commentò Vilma. «Non c'è più niente che possiamo fare!»

«Bisogna prepararsi al peggio» riprese Fatima. «Ma abbiamo bisogno dell'aiuto di tutti se vogliamo provare a fermarli». *Non c'è più niente da fare,* continuai a ripetermi cercando di pensare dove potesse trovarsi mamma in quel momento. Avrei dovuto raggiungerla, non avrei dovuto mai lasciarla sola. Non sapevamo ancora cosa ci aspettasse, qualunque cosa fosse avrei voluto affrontarla insieme a lei, come sempre. Solo dopo il pensiero andò Mauro. Avremmo dovuto trascorrere la nostra vita insieme, eravamo pronti a giurarlo davanti a tutti. E invece erano giorni che non avevamo notizie l'uno dell'altra e adesso l'Apocalisse stava per piombare sull'umanità. Non ci saremmo più rivisti, per noi non c'era proprio più niente da fare.

«In realtà, un modo ci sarebbe...» disse Fatima inaspettatamente così mi domandai se fosse in grado di leggere il pensiero anche a distanza. «La cosa è lo strumento di cui si stanno servendo per fare avverare la profezia...» aggiunse facendo poi una breve pausa. «L'unica sulla quale il suo potere non ha avuto effetto è stata Valeria». Ci fu un breve silenzio.

«Va avanti!» esclamò Vania lanciandomi un'occhiata.

«Questo potrebbe significare che Valeria, per qualche strana ragione, sia immune al suo potere» ci spiegò. «Il che è un punto a nostro favore» aggiunse subito dopo tenendoci sul filo del rasoio. «Valeria potrebbe esserci d'aiuto!»

Essere d'aiuto a chi? mi dissi. Secondo Fatima, alla spedizione, io avrei tenuto Ginevra occupata mentre Vilma avrebbe provato a guarirla. Pensandoci bene non ero più semplicemente me stessa, adesso c'era Noha con me: lei sì che sarebbe stata d'aiuto!

«Va bene, lo farò!» esclamai con l'enfasi di chi sta per immolare la propria vita per il bene dell'umanità.

«C'è però una cosa da fare prima!» disse troncando il mio entusiasmo. «Quando la porta si aprirà sarà molto rischioso per te stare lì» aggiunse, «per cui avrai bisogno di qualcosa che ti protegga».

«Che cosa?»

«Ti sarà spiegato tutto a tempo debito» rispose facendo un cenno con la testa a qualcuno al suo fianco. «Andate alla sinagoga, bussate tre volte e vi sarà aperto!»

LA PRIMA PORTA

Addentrandoci in città, il cielo si fece via via sempre più denso e tumultuoso. Come un mare in tempesta si agitava sopra le nostre teste silenziosamente percorso qua e là da fulmini in grado di accendere nubi grandi come montagne, fino a quel momento invisibili. Sul lungo Tevere, stormi di gabbiani impazziti volavano a mezz'aria in attesa che accadesse qualcosa. Vilma, guardando fuori dal finestrino, esterrefatta, continuava a invocare tutte le Vergini del Paradiso.

«Qui c'è bisogno di un po' di zuccheri!» si unì Vania distribuendo caramelle magiche. «È l'equivalente di un pranzo di Natale coi parenti!»

Un istante dopo sulle nostre papille gustative si abbatté un'esplosione di frutta tropicale. Finita la frizzantezza iniziale la consistenza diventò quella di una normale gomma da masticare. «Mentolo e xilitolo» aggiunse soddisfatta. «Per il tartaro!»

All'altezza dell'isola Tiberina lasciammo l'auto in doppia fila. Ero passata da lì mille volte senza mai entrare. Il cancello in ferro battuto era aperto, così superati i gradini del colonnato ci trovammo di fronte tre portoni di legno.

«E adesso?»

«Proviamo a bussare a tutti e tre!» rispose Vania facendo un passo in avanti. Quando anche Vilma fece lo stesso, si voltarono a guardarmi. «Che aspetti?» esclamarono nell'attesa che mi dessi una mossa. Non riuscimmo nemmeno a contare fino a tre che fummo interrotte da un rumore di ferraglie piuttosto inquietante. Quando il portone davanti al quale mi trovavo si aprì, dall'oscurità emerse una figura alta ed esile.

«Entrate, presto!» ci disse agitando le mani con la faccia nascosta dal buio. Erano grandi e squadrate come le mani di un contadino. Fui la prima a entrare. Gli echi dei nostri passi iniziarono a rimbombare tra i marmi e le volte affrescate. I pochi lampioni accesi sopra le navate laterali e i due candelabri nell'abside in fondo rendevano l'atmosfera cupa e funerea. Alzando lo sguardo vidi la volta dipinta di un blu elettrico e un'apertura rettangolare alla sommità, da cui normalmente si sarebbe dovuto vedere il cielo. Quella notte, però, il cielo era così nero che il vetro sembrava coperto da un enorme sacco dell'immondizia. Quando gli occhi si acclimatarono alla luce soffusa, l'uomo dalle mani da bifolco ebbe finalmente un volto. *Il custode,* pensai tra me e me guardandolo finalmente in viso. La barba imbiancata lo faceva sembrare più vecchio dell'età che doveva avere realmente. A giudicare dai due solchi sul dorso del naso doveva aver dimenticato gli occhiali da qualche parte. Anche lui ci squadrò dall'alto al basso soffermandosi poi alla gonna di Vilma.

«Ci manda Fatima!» esordii spiegando che non avevamo la minima idea riguardo chi ci avrebbe ricevuto.

«Il rabbino!» rispose l'uomo «Sono io!». Da quel momento in poi nessuna di noi ebbe il coraggio di aprir bocca. Fu allora che mi accorsi del pigiama che aveva addosso: era blu e tappezzato da tante stelline bianche «Fatima mi ha chiesto di consegnarvi questo...»

«Grande!» esclamò Vania e a quel punto Vilma le conficcò un gomito nel fianco. «Padre!» si inserì cercando di risollevare il livello della conversazione.

«Rav!» la corresse l'uomo con fare severo nonostante il suo pigiamino. «Ciò che sto per consegnarvi è qualcosa di molto, molto prezioso!» disse tagliando corto. «Siete sicure di saperlo utilizzare?»

Totalmente ignare di quello che ci attendeva, con uno sguardo stabilimmo all'unanimità di mentire spudoratamente. «Assolutamente sì!»

«Me lo auguro...» ribatté il rabbino «non esiste altro oggetto dotato di un tale potere!» ci avvisò mostrandoci il sacchetto in velluto rosso che fino ad allora aveva tenuto stretto in pugno. «Sappiate che è l'oggetto sacro più antico al mondo!» concluse consegnandomelo in mano. Pesava come se contenesse un macigno «Ha quasi tremila anni!» mi spiegò l'uomo e a quel punto ci guardammo certe di non avere altro tempo da perdere.

«Ci scusi reverendo, ma l'Apocalisse non aspetta mica!». Una volta uscite dalla sinagoga, il rabbino ci salutò con un'ultima raccomandazione: «Ricordate: affinché funzioni è fondamentale che ci si creda fermamente!». Quelle parole le portai con me fino in auto.

«Tremila anni...» ripeté Vania mettendo in moto.

«Stai pensando lo stesso anche tu?» le domandò Vilma incredula.

«Che aspetti?» strillò Vania in trepida attesa. Non stavano più nella pelle. Quando feci scivolare il contenuto sulla mia mano pensai: *tutto qui?*

Vania inchiodò di colpo. «La stella di Davide!».

«Che ci facciamo adesso con questo?» domandai perplessa. Si trattava di una stella a cinque punte composta da due triangoli d'oro massiccio sovrapposti.

«Questo è un oggetto che per molto tempo è stato considerato una leggenda...» mi spiegò Vilma sfiorandolo delicatamente con un dito.

«Ah» feci osservandolo con maggiore attenzione e fu così che mi accorsi di quelle minuscole incisioni: né latino né arabo, doveva trattarsi di una lingua molto più antica.

«La stella di David è un talismano *muy* potente!» proseguì. «Capace di proteggere da qualsiasi maledizione o spirito maligno!»

«E come funziona?» domandai capovolgendolo da una faccia all'altra.

«Fai attenzione!» fece Vania togliendomelo dalle mani. Vilma non poté fare a meno che seguirlo con lo sguardo. «L'insieme di questi due triangoli rappresenta l'unione tra cielo e terra» mi spiegò. «Tra mondo spirituale e mondo materiale, fuoco e aria, maschile e femminile. Si dice che re Salomone lo tenne con sé tutta la vita per scacciare via i demoni maligni».

«Nei secoli è stato utilizzato durante i riti di magia nera, come protezione durante le invocazioni. Sono stati commessi delitti per questo, bambina». Non si trattava di bigiotteria: il rabbino mi aveva consegnato qualcosa dal potere enorme. Ora avrei solo dovuto crederci.

«Si dice sia stato nelle mani di Napoleone per molto tempo e che gli fu rubato qualche giorno prima della battaglia di *Waterloo*, dove gli spiriti fecero cadere fango dal cielo».

«Ma che spiriti?» la interruppi. «Fu la cenere del vulcano!»

«Tu dici cenere, io spiriti. Questione di punti di vista, bambina!».

Fu allora che il *display* dell'auto si accese di nuovo facendoci prendere un altro spavento. «La prima porta è stata aperta» esordì Fatima. «Il perimetro del Colosseo è stato schermato per impedirne l'accesso» ci informò cercando di mantenere la calma. «Il Colonnello e gli altri in questo momento stanno cercando di creare una breccia».

«La prima porta?» domandai prima che sparisse di nuovo.

«Già» rispose visibilmente preoccupata. «E ce ne sarà una seconda!»

«C'è qualcosa che possiamo fare?».

«Qualunque cosa sia, va fatta prima che si apra la seconda porta!»

Non appena sparì dallo schermo, al suo posto un'edizione speciale del telegiornale mostrò le immagini del Colosseo sovrastato da una schiera di nuvole. Un buco nero al centro sembrava aver appena inghiottito un pezzo di cielo. L'ansia iniziò a stringere la gola così con una mano andai alla ricerca del pulsante per abbassare il finestrino. Vania accorse in mio aiuto.

«Non sei obbligata a venire...» mi disse accostando l'auto. «Fai un bel respiro!» aggiunse poi mettendomi qualcosa sotto il naso. Quando inspirai fu come se le mie narici fossero state appena inondate dalla rugiada mattutina caduta da un albero di eucalipto sui monti della Finlandia. L'aria fresca giunse dritta ai polmoni e a quel punto ebbi l'impressione di essere vissuta un'intera vita in apnea. Non potevo tirarmi indietro, non adesso. La fine del mondo ci era caduta addosso ed era iniziato tutto per causa mia. Avevano accettato di aiutarmi senza pensarci due volte e adesso che il mondo aveva bisogno di loro erano pronte a rischiare la vita. Toccava a me decidere che parte avrei voluto avere in questa storia ma di una cosa ero certa: non volevo scappare, non questa volta.

"Qualcuno parla di Ufo, altri scomodano l'Apocalisse delle Sacre Scritture ma una cosa è certa: tutto il mondo in questo momento ha gli occhi puntati sulla città eterna." concluse il giornalista dell'edizione speciale in diretta dal piazzale del Colosseo.

Avevo promesso a mamma che non avrei pianto ma poi arrivò l'istante in cui lo vedemmo con i nostri occhi. Quando imboccammo via dei Fori Imperiali, la gigantesca macchia nera su in cielo si rivelò in tutta la sua imponenza, non era semplicemente un buco, ma una voragine ancora più spaventosa di ciò che avevamo visto al notiziario. Non era vuota come ci aspettavamo: la stazza mastodontica del Colosseo si specchiava al suo interno come per un improbabile ribaltamento della realtà. Per strada era tutto un via vai di auto e *scooter* che accorrevano da ogni parte della città. Uomini, donne e bambini uscendo dalla metro senza alcun timore si dirigevano tutti verso quello spaventoso buco nero. Intanto, i *video-wall* su via dei Fori Imperiali sfarfallavano, mandando in onda l'enorme disco nero che sembrava voler inghiottire la città. Mi accorsi dei numerosi droni della polizia fermi sul perimetro del Colosseo come se una parete invisibile impedisse loro di andare oltre. A ogni passo la voragine sembrava crescere via via sempre di più; avrebbe potuto risucchiarci tutti scaraventandoci chissà dove. Nessuna di noi ebbe il coraggio di dire nulla. Intanto le camionette dell'esercito avevano circondato l'ingresso del Colosseo disponendosi in semicerchio così a un centinaio di metri scendemmo dall'auto. In pochissimi passi ci ritrovammo all'interno della calca. La folla di gente era in fermento, palmari alle mani continuavano ad avanzare condividendo attimo per attimo tutto sui social.

«Scusa!» disse qualcuno alle mie spalle sfiorandomi una spalla, «ci faresti una foto?». Sorrideva, con il palmare in mano in attesa di una risposta. Avrà avuto l'età di vent'anni al massimo, teneva un bambino in braccio, presumibilmente il figlio ed io non sapendo cosa rispondere continuai a osservarlo sbigottita dalla sua richiesta.

«Andiamo» disse Vilma prendendomi per mano.

«Stanno lì, oltre i cancelli!» ci urlò Vania facendoci spazio tra la folla. Da lontano riconobbi il codino di Tommaso. Sapere che fosse lì a pochi metri fu la cosa più bella che mi fosse accaduta da quando la fine del mondo si era abbattuta su di noi.

«I militari non ci faranno mai passare!» esclamai.

«Cosa ci fa lei qui?» sentimmo all'improvviso alle nostre spalle. Quando ci voltammo, Hermes immobile continuava a osservarmi con sospetto.

«Non è il momento di fare domande!» lo azzittì Vania. «Piuttosto aiutaci a passare!»

Una volta terminato di esprimere il suo dissenso Hermes iniziò a scrutarmi come se volesse guardarmi dentro. Per un attimo pensai che potesse percepire l'aura di Noha. Dopo qualche istante comunicò il verdetto finale. «Ci penserà Xian a schermarvi, seguitemi!»

Passando tra le camionette dell'esercito mi tornò in mente l'immagine di nonna Livia, quella mattina del 1944 all'arrivo degli americani a Centocelle. In questo caso però nessuno sarebbe venuto a salvarci mettendoci su un carrarmato, le forze del male erano già su punto di spiegarsi sul mondo. Mi domandai se Noha avesse potuto fare davvero qualcosa, forse sì. Avevo visto il suo potere ed era stato enorme. Così mi feci coraggio e le seguii.

«Che dicono dalla centrale?» disse uno dei soldati.

«D'aspettare il segnale per fare fuoco!» gli fece eco un altro.

Fare fuoco a cosa? mi domandai avanzando. Sarebbe stata una carneficina. Oltrepassati i cancelli raggiungemmo gli altri senza che nessuno ci vedesse.

«Ciao…» mi disse Tommaso guardandomi fisso negli occhi. Era preoccupato di vedermi lì. Dandoci le spalle Xian si stava occupando della breccia. Al suo fianco una donna dai tratti arabi e una benda su un occhio ci fissava silenziosamente.

«Perché lei è qui?» disse il Colonnello allacciando alla vita un porta caricatori in cuoio.

«Ecco la breccia!» li informò Xian. «Abbiamo meno di un minuto prima che si richiuda» aggiunse voltandosi. Il suo viso di porcellana era un vaso rotto di cui qualcuno aveva rimesso insieme i pezzi; due cicatrici le segnavano le guance senza riuscire comunque a deturpare la sua bellezza. I suoi occhi sembravano tristi più che preoccupati. La breccia era stata aperta in una delle arcate che davano accesso all'arena e vedendo la velocità con cui aveva già iniziato a richiudersi fu chiaro che bisognava fare in fretta. Xian fu la prima a entrare, dopo di lei il Colonnello. Poi fu il turno della nuova arrivata. «Mio nome Tayb!» disse prima di entrare. Solo allora Tommaso mi staccò gli occhi di dosso muovendo il primo passo. Mi domandai se ne saremmo usciti vivi e a quel punto Vilma mi prese nuovamente per mano. Una volta dentro la breccia entrammo in un silenzio assoluto.

«Il sigillo!» mi ricordò Vilma. Così tirandolo fuori, lo guardai e per un attimo ebbi quasi timore di metterlo al collo. Trovai comunque il coraggio e, una volta indossato, non provai nulla. Dopo qualche passo si fece nuovamente buio. La temperatura si abbassò vertiginosamente e uno strano rumore di fondo iniziò a crescere in lontananza. Dopo un po' fu chiaro che si trattasse di un vociò. Percorsa l'arcata per intero ci ritrovammo al livello più basso dell'anfiteatro.

La prima volta che avevo messo piede all'interno del Colosseo era stato durante la gita di terza media. Ricordavo ancora i ruderi dell'arena e della parte sottostante costituita da brevi cunicoli e corridoi di pietra. Ebbene mi accorsi subito che c'era qualcosa di diverso: le rovine millenarie che delimitavano i sottopassaggi al centro dell'arena erano state praticamente rase al suolo e spazzate via per liberare il campo. Qualunque cosa avessero in mente di fare avevano bisogno di spazio. Alzando gli occhi al cielo scoprii che il buco nero che avevamo visto prima di entrare non era più visibile.

«Che fine ha fatto?» sussurrai a Vilma facendole segno di alzare lo sguardo.

«La porta» rispose capendo a cosa mi riferissi, «da qui non puoi vederla!» mi spiegò a bassa voce e a quel punto compresi che l'unica ragione per cui non fosse visibile fosse solo una: ci trovavamo al suo interno. Abbassando lo sguardo, scovai qualcosa di molto strano: i nostri corpi non generavano alcun'ombra. La sensazione fu quella di aver messo piede in un'eterna penombra il che mi diede i brividi ma a quel punto strinsi forte la mano di

Vilma: era ancora lì, potevo sentirla. Dunque, eravamo ancora vive. Fu solo allora che ci accorgemmo delle figure in nero sopra gli spalti in lontananza. Erano in centinaia, forse migliaia, immobili occupavano gli ordini più alti emettendo un brusio di fondo. Improvvisamente il brusio si spense venendo sostituito dal fruscio di mille cappucci. Qualcuno aveva dato loro il segnale di indossarli. Un rumore dal ritmo inquietante a quel punto fece tremare la terra sotto i nostri piedi.

«*Veni ad nos!*» cominciarono a ripetere in coro marciando sul posto.

«Che succede?»

«La cerimonia» mi rispose Vilma. «Sta per iniziare». Abbassando lo sguardo al centro dell'arena, non vidi alcun altare ma solo un cerchio bianco disegnato a terra con del sale. Un attimo dopo da un'arcata giù in fondo, indossando svelte i loro cappucci, sbucarono fuori anche le due stronze. La visione di Angelica mi terrorizzò all'istante. Una volta raggiunto il cerchio si disposero l'una di fronte all'altra e a quel punto Angelica si voltò alla ricerca di qualcosa. Un'adepta accelerò il passo portando con sé un sacco nero. Fu la vecchia donna a prenderlo tirandone fuori qualcosa con una strana consistenza. Lo poggiò a terra, all'interno del cerchio e allora capii che si trattava di carne umana. L'altra sembrava ancora in attesa di qualcosa. Mi augurai che non fosse ciò che stavo pensando e a quel punto un secondo adepto uscì fuori con una coperta tra le braccia. C'eravamo, stavano per sacrificare un'altra creatura innocente o forse la stessa che non erano riusciti a sacrificare l'ultima volta. Vilma mi stritolò una mano, questa volta non avremmo fatto assolutamente nulla.

Il nostro obiettivo era impedire che la seconda porta si aprisse. Quando le voci si fusero in un'unica vibrazione che sembrava provenire direttamente dal cuore dell'inferno, Angelica prese in braccio il neonato. Dormiva ancora. *Almeno non si accorgerà di nulla,* pensai mentre la donna lo abbandonò a terra nudo. Fu in quel preciso istante che Angelica si girò di scatto guardando verso di noi. *Impossibile,* dissi tra me e me. Non era possibile che ci stesse vedendo, ma quando anche la vecchia al suo fianco si voltò capimmo che qualcosa con la copertura era andato storto. Così mi voltai anch'io. In ginocchio, con gli occhi fuori dalle orbite e le mani al collo, Xian era sul punto di soffocare. A quel punto tutto divenne spaventosamente chiaro: Ginevra era di nuovo fra noi.

LA SECONDA PORTA

L'attimo che ci separava dalla fine durò un'eternità. Accendendo un lumino sopra una tomba vuota, avrebbero utilizzato ciò che rimaneva di noi per le loro cerimonie dell'orrore. Angelica avrebbe fatto in modo che fossimo noi stessi a ucciderci, strappandoci il cuore l'un l'altro con le nostre mani.

Di noi non sarebbe rimasto nient'altro che brandelli, nessuno avrebbe pianto sui nostri resti perché a quel punto il mondo sarebbe già stato spacciato. Una volta giunta l'eterna notte l'umanità sarebbe stata decimata e le città trasformate in cimiteri. A un passo dall'estinzione i nostri occhi si posarono sulla distesa di cappucci neri tra gli spalti, le loro anime sarebbero state le prime a essere prese da Lilith. Quando uno scintillio nei loro occhi li colse all'improvviso fu allora che iniziò la fine: trasformati in dei burattini in carne e ossa, privi di qualsiasi volontà, il silenzio fu sostituito da un vuoto assoluto, lo stesso che anticipa l'arrivo di uno tsunami un attimo prima che l'onda spazzi via tutto. In quel silenzio abissale il tonfo che il corpo di Xian fece giungendo al suolo fu il segnale per scatenare l'inferno. Ciò che avvenne a quel punto è impossibile anche solo da immaginare figuriamoci da raccontare.

Orde di corpi scatenati iniziarono a muoversi come sciami impazziti. Tentavano a tutti costi di scendere agli spalti inferiori dimenandosi gli uni dagli altri, strattonandosi, accalcandosi uno sopra l'altro come in una gara tra cavallette impazzite facendo tremare il terreno sotto i nostri piedi. Non ci sarebbe stata alcuna battaglia, ci avrebbero spazzato via come birilli. Che cosa li avesse trasformati in delle carcasse vuote pilotate da remoto non fu difficile da capire. Gli occhi di Angelica non lasciarono alcun dubbio e non per l'espressione vuota che improvvisamente assunse il suo volto demoniaco, quanto per lo scintillio, lo stesso che dal nulla aveva acceso quella distesa di burattini mandandogli il cervello in corto circuito. L'onda di bestie fameliche si sarebbe abbattuta su di noi a breve.

«Formazione di difesa!» urlò il Colonnello e in quel momento Tommaso indietreggiò avvicinandosi a noi di spalle. Dalla parte opposta Tayb fece lo stesso. A chiudere il cerchio, prese posto Hermes posizionandosi dietro di noi che invece restammo immobili al centro del cerchio strette l'una all'altra. Fu allora che sentii qualcosa premere alle nostre spalle. Quando mi voltai vidi Hermes avvolto dalla sua aura verde smeraldo. L'energia sprigionata dalle sue mani improvvisamente inondò l'arena, travolgendo qualunque cosa incontrasse nel suo tragitto. Spazzando via tutto e tutti: la vecchia stronza, Angelica, il bambino e coloro che per primi erano riusciti a raggiungere l'arena. Respinta dal potere di Hermes, che inesorabile spingeva contro gli adepti indemoniati impedendogli di accedere all'arena, la calca di *zombie* con lo sguardo perso nel vuoto si trovò come schiacciata da macigni invisibili. Al di là di questi iniziarono così ad accumularsi in centinaia senza riuscire a staccarci gli occhi di dosso per un solo istante. Smaniosi continuavano ad affaccendarsi come bestie programmate per uccidere alla ricerca di una via d'uscita con un unico fine: raggiungerci. Le labbra contratte, a metà strada tra istinto assassino e *rigor mortis*, erano l'unica parte del viso in grado di esprimere una qualche emozione. Tra i loro volti indemoniati riconobbi dei visi giovani, avranno avuto al massimo vent'anni. Spingendo con tutte le loro forze continuavano ad ammassarsi gli uni sugli altri come cani da combattimento cresciuti al buio. I più ostinati riuscivano a farsi strada sgusciando ai lati per poi lanciarsi famelici nell'ultima corsa che li separava da noi. Da questa parte ad attenderli c'era Tayb. In una continua dissolvenza senza muoversi di un solo millimetro dalla propria postazione continuava a sparire e riapparire qua e là, da un punto all'altro dell'arena, facendoli capitolare in un sonno profondo con un solo tocco. Coloro che in qualche modo riuscivano comunque ad avanzare avevano un ultimo scoglio da superare: il Colonnello che, con la sua forza esplosiva, era in grado di neutralizzarli ancor prima che se ne accorgessero. Solo in pochi riuscivano a giungere a un passo da noi e ogni volta era Tommaso a dargli il ben servito facendoli stramazzare ai nostri piedi. Fu a quel punto che, illudendoci di avere le spalle coperte, decidemmo di andare in soccorso di Xian. Il suo viso era pallido ma forse c'era ancora tempo.

«Ci penso io» esclamò Vilma gettandosi su di lei. «Afferratele i polsi» aggiunse poggiandole le mani sul collo. Per quanto tentasse di cacciarla via dalla sua mente, Ginevra si rivelò da subito troppo potente perfino per Vilma che lottò con tutte le sue forze. La morsa che Xian continuava a stringere al collo diminuì. Quando finalmente le sue mani mollarono la presa, Xian tornò a respirare. Vilma aveva compiuto il miracolo anche stavolta. Fu allora che alzammo di nuovo gli occhi e tra le decine di volti sconosciuti mi sembrò di riconoscerne uno, avanzava velocemente facendosi spazio tra gli adepti. La sua mano non era più bendata e i suoi occhi strabici guardavano fisso verso di noi. Non feci in tempo a urlare il nome di Tommaso che con un salto la vidi fiondarsi sul Colonnello. I due avevano un conto in sospeso e il Colonnello lo sapeva così come sapeva che gli sarebbe piombata alle spalle. L'accoglienza che le riservò fu quella di un vero gentiluomo: ruotando su sé stesso fu lui a sorprenderla alle spalle e una volta afferrata per il collo la scaraventò di schiena qualche metro in là. Sbalordita da quell'accoglienza calorosa, pronta a ricambiare, la vidi rialzarsi come se nulla fosse e accelerando il passo trovò la velocità necessaria a lanciarsi nuovamente all'attacco. Pronto a darle il benvenuto ancora una volta, il Colonnello stava già gustando l'attimo in cui le avrebbe affondato un gancio tra le viscere quando una smorfia lo colse all'improvviso: non era paura ma sgomento quello che vidi sul suo viso quando iniziò a contorcersi. Come se qualcosa lo avesse appena afferrato da dentro, il corpo del Colonnello cominciò ad avvitarsi su sé stesso. Prima fu la testa seguita dal collo, poi il dorso; solo le gambe in titanio rimasero immobili. Alla vista di quella scena raccapricciante Tommaso si lanciò in suo soccorso scaraventando contro la donna tutti gli assi che custodiva nella manica: le esplosero addosso come bombe carta facendole perdere la rotta. La donna arrivò al suolo nuovamente. Impotente, dinnanzi al corpo del Colonnello, Tommaso si guardò attorno scoprendo che gli adepti continuavano ad avanzare indisturbati. Fu così che diede vita al suo numero migliore: chiuse gli occhi e un istante dopo centomila copie di Tommaso, identiche all'originale, riempirono l'arena in ogni dove. L'illusione li avrebbe tenuti impegnati per un po' finché una alla volta non sarebbero svanite nel nulla. Sfruttando quel momento di distrazione la donna sferrò il suo primo colpo contro Tommaso, il quale riuscì a scansarlo senza alcuna difficoltà. Nella speranza che prima o poi si stancasse, la donna rabbiosa continuò ad avventarsi su di lui senza concedergli un attimo di tregua. Indietreggiando a piccoli passi Tommaso riuscì a parare ogni colpo.

«Il Colonnello!» gridai vedendo il suo corpo ricominciare a contorcersi come uno straccio bagnato. Avvicinarsi a lui sarebbe stato troppo rischioso.

«Forse un modo c'è!» fece Vania, correndo verso di lui e a quel punto Tommaso passò all'attacco. La donna riuscì a evitare i suoi colpi agilmente. Nel frattempo il Colonnello, stremato dal tentare di resistere a quella forza sovrumana, cadde sulle ginocchia. A breve la sua colonna vertebrale sarebbe andata in frantumi. Lo strazio del Colonnello distrasse Tommaso facendogli compiere il suo primo passo falso. Quell'urlo di dolore sancì la fine dei giochi. Sfinite da quello sforzo mastodontico le braccia di Hermes cedettero per un solo brevissimo istante, abbastanza però per la calca di indemoniati che come lui non avevano smesso di spingere per un solo momento. Quando la sua aura iniziò a traballare affievolendosi come una fiamma sotto vento, fiumi di adepti assetati di sangue sgorgarono fuori da ogni arcata riversandosi nell'arena. Li vidi arrivare come si assiste all'avanzare di una valanga, inerme, impaurita, rassegnata. Il primo a essere travolto fu il Colonnello, sommerso da centinaia di corpi, poi toccò a Tayb sparendo una volta per sempre senza più riapparire. Subito dopo fu il turno di Tommaso, poi quello di Vania; nel vano tentativo di proteggersi prima di sparire per sempre la vidi rannicchiarsi su sé stessa. Quando giunse il nostro turno rivolsi lo sguardo a Vilma ancora china su Xian, i suoi occhi volevano dirmi qualcosa. Non sarei mai riuscita a saperlo se a quel punto la sua voce non fosse rimbombata dentro la mia testa dicendomi "credici!"

Non appena sparì sotto la calca anche lei, chiusi gli occhi lasciandomi travolgere senza opporre resistenza. Con la forza di cento uragani i loro corpi urtarono su di me trascinandomi da una parte all'altra dell'arena. I colpi al torace e alla schiena mi tolsero il respiro e una volta con la faccia per terra riuscii solo a trovare la forza di accovacciarmi in posizione fetale. Sentii il peso dei loro corpi su di me, continuavano a calpestarmi ora sulle gambe ora su fianchi. Riuscii a contare ogni singola volta nella speranza che fosse l'ultima. Poi la calca diminuì e, riaprendo gli occhi, vidi le loro gambe dirigersi altrove. Nonostante il dolore a schiena e gambe riuscii a tirarmi su: erano tutti lì a due passi da me ma la cosa sembrava non interessargli affatto. Solo allora ci arrivai: non potevano vedermi. Per questo non mi avevano fatto a brandelli. Tentai di guardarmi attorno. Il primo che vidi fu il corpo del Colonnello inerme. Accanto giaceva immobile quello di Tommaso. Era la fine. Ma ecco che quando tutto sembrava perduto improvvisamente la sentii crescere dentro. La riconobbi all'istante. Era lei! Poi a un tratto quella luce accecante. Fu allora che le sentii in lontananza. Le loro ali battevano forti e veloci emettendo un fruscio simile a quello delle foglie mosse dal vento. Alzando la testa le vidi arrivare: erano tantissime molte di più di quelle che ci avevano liberato da Alastor.

Quando come saette scesero giù in picchiata iniziarono a sparpagliarsi qua e là liberando nell'aria polvere di stelle su tutta l'arena. A quel punto l'orda omicida si arrestò di colpo. Sfruttando qualsiasi orifizio quei piccoli soldatini dorati cancellarono via le smorfie disumane dai loro volti indemoniati in un batter d'occhio dopo di che ci fu un gran silenzio. Una volta tornati in sé iniziarono a guardarsi attorno spesati. Nessuno di loro aveva idea di ciò che gli fosse accaduto fino a quel momento. Al diradarsi della folla lentamente vidi riemergere i corpi dei miei compagni. Xian, Tayb, Tommaso: erano tutti privi di coscienza ma respiravano ancora. Il Colonnello, qualche metro più in là si muoveva ancora, a parte qualche ferita sanguinante e un braccio rotto, era ancora vivo. Anche Vania era viva e, a differenza degli altri, grazie allo scudo protettivo sotto cui si era riparata prima di venire sommersa, sembrava stare bene. L'unica di cui sembrava sparita ogni traccia era Vilma: sarebbe sbucata fuori anche lei prima o poi.

«Pare abbia funzionato!» disse Vania buttando un occhio al sigillo. «Dove si sarà cacciata Vilma?» aggiunse a quel punto guardandosi attorno.

«E se non ce l'avesse fatta?» le dissi terrorizzata.

«L'erba cattiva non muore mai!» esclamò continuando a guardare tra gli spalti. «A proposito, non vedo più quella infame dagli occhi storti» aggiunse preoccupata. Anche lei sembrava svanita nel nulla. Ciò non mi tranquillizzò affatto: ci sarebbe piombata addosso da un momento all'altro. Gli adepti nel frattempo avevano iniziato a disperdersi per l'arena, gironzolando in stato confusionale alla ricerca della via d'uscita: tutto quel trambusto interiore doveva avergli fatto dimenticare perfino il loro nome.

«Dammi una mano!» disse soccorrendo gli altri mentre io iniziavo a domandarmi dove fossero finite le due perfide stronze. Non feci in tempo a chiedermelo che la terra sotto i nostri piedi ricominciò a tremare. Quando le vibrazioni diventarono vere e proprie scosse telluriche sia io che Vania andammo giù per terra tenendoci per mano. Iniziò tutto da una crepa sul terreno al centro dell'arena: in pochi istanti si trasformò in una voragine. La prima cosa che emerse dal suolo fu un gomito al quale seguì poi il resto del braccio. A giudicare dalla lunghezza dei suoi arti scheletrici il corpo doveva essere più voluminoso di quello di un essere umano. Quando la sua mano ossuta toccò il suolo fu allora che per la prima volta vidi la testa di Ginevra. Inizialmente sembrava che i capelli le coprissero il viso, solo dopo mi accorsi del collo magro ritorto su sé stesso, un po' come aveva fatto con il corpo del Colonnello.

Il suo viso era rivolto in direzione opposta. Anche il resto venne fuori lentamente, fu il suo fiocco rosa al colletto della camicia che mi fece tornare in mente la fotografia affissa al muro della sua cameretta. Sotto agli strati di sabbia riconobbi una *salopette* di jeans, la stessa che aveva nella foto. Una volta in superficie, il rumore proveniente dalla voragine sotto di lei divenne quello di un urlo disumano, misto al sottofondo di cento lame rotanti che stridono contro la roccia; non poteva che essere quella la seconda porta di cui parlava Fatima. A quel punto Ginevra cominciò a muovere i primi passi. Guardandosi le spalle avanzava lentamente verso di noi. Ecco come sarebbe finita: esattamente com'era cominciata! A completare il quadro, in lontananza comparvero anche loro: Angelica e Donata.

«Scappa!» disse Vania. «Ti copro io!». Sapeva che non ci sarebbe mai riuscita.

«No!» le risposi guardando il mostro che non aveva il coraggio di mostrare il suo volto. «Io non mi giro dall'altra parte!».

Non avrei più rivisto mamma ma forse il mondo si sarebbe salvato. Avevamo una possibilità, l'ultimo tentativo per cui valesse la pensa morire: far sì che Ginevra incontrasse Noha! Dovevo essere forte e fare ciò che andava fatto. Per una vita intera ero stata un'inguaribile indecisa, una codarda con la paura di vivere. Il mio peso mi aveva reso vulnerabile, la vita aveva fatto il resto. In quegli ultimi giorni avevo vissuto nel timore che quel po' di coraggio ritrovato grazie al *mutatio* prima o poi fosse svanito insieme all'incantesimo, ma adesso avrei dimostrato al mondo e a me stessa che non era vero! *Mutatio* o non *mutatio* ero pur sempre io! La stessa che si era lanciata da un ponte. Fu così che trovai il coraggio di alzarmi in piedi e a quel punto Ginevra accelerò il passo. Vania mi lasciò la mano e quando mi voltai verso di lei, Ginevra era già entrata dentro la sua mente. Adesso toccava a me. Sfilai il sigillo dal collo e lanciandolo per aria chiusi gli occhi. Di colpo, attorno a me, calò il silenzio. Quando li riaprii mi ritrovai in un corridoio buio. Lo riconobbi all'istante: era casa di Ginevra. Dovevo solo trovarla. Passai da una stanza all'altra e alla fine la vidi nascosta dietro la poltrona bianca in salotto.

«Cosa fai qui?» le domandai avvicinandomi a lei di spalle. «Perché ti nascondi? Non voglio farti del male!».

Fu allora che Ginevra si voltò mostrandomi per la prima volta il suo volto. I suoi occhi erano neri come il cielo che avevamo trovato al nostro ritorno in città e la sua bocca una voragine buia come il buco nero che quel giorno si era aperto sopra le nostre teste. In uno scatto mi afferrò al collo tentando di strangolarmi. Non ebbi alcun timore: lei era arrivata. La sentivo nell'aria, dal calore che sprigionò dentro di me. Riuscivo a sentire i suoi pensieri: erano anche miei. Tutto era improvvisamente chiaro. Passato e presente improvvisamente erano diventati un'unica cosa e il tempo non era più il confine tra i due. Vidi gli eventi del passato colmare la mia memoria come se ci fosse sempre stato uno spazio vuoto da riempire. Potevo sentirlo, riuscivo quasi a vederlo: il big bang, la particella subatomica, l'inizio di tutto, la prima scintilla sulla terra, la bomba atomica. Qualsiasi evento era accessibile alla mia volontà. Nonna sul carro degli americani, l'ultima volta che mamma incontrò mio padre. La mia prima caduta in bicicletta, l'ultima notte in cui Noha aveva dormito con Vania e la prima in cui Vania aveva dormito senza di lei. Ogni momento del passato era lì come le due facce inseparabili di un foglio bianco. A ogni domanda la sua risposta cancellò qualsiasi perché. *Perché io e non Vania*? mi ero domandata mille volte lungo il viaggio ma solo adesso ero pienamente cosciente che fossi l'unica che potesse sentirla, di come ci fossimo già conosciute e di come i miei sensi dovessero solo ricordarsi di lei. Era servito del tempo, perché quella parte di me che l'aveva incontrata si risvegliasse, come il profumo della domenica mattina scalfito in maniera indelebile nella memoria. L'immagine del sole impresso sulle palpebre dopo averlo guardato a lungo. Il sapore del tiramisù alle fragole di Nonna. Il ricordo di una musica scolpito nella memoria per sempre. I miei sensi l'avevano conosciuta esattamente trentasei anni fa, quando nonna aveva portato mamma a casa di Vania. Era stata Noha a guarirla dalla depressione in cui era sprofondata dopo aver scoperto di essere incinta. Così aveva usato i suoi poteri su di me per la prima volta. Improvvisamente mi sembrò di non provare più alcun timore. Potevo vedere tutto, riuscivo a sentire ogni cosa, giungendo fino all'essenza delle cose, alla pura verità.

Sentivo di non avere più paura: così afferrai le sue mani allontanandole da me e anche lei a quel punto poté assistere al miracolo di Noha vedendo tutto ciò su cui aveva appena spalancato i miei sensi. Fu così che rivide sé stessa bambina, con la testa bassa sul piatto durante l'ennesima lite dei suoi genitori. Il dolore di Ginevra mi esplose dentro senza far rumore. Era stato allora che aveva cominciato a soffocare quel dolore nel cibo, riempendo il vuoto rimasto dopo la deflagrazione. Qualcosa dentro l'aveva portata a convincersi che fosse tutta colpa sua, che non fosse una brava bambina: altrimenti perché non volerle bene? Troppo impegnati a litigare per ricordarsi di lei: la madre aveva passato la vita accusando il marito dei suoi tradimenti mentre lui aveva continuato a negare dandole della pazza alcolista. Poi era arrivato quel giorno in cui iniziarono a preoccuparsi per il suo peso in aumento. La sensazione che mamma e papà fossero finalmente d'accordo su qualcosa fu per lei una sorta di miracolo, come per magia i problemi sembravano finalmente spariti. Sentii il suo pensiero strutturarsi attorno alla convinzione che riempire quel vuoto fosse in qualche modo una soluzione. Questo finché il suo peso non diventò per loro semplicemente l'ennesimo pretesto per litigare, un problema in più di cui doversi occupare. Riuscii a sentire il dubbio che le galleggiava in testa, che in qualche modo fosse anche un po' colpa sua se alla fine i due avevano divorziato. Il senso di colpa non l'aveva mai abbandonata, neanche quando le liti finirono. Fu come se fossi stata lì con lei da sempre, anche quando il mondo iniziò a rivelarsi un posto abitato da bestie feroci. Conoscevo quella sensazione, c'ero passata anch'io. Anch'io ero stata una bambina cicciottella, ma Ginevra non era come le altre, era più di una bambina cicciottella.

Aveva appena cinque anni quando il suo potere iniziò a manifestarsi. I primi su cui l'aveva utilizzato erano stati proprio i suoi genitori e ciò che aveva visto dentro di loro era tornato a trovarla ogni notte nei suoi incubi. Dopo una madre incapace di amare e l'indifferenza di un padre che vedeva in lei l'ennesimo problema della sua vita, crescendo si erano aggiunte le cattiverie dei compagni di scuola che nel tempo si trasformarono in lame sempre più affilate. Cicciona. Culona. Lardona. Questi erano gli aggettivi a definirla. Poi arrivò il giorno in cui si rinchiuse in casa. Vide il suo peso aumentare fino a che non fu costretta a trasferirsi in pianta stabile sulla poltrona in salotto. I commenti, i giudizi taciuti della gente per strada, gli sguardi sui mezzi pubblici, riusciva a sentire ogni pensiero. Non aveva più la forza di farsi scivolare tutto addosso, l'aveva fatto per una vita intera. Era stata la madre a chiamare l'ambulanza per portarla in ospedale. Ma non entrando in ascensore e non riuscendo a passare per le scale, alla fine avevano dovuto portarla giù con un montacarichi. Allo spettacolo aveva partecipato tutto il quartiere, con tanto di applauso finale come uno spettacolo circense senza pagare biglietto.

"La donna cannone" aveva commentato qualcuno tra il pubblico. In ospedale aveva conosciuto Donata, una delle infermiere del reparto: era stata lei a riconoscerne il potenziale. Tutta quella rabbia e quel potere straordinario erano una miscela esplosiva. Fu per questo che il giorno in cui fu dimessa si propose di assisterla a domicilio. Questa volta sotto indicazione dei medici la madre di Ginevra acquistò un letto *King Size* che fece posizionare nella sua vecchia cameretta. Donata le rimase accanto per diverso tempo. Per anni fu l'unica persona a farle visita oltre la madre. A causa di un incantesimo che schermava la mente di Donata, Ginevra non riuscì mai a captare il suo piano diabolico diventando così per lei un'amica, l'unica che potesse permettersi. Per la prima volta nella sua vita aveva trovato qualcuno in grado di nascondere la sua pena e il suo sdegno. A una mente perfida come quella di Donata servì giusto qualche anno per mettere zizzania tra Ginevra e sua madre, inducendola a vedere la madre come l'origine di tutti i suoi mali. Fu una domenica mattina che Ginevra, esausta dai rimproveri sulla sua alimentazione, in un raptus di odio uccise sua madre. L'autopsia rivelò che era stata colpita da un'ischemia cerebrale particolarmente grave e così da quel momento in poi Donata dispose di lei e di tutto il suo rancore verso il mondo.

Ciò che avvenne dopo mi fece così orrore che per un attimo tentai di oppormi ma Noha aveva il pieno controllo della mia mente così fu impossibile ribellarmi. Vidi il modo in cui Donata aveva trasformato Ginevra in un automa. Per giorni le aveva somministrato ipnotici, sedativi e quant'altro fosse in grado di anestetizzarla fino a indurla in un sonno perenne alimentandola poi con un sondino nasogastrico. Né morta, né viva, Ginevra galleggiava in un limbo fatto di dolore e solitudine. A quel punto era bastato lo zampino di Angelica che in poco tempo era riuscita a innestarle in testa il suo incubo peggiore: venire al mondo. Era così che aveva cominciato a spezzare la vita a quei bambini appena nati. Il motivo per cui lo faceva era quello di salvarli dal dolore che la vita un giorno avrebbe dato loro. Per far sì che le morti avvenissero nelle ore delle tenebre, in onore di Lilith, Angelica e Donata avevano fatto in modo che le concentrazioni degli anestetici fossero massimi di giorno e diminuissero di notte proprio in quelle ore. Il suo dolore e la sua disperazione erano così forti che per un attimo pensai che mi scoppiasse il cuore.

Improvvisamente il buio dei suoi occhi svanì e io in un battito di ciglia mi ritrovai di nuovo lì, nell'arena del Colosseo. Procedendo nella sua marcia della morte, a un passo dal fare di me una poltiglia di carne, il mostro senza volto indietreggiò. Per un attimo mi sembrò che avesse avuto paura di qualcosa ma non fu l'unica: quando Angelica e Donata la videro tornare indietro, capirono immediatamente che le cose stavano per mettersi male. Non potevano certo aspettarsi che tornasse lì da dove era sbucata fuori. Ma soprattutto nessuno avrebbe potuto mai immaginare che nel farlo avesse portato con sé una delle due. Fu facile capire chi le avrebbe fatto compagnia per l'eternità. Era stata Donata che l'aveva iniziata al male, lei che aveva scovato il suo talento. Così fu lei a seguirla nella dannazione eterna.

Quando Ginevra afferrò Donata per un braccio trascinandola con sé, Angelica vide il suo sogno infrangersi davanti ai suoi occhi. Dopo aver tentato di innestare in me uno dei suoi incubi senza però riuscirci, per lei rimase solo una cosa da fare: fuggire e sperare che una volta che la seconda porta si fosse spalancata del tutto, Lilith non sarebbe venuta a cercarla. A giudicare dalle dimensioni che la crepa aveva raggiunto mancava davvero poco. Quando la polvere dell'arena iniziò a essere risucchiata verso l'oscurità, Angelica aveva già cominciato a correre. Fu in quel preciso istante che Vilma, materializzandosi dal nulla al suo fianco, con tanto di sigillo in mano, l'afferrò sparendo un attimo dopo insieme a lei. Riapparvero alcuni istanti dopo più in là, qualche metro al di sopra della voragine: Angelica non ebbe nemmeno il tempo di capire cosa stesse per accaderle quando si ritrovò faccia a faccia con la porta degli inferi. Un attimo prima di lasciarsi cadere dentro, gli occhi di Vilma cercarono i miei. Quando li trovarono le sue labbra si mossero appena e, per un istante, mi sembrò di riuscire a sentire la sua voce: «Addio, bambina».

EPILOGO

Perché? Continuai a chiedermelo per tutto il viaggio e ogni volta Vania mi aveva dato la stessa risposta: era l'unica soluzione. Secondo quanto scritto nel Grimorio, il sigillo sarebbe dovuto passare attraverso la porta ed evidentemente Vilma lo sapeva. E perché Vania era così serena? Non riuscivo a credere che avesse accettato la sua morte così facilmente. Quando glielo spiattellai in faccia dicendole che era una stronza senza cuore mi rispose che era abituata a perdere le persone che amava, così l'unica vera stronza a quel punto fui io. Non doveva finire in quel modo, non era giusto. Non meritava di andarsene via così, neanch'io lo meritavo. Joselito. Marisol. La sua famiglia: non aveva pensato a loro? Alla partita di burraco con mamma? E a me, non aveva pensato a me? Da quando era arrivata nella mia vita non aveva mai smesso di tenermi per mano. Mi aveva supportato nei momenti più duri, confortato in quelli peggiori proteggendomi sempre e comunque contro tutti. Aveva creduto in me sin dall'inizio infondendomi amore e fiducia, avvolgendomi con la sua aura, rosa e lucente come il quarzo che portava al polso. Era una donna che sapeva dosare la sua energia, forte e dolce al contempo, trovava sempre le parole giuste. Poi quella maledetta porta si era aperta e lei si era fatta avanti per salvare l'umanità. Avevamo rischiato la vita, tutti. Quando eravamo stati sommersi da quella folla indemoniata, per un attimo sembrò che stesse accadendo davvero, che saremmo morti e, invece, ne eravamo usciti tutti vivi, tutti tranne lei. Qualcuno ne era uscito un po' ammaccato ma senza gravi danni; per il Colonnello era stato necessario chiamare la squadra di telecinesi. Hermes se l'era cavata con una spalla slogata e una caviglia rotta, Tommaso con un'ustione di terzo grado al petto e il codino bruciacchiato. Quando la seconda porta si chiuse una squadra di militari irruppe nell'arena rumorosamente senza trovarvi però nessuno, o almeno questo fu ciò che Vania gli fece credere ipnotizzandoli con i suoi occhi al caramello.

All'uscita le truppe dell'esercito erano impegnate a rincorrere gli adepti, arrestandoli con l'accusa di aver organizzato un *rave party* in un luogo pubblico. Passando in mezzo a loro indisturbati, dentro una camionetta tra le braccia di un giovane soldato vidi il piccolo miracolato. L'aveva scampata anche quella volta. Chissà cosa ne sarebbe stato di lui adesso. Per un attimo un istinto feroce mi fece venire una gran voglia di strapparglielo dalle braccia e portarlo via con me. Lasciammo quel luogo come si lascia un campo di battaglia con la sensazione che non ci fossero stati né vincitori né vinti.

Fu Tommaso a riportarmi alla Wicca. Fatima ci aspettò al settantesimo piano dove scoprii che ciò che chiamavano infermeria, era in realtà un reparto di terapia intensiva provvista di sale operatorie e un'equipe di medici pronti a intervenire in qualsiasi momento. Non me n'ero accorta ma continuavo a sanguinare da uno zigomo. Tommaso non mi lasciò un solo istante. All'ipotesi che fosse potuto morire anche lui sentii un pugno allo stomaco: pensare di perderlo mi devastava più dell'idea di morire calpestata. Lo conoscevo da così poco tempo eppure ero certa che avrei sentito tremendamente la sua mancanza. In quei pochi giorni era riuscito a farsi spazio nel mio cuore avanzando a piccoli passi silenziosi che, a breve, però sarebbero svaniti per sempre come orme sulla neve. Non lo avrei rivisto mai più, ma avrei ricordato i suoi occhi per sempre. Mi aveva protetto a costo della sua stessa vita. Mi aveva compreso quando ne avevo avuto bisogno. Nessuno lo avrebbe fatto al suo posto. Mi aveva guardato come nessuno faceva da tanto tempo. Ma il mio futuro era con Mauro: dovevo dirgli addio. Lui lo sapeva. Fu per questo che quella mattina, quando io e Vania andammo via dalla Wicca, mi salutò da lontano, facendomi un cenno con la mano. Era meglio così. Eppure in quell'istante mi sembrò di morire per l'ennesima volta. Quella notte avevo creduto davvero di non farcela. Una volta svanito l'incantesimo del *mutatio* oltre al mio peso forma avevo creduto di perdere anche tutto il resto. E invece ero riuscita a ritrovare ugualmente il coraggio di quegli ultimi giorni. Quante cose avrei voluto dire a

Ginevra. La più importante che capivo esattamente perché ce l'avesse con il mondo. E non solo per il peso che la schiacciava da una vita ma per tutto l'amore che le era stato negato. Io ero stata solo più fortunata, ciò che la vita da una parte mi aveva tolto me l'aveva reso dall'altra. Lo avevo sempre saputo ma non lo avevo mai compreso fino in fondo. Dopo quella notte niente fu più come prima. Mi era stato detto di credere nella magia, nel sigillo e alla fine avevo creduto perfino in me stessa. Era stata Vilma a dirmi di avere fiducia, la prima regola della magia! C'ero riuscita e non solo perché Noha albergava dentro me. Certa che potesse guarirla avevo sentito che era arrivato il momento di farla incontrare con Ginevra. Ma una volta visto ciò che la setta aveva fatto di lei non era riuscita a perdonare nemmeno se stessa. Il suo dolore era così grande che persino Noha non era riuscita a guarirlo. Però in qualche modo aveva guarito il mio.

All'altezza di via dell'Amba Aradam non riuscii a credere ai miei occhi: erano minuscole ma le riconobbi all'istante. Tante piccole margherite bianche sbucavano tra l'erba tappezzando le aiuole sotto gli alberi ancora spogli. Lo stesso miracolo si ripeté anche davanti la basilica di San Giovanni, lì dove per anni non cresceva più nemmeno l'erba adesso c'era un manto di margherite bianche. Sui *video-wall* di piazzale Appio le immagini dei quartieri tappezzati di fiori. Nelle aiuole, nei parchi, nelle fioriere sui terrazzi, la scalinata di piazza di Spagna: la natura era come esplosa improvvisamente ovunque. Arrivate al cancello di casa mi sembrò che fosse passata una vita da quella mattina in cui ero uscita alla ricerca di una soluzione e per un attimo ebbi la sensazione che quella vita non mi appartenesse più. Al momento dei saluti non riuscimmo a dirci nulla così ci abbracciammo e basta.

«Vengo a trovarti presto!» le dissi trattenendo le lacrime

«La strada la conosci!» rispose fingendosi distaccata. I suoi occhi luccicavano ma di felicità.

«E Romeo?»

«È già a casa che mi aspetta; viene anche lui!». Sarebbero partiti per Poggio Catino quella sera, la loro vita adesso era lì, in quel casale.

«E ora piantala di piangere!» aggiunse afferrandomi per una guancia «Adesso vai! E vedi di non dimenticare quello che hai visto!». Alzando lo sguardo vidi la finestra della cucina aperta, Mauro doveva essere in casa. Inserendo la chiave vidi le magnolie pronte a germogliare nuovamente, come se fossero appena uscite da una glaciazione. Un attimo prima di aprire la porta di casa mi ricordai delle parole di Fatima: "Puoi sempre usare la scusa che si usava a scuola..." aveva detto all'improvviso scrutando tra i miei pensieri "quella del parente malato!".

Uno strano senso di vuoto mi accompagnò mentre aprivo la porta. Entrando in casa scoprii che il divano di fronte l'ingresso era sparito, insieme a lui anche la cucina, il tavolo e le sedie. Casa era completamente vuota. Pensai che fossero entrati i ladri ma poi ci arrivai: andandosene, Mauro aveva portato via tutto. Per un istante mi sentii come sollevata. La luce della camera da letto era accesa così mi fiondai all'interno di essa. Dietro due scatoloni pieni di roba c'era lui, chino a raccogliere le ultime cose. Rivederlo mi fece tornare alla mente ciò che avevo provato quella mattina. La paura, la disperazione, l'idea di non farcela senza di lui improvvisamente sembravano lontani anni luce. Sentendomi arrivare alzò la testa. «E tu che ci fai qua?» mi domandò sorpreso. «Sei già tornata?» aggiunse con fare calmo e serafico. Doveva essere proprio arrabbiato. Sembrava deluso di vedermi. Mi sfuggiva qualcosa ma un sesto senso mi disse di stare al gioco. «Sì...» risposi avanzando di qualche passo. Le nostre foto erano ancora sopra i comodini, per il resto in quella che per anni era stata la nostra camera da letto non c'era più nulla, solo la televisione accesa col volume al minimo.

«M'hai fregato!» esclamò sedendosi sulle doghe del letto. «Non c'è verso di farti una sorpresa!».

Perplessa, non trovai parole per replicare.

«Vabbè, sta meglio tua madre?». Qualcosa mi disse che sotto sotto doveva esserci lo zampino di Fatima. Feci segno di sì fissandolo negli occhi per tentare di capire cosa mi sfuggisse. Mi vide al quanto perplessa visto che a quel punto, alzandosi in piedi, mi chiese: «Oggi sai dire solo "sì"?».

«No» risposi domandandomi dove pensasse che avessi

trascorso tutti quei giorni.

«Dai» fece venendomi incontro, «l'importante è che adesso stia bene!» aggiunse cingendomi i fianchi prima di darmi un bacio. Non sentii nulla, solo la sua barba sulle mie labbra. La cosa mi stranì.

«Come fai a sapere di mia madre?» gli domandai respingendolo appena e lui mi guardò come si guarda una che ha iniziato a delirare.

«Come faccio a saperlo?» La cosa lo divertiva. «Me l'hai scritto tu da quell'altro numero dopo che hai perso il palmare...» mi spiegò lasciandomi senza parole. «A proposito, di chi è quel numero?»

«Di una collega!» risposi voltandomi di scatto.

«Vabbè, ora ho altro da dirti!» esclamò stringendomi a sé. «Se per caso non l'avessi capito da stasera dormiremo nella nostra nuova casetta!» disse con tono trionfante di chi ha appena fatto il regalo del secolo. «Ti ricordi le sere che andavo a giocare a calcetto con i ragazzi?» mi domandò soddisfatto riportandomi a quei giorni di inferno. «Stavo a casa cercando di finire di montare tutto» confessò, facendomi gelare il sangue. Avremmo avuto una nuova casa, una nuova vita. Ma in realtà niente di questo era ciò che volevo veramente. «Visto che in questi giorni stavi da tua madre ne ho approfittato per farti trovare casa pronta il giorno del tuo compleanno!».

Compleanno? Non avevo idea di cosa parlasse. L'illuminazione arrivò un attimo dopo: era già il mio compleanno? Smarrita nel tempo e nello spazio come se fossi appena atterrata da un altro pianeta, gli domandai che giorno fosse.

«Ma... come che giorno è?» rispose sorpreso. «Sei stata sulla luna per caso in questi ultimi giorni?» aggiunse sollevando uno scatolone da terra. «Domani è il quindici!».

Mancava un giorno al mio compleanno e io non ne sapevo assolutamente nulla. *Aspetta*, mi dissi restando a fissare il vuoto. Secondo i miei calcoli, i ventotto giorni dall'ultimo ciclo mestruale, erano già passati da una settimana. Lo sapevo perché avevo fatto i conti già un mese prima del mio compleanno per capire se quel giorno sarei stata libera da ogni rottura premestruale. *Sono incinta!* riecheggiò dentro la mia testa. Fu allora che piombandomi alle spalle mi abbracciò nuovamente.

«Hai sentito della *Decima Piaga*?» mi domandò baciandomi al collo. «Sembra che sia finita all'improvviso...»

E, a quel punto, accarezzandomi il ventre, mi sfiorò un orecchio con le labbra sussurrando: «Chissà, magari è arrivato il momento di farci un pensierino...». Non poteva essere vero, doveva trattarsi di un altro dei miei incubi. Ero appena tornata a casa, dopo tutto ciò che era accaduto, scoprendo di non avere più un posto mio. Avevo rischiato di morire, l'umanità intera aveva rischiato di andare a farsi benedire e tutto era cominciato a causa dei tradimenti di Mauro, o almeno così credevo io. Come potevo immaginare che per farmi una sorpresa, a mia insaputa stesse organizzando il trasloco nella nostra nuova casa? Di quella casa non sapevo praticamente nulla, figuriamoci a che punto stessero i lavori. Si era occupato di tutto lui (e sua madre, come sempre!). Ed eravamo al limite del comico considerando che, dopo anni di litigi, mi stava proponendo di fare un figlio: il tutto nel momento in cui avevo appena scoperto di essere incinta. Era una follia! Solo qualche giorno fa sarei stata la donna più felice del mondo. La Decima Piaga era finita. Il che significava che, coronare il sogno di una famiglia con Mauro non aveva più alcun impedimento. E allora perché non ero al settimo cielo? La risposta fu fin troppo semplice: non provavo più nulla. Avevo fatto di tutto affinché con lui fosse per sempre, avrei dato una gamba se fosse bastato e ora senza alcun incantesimo, sortilegio o filtro d'amore quello che reputavo l'uomo della mia vita era lì a chiedermi di formare una famiglia insieme. E io invece continuavo a dirmi che non poteva essere vero. Lo guardai e per un attimo mi sembrò di vedere uno sconosciuto. Mauro non sapeva nulla di ciò che mi era accaduto in quei giorni e per un momento fui quasi certa che in effetti non sapesse nulla di me.

«Vado a mettere gli ultimi scatoloni in auto e ti porto a casa!» disse stampandomi un bacio sulla guancia. Immobile, impassibile, imperturbabile. Non provai alcuna emozione. In TV le immagini di medici e infermieri in camice: brindavano alla fine della *Decima Piaga*, così mossi qualche passo per aumentare il volume.

"...in quella che è stata a tutti gli effetti la notte dei miracoli. Da nord a sud questa notte non si sono registrati decessi in nessun ospedale italiano – ha dichiarato il Ministro della Sanità questa mattina con grande entusiasmo – il 14 Marzo sarà ricordato come il giorno della liberazione dalla Decima Piaga".

Tutto attorno a me sprizzava di ottimismo e felicità, compreso quel musone di Mauro che improvvisamente era diventato un inguaribile ottimista. Ero dunque l'unica a non essere felice di essere tornata alla mia vita di sempre? Il pensiero a quel punto andò a Tommaso: perché non riuscivo a togliermi dalla mente l'immagine di lui che mi salutava da lontano? Alla ricerca di una via d'uscita posai lo sguardo oltre la portafinestra del balcone. Sul muretto di marmo riconobbi qualcosa a me familiare. Avvicinandomi al vetro sentii una morsa alla bocca dello stomaco: uno era di fiori, l'altro di picche. Erano i suoi assi. Era lui. Era tornato e quello era il suo modo di dirmi che era lì fuori ad aspettarmi. Nell'attesa che Mauro tornasse per iniziare la nostra nuova vita insieme, compresi qualcosa di importante: ciò che avevo appena sentito allo stomaco era qualcosa che stavo cercando da tempo. Lo stesso che quella mattina mi aveva condotto fino al cimitero acattolico alla ricerca della donna dai capelli di fuoco: un ingenuo batticuore, quell'impercettibile sfarfallio dell'anima, nient'altro che un pizzico di felicità.

L’AUTORE

Nato a Catania il 9 giugno del 1988, **Pietro Cunsolo** cresce in un paese dell’entroterra siciliano fino all’età di diciannove anni. Sin da bambino dimostra un vivo interesse per la lettura, la pittura e la musica. Conseguito il diploma al liceo scientifico di Caltagirone, si trasferisce a Catania iscrivendosi alla Facoltà di Medicina e Chirurgia. Nel 2013 si trasferisce a Roma per svolgere la propria attività di medico. Qui continua a coltivare i propri hobby scrivendo e producendo musica da autodidatta. Nel 2021 inizia a scrivere il suo primo romanzo riscoprendo una vera passione per la scrittura che gli consente di dare sfogo alla fantasia e alla creatività vissuta come un vero e proprio bisogno fondamentale per il benessere interiore.

LULÙ CHE FA STORIE

Lulù che fa storie è un collettivo letterario fondato nel 2018 con l'obiettivo di sperimentare nuovi percorsi artistici. Dal 2023 Lulù fa parte di OpenCollective Europe, la community europea di collettivi indipendenti, e con le sue fanzine si propone di valorizzare autori emergenti e non.

Scopri le nostre pubblicazioni indipendenti e libere dalle logiche commerciali dei colossi editoriali.

Abbonati alla newsletter:
https://luluchefastorie.voxmail.it/user/register

I LIBRI DI BOLLAROSSA

Lulù che fa storie presenta “Bollarossa”, una nuova serie di libri che spaziano tra i generi più vari. Scrittura Romantica, Contemporanea, Fiabesca, Poetica. Ma non è tutto: il collettivo di Lulù che fa storie apre le porte a chi vuole lanciarsi per la prima volta nell’auto-pubblicazione (ma non sa da dove iniziare) con i *selfbook.*

Indecis* tra casa editrice o self-publishing?
Scrivi a luluchefastorie@outlook.com
Rispondiamo alle tue domande.

INDICE

Made in the USA
Las Vegas, NV
06 April 2026

44941120R00177